天津市课程思政示范课程配套教材
应用型本科自动化专业系列教材

传感器原理及应用

CHUANGANQI YUANLI JI YINGYONG

主 编 王 莉

副主编 马晓明

西安电子科技大学出版社

内 容 简 介

本书在讲授传感器基础理论的同时，以智能生产线、工业现场传感器应用实例及具有特色的实验设备为基础，按照企业的工作模式与流程设计教学和实训内容，以强化学生工程实践能力的培养。

本书共 7 章，主要内容包括传感器概述、传感器的一般特性及标定、光电式传感器的原理及应用、接近式传感器的原理及应用、压力传感器的原理及应用、热电式传感器的原理及应用、辐射与化学传感器的原理及应用。每章都包含知识目标和能力目标，以帮助读者理清思路，方便学习；每章后均附有练习题。

本书可作为应用型本科院校自动化、电气工程及其自动化、机器人工程、测控技术与仪器、智能感知工程、物联网工程、智能电网信息工程、工业智能等专业的教材，同时也可供传感器技术开发人员及现场安装调试工程师参考。

图书在版编目（CIP）数据

传感器原理及应用 / 王莉主编. -- 西安：西安电子科技大学出版社，2025.8.
ISBN 978-7-5606-7781- 1

Ⅰ．TP212

中国国家版本馆 CIP 数据核字第 202585ZP18 号

策　　划　明政珠
责任编辑　明政珠
出版发行　西安电子科技大学出版社（西安市太白南路 2 号）
电　　话　(029) 88202421　88201467　　邮　　编　710071
网　　址　www.xduph.com　　　　电子邮箱　xdupfxb001@163.com
经　　销　新华书店
印刷单位　河北虎彩印刷有限公司
版　　次　2025 年 8 月第 1 版　　　　2025 年 8 月第 1 次印刷
开　　本　787 毫米×1092 毫米　1/16　　印　　张　16.5
字　　数　388 千字
定　　价　55.00 元
ISBN 978-7-5606-7781-1
XDUP 8082001-1

前　言

在发展新质生产力，加速构建现代化产业体系与新型工业化进程的时代背景下，传感器作为智能制造、航空航天、生物医药等国家战略性产业技术跃迁的"感知神经"与"数据基石"，其创新应用已成为突破产业升级瓶颈、构筑竞争新优势的关键突破口。面对新技术、新业态快速迭代的挑战，产业对兼具系统性工程思维与实践能力的应用型人才需求愈发迫切。基于人才培养需求的变化，本书以"强基础、重应用"为核心理念，重构其内容体系：在理论层面聚焦传感器的工作原理、误差分析方法等核心知识，确保基础知识扎实且紧密适配现代产业需求；在应用层面通过真实项目案例，强化从传感器选型、系统集成到调试优化的完整能力闭环；同时深度融合产教协同，将企业工作流程与行业标准引入实践环节，通过需求分析到调试验证的工程化路径，帮助学生无缝衔接产业实际，缩短从课程到就业的适应周期。

本书以学生为中心，构建"目标导向、理论支撑、应用强化"三维联动的知识框架。每章以知识目标与能力目标为导引，通过"学习拓展"环节解析真实工程案例，推动从理论知识向工程应用的转化；在"应用与实践"环节，依托实验室设备与虚拟仿真平台，设计覆盖传感器安装、调试及故障诊断全流程的工业级任务，使学生直面复杂工程场景。练习题部分突破传统题型限制，融入传感器校验、环境干扰补偿方案设计等场景化任务，激发知识迁移与创新思维。这种理论与应用紧密结合、校企共育的创新设计，既夯实了学生的理论根基，又可使其在解决复杂检测问题的过程中掌握前沿技术。

本书配有丰富的优质学习资源，包括 PPT、动画、微视频、习题库、课后练习题参考答案和线上课程（智慧树和学银在线平台）等，可提供课内学习与课外拓展、课程学习与自评自测相结合的多元学习平台。本书力求叙述简练、概念清晰、通俗易懂、便于自学，是一本体系创新、深浅适度、重在应用、突出能力培养的应用型高校教材。

本书第 1、2、3、6、7 章由王莉编写，第 4、5 章由马晓明编写。本书由王莉担任主编，完成全书的修改与统稿。本书在编写过程中得到了肯拓（天津）工业自动化技术有限公司、亚龙智能装备集团股份有限公司和宜科（天津）电子有限公司的大力支持，在此表示衷心的感谢。

由于编者水平有限，虽然付出了艰辛的劳动，但书中不当之处在所难免，欢迎广大同行和读者批评指正。

课程简介

编　者

2025 年 2 月 28 日

目　录

第1章　传感器概述

本章主要内容为测量的基础知识和传感器应用的基础知识。首先介绍测量的概念及测量的一般方法，重点介绍对测量结果进行分析的误差理论的基本知识，接着引出传感器的基础知识，包括传感器的概念、分类以及发展趋势，并在"学习拓展"环节介绍传感器的命名方式、图形表示方法及使用时的一般要求，最后通过智能生产线工作视频介绍传感器作为检测装置在智能生产线中的实际应用。

传感器概述

知识目标

▶ 能够说出测量的定义、测量过程四要素及常用的测量方法；

▶ 能够说出误差的基本概念，列举测量过程中系统误差、随机误差和粗大误差三种误差的各自特点及处理方法；

▶ 能够说出传感器的定义、组成及常用的分类方法；

▶ 能够列举出传感器的发展趋势。

能力目标

☆ 能够根据被测量大小、传感器精度等级、测量范围等要素，选择适合的传感器；

☆ 能够根据测量数据，计算传感器标准差，用 3σ 原则判断测量值中是否有坏值；

☆ 能够搜集、查阅技术资料，总结智能生产线中常用的传感器。

1.1　测量的基础知识

测量技术是一门具有自身专业体系、涵盖多种学科、理论性和实践性都非常强的前沿科学。熟知测量技术方面的基本知识，是掌握测量技能，独立完成对被测量进行检测的基础。

1.1.1　测量的基本概念

在生产过程、科学实验或者日常生活中，人们常常必须知道一些量（如温度、压力、长度、重量等）的大小，这时就需要对这些量进行测量。测量在日常生活中无处不在，也普遍存在于工业现场中。任何测量

测量的基本概念和
误差的认识

的目的都是为了获得被测量的真实值。本节将介绍测量的定义、测量过程的四要素，以及常用到的测量方法，主要介绍测量误差的相关概念。

1. 测量的定义

测量是指以确定被测对象的量值(也称为被测量)为目的的全部操作。在这一操作过程中，人们用实验的方法，借助于一定的仪器或设备，将被测量与同性质的单位标准量进行比较，并确定被测量相对于标准量的倍数，从而获得关于被测量的定量信息。例如用游标卡尺对一轴径进行测量，就是将被测对象(轴的直径)用特定测量方法(用游标卡尺测量)与长度单位(毫米)相比较。若其测量值为 30.52 mm，准确度为±0.03 mm，则测量结果可表达为(30.52±0.03) mm。

任何测量过程都包含测量对象、计量单位、测量方法和测量准确度四个要素。

(1) 测量对象。测量对象包括长度、角度、表面粗糙度以及形位误差等。由于测量对象种类繁多，形状又各式各样，因此对于它们的特性、被测参数的定义及标准等都必须加以研究，以便进行测量。

(2) 计量单位。我国国务院于 1977 年 5 月 27 日颁发的《中华人民共和国计量管理条例(试行)》第三条规定中重申："我国的基本计量制度是米制(即公制)，逐步采用国际单位制。"1984 年 2 月 27 日正式公布中华人民共和国法定计量单位，确定米制为我国的基本计量制度。例如，在长度计量中单位为米(m)，其他常用单位还有毫米(mm)和微米(μm)；在角度计量中，以度(°)、分(′)、秒(″)为单位。

(3) 测量方法。测量方法是指在进行测量时所用的按类确定的一组操作逻辑次序。对于不同的量，测量方法也有所不同。例如，对几何量的测量而言，是根据被测量的特点，如公差值、大小、轻重、材质、数量等，分析、研究该被测量与其他参数的关系，最后确定对该被测量如何进行测量的操作方法。

(4) 测量准确度。测量准确度是指测量结果与真值的一致程度。任何测量过程总不可避免地会出现测量误差，误差大说明测量结果离真值远，则准确度就低。因此，准确度和误差是两个相对的概念。由于存在测量误差，因此任何测量结果都是以一近似值来表示的。

2. 测量方法的分类

根据获得测量结果的方式不同，测量方法多种多样，主要分为以下几种：

(1) 直接测量和间接测量。从测量器具的读数装置上直接得到被测量的数值或被测量对标准值的偏差，这种测量方法称为直接测量，如用游标卡尺、外径千分尺测量轴径等。通过测量与被测量有一定函数关系的量，根据已知的函数关系式求得被测量的测量方法称为间接测量，如通过测量一圆弧相应的弓高和弦长而得到其圆弧半径的实际值即属于间接测量。

(2) 绝对测量和相对测量。通过测量器具的示值直接反映被测量量值的测量方法称为绝对测量。用游标卡尺、外径千分尺测量轴径不仅是直接测量，也是绝对测量。将被测量与一个标准量值进行比较得到两者差值的测量方法称为相对测量，如用内径百分表测量孔径为相对测量。

(3) 接触测量和非接触测量。测量器具的测头与被测件表面接触的测量方法称为接触测量。测量器具的测头与被测件表面没有接触的测量方法称为非接触测量，如用光切法显微镜测量表面粗糙度即属于非接触测量。

（4）单项测量和综合测量。对个别的、彼此没有联系的某一单项参数进行测量为单项测量。同时测量多个参数及其综合影响的测量为综合测量。例如，用测量器具分别测出螺纹的中径、半角及螺距属单项测量，而用螺纹量规的通端检测螺纹则属综合测量。

（5）被动测量和主动测量。产品加工完成后的测量为被动测量；正在加工过程中的测量为主动测量。被动测量只能发现和挑出不合格品；而主动测量可通过其测得值的反馈，控制设备的加工过程，预防和杜绝不合格品的产生。

1.1.2　误差的概念

通常把检测结果和被测量的客观真值之间的差值叫作测量误差。在检测与测量过程中，必定存在测量误差。误差主要来源于工具、环境、方法和技术等方面，下面介绍几个基本概念。

1. 绝对误差

绝对误差是指测量仪器（或仪表）的指示值 x 与被测量的真值 x_0 间的差值，记作 δ，其表达式为

$$\delta = x - x_0 \tag{1-1}$$

绝对误差愈小，说明指示值愈接近真值，测量精度愈高。但这一结论只适用于被测量值相同的情况，而不能说明不同值的测量精度。例如，某测量长度的仪器，测量 10 mm 的长度，绝对误差为 0.001 mm；另一仪器测量 200 mm 的长度，绝对误差为 0.01 mm。这就很难按绝对误差的大小来判断测量仪器的测量精度高低了。这是因为后者的绝对误差虽然比前者大，但它相对于被测量的值却显得较小。为此，人们引入了相对误差的概念。

2. 相对误差

相对误差是指测量仪器（或仪表）指示值的绝对误差 δ 与被测量真值 x_0 的比值，记作 r，常用百分数表示，其表达式为

$$r = \frac{\delta}{x_0} \times 100\% = \frac{x - x_0}{x_0} \times 100\% \tag{1-2}$$

相对误差能更好地说明测量的精确程度。在上面的例子中，两种测量仪器的相对误差分别为

$$r_1 = \frac{0.001}{10} \times 100\% = 0.01\%$$

$$r_2 = \frac{0.01}{200} \times 100\% = 0.005\%$$

显然，后一种长度测量仪器更精确。在实际测量中，绝对准确的真值 x_0 是得不到的。因此，在常规的测量中，人们一般把比所用的测量仪器更精确的标准仪器的测量结果作为被测量的真值。

使用相对误差来评定测量精度也有局限性，因为它只能说明不同测量结果的准确程度，却不适用于衡量测量仪器本身的质量。由于同一台仪器在整个测量范围内的相对误差不是定值，而是随着被测量的减小，其相对误差变大，因此为了更合理地评价测量仪器质量，采用了引用误差的概念。

3. 引用误差

这里先介绍测量仪器的量程 L 的概念。量程 L 就是测量仪器测量范围的上限值与下限值之差。如果仪器测量的物理量的下限值为零，则所能测量的物理量的最大值就等于其量程。

引用误差是绝对误差 δ 与测量仪器量程 L 的比值，记作 r_0，通常以百分数表示，其表达式为

$$r_0 = \frac{\delta}{L} \times 100\% \qquad (1-3)$$

由于各种测量仪器绝对误差的大小不等，其值有正有负，因此国家规定测量仪器的准确度等级 a 是用最大引用误差确定的。在测量仪器整个量程中，用可能出现的绝对误差最大值 δ_m 代替 δ，则可得到最大引用误差，记作 r_{0m}。测量仪器的最大引用误差不准超过该仪器准确度等级的百分数，即

$$r_{0m} = \frac{\delta_m}{L} \times 100\% \leqslant \pm a\% \qquad (1-4)$$

对于一台确定的测量仪器或一个检测系统，最大引用误差就是一个定值。测量仪器一般采用最大引用误差不能超过的允许值作为划分精度等级的尺度。测量仪器常见的精度等级有 0.05 级、0.1 级、0.2 级、0.5 级、1.0 级、1.5 级、2.0 级、2.5 级和 5.0 级。精度等级为 0.1 级的仪器，表示在使用时的最大引用误差不超过 $\pm 0.1\%$。在具体测量某个量值时，相对误差可以根据精度等级所确定的最大绝对误差和测量仪器指示值进行计算。

4. 量程与精度的选择

从使用测量仪器的角度出发，只有当测量仪器的示值恰好为其上限值时，测量结果的准确度才等于该仪器准确度等级的百分数。在其他示值时，测量结果的准确度均低于测量仪器准确度等级的百分数，因为

$$\delta_m \leqslant \pm (a\%)L \qquad (1-5)$$

当测量指示值为 x 时，可能产生的最大相对误差为

$$r_{0m} = \frac{\delta_m}{x} \leqslant \pm (a\%) \cdot \frac{L}{x} \qquad (1-6)$$

式(1-6)表明，用测量仪器测量示值为 x 的被测量时，比值 L/x 越大，测量结果的相对误差越大。由此可见，选用测量仪器时要考虑被测量的大小越接近测量仪器上限值越好。为了充分利用测量仪器的准确度，选用测量仪器前要对被测量有所了解，被测量的值应大于其测量上限值的 2/3。

例如：有一个 10 MPa 的标准压力源，现有一个 0.5 级的量程为 0～100 MPa 的压力传感器和一个 2.5 级的量程为 0～15 MPa 的压力传感器，若用这两个传感器来测量这一标准压力源，则哪个传感器的测量误差小？

应用第一个传感器测量时，最大绝对允许误差为

$$\delta_{m1} = \pm 0.5\% \times 100 \text{ MPa} = \pm 0.50 \text{ MPa}$$

应用第二个传感器测量时，最大绝对允许误差为

$$\delta_{m2} = \pm 2.5\% \times 15 \text{ MPa} = \pm 0.375 \text{ MPa}$$

比较 δ_{m1} 和 δ_{m2} 可以看出：虽然第一个传感器比第二个传感器精度高，但用第一个传感器测量所产生的误差却比第二个传感器测量所产生的误差大。所以，在选用传感器时，

并非精度越高越好。精度等级已知的测量仪器只有在被测量值接近满量程时，才能发挥它的测量精度。因此，使用测量仪器时，应当根据被测量的大小和测量精度要求，合理地选择传感器量程和精度等级，只有这样才能提高测量精度。

1.1.3 误差理论

误差理论

为便于对测量数据进行误差分析和处理，根据测量数据中误差的特征(或性质)可以将误差分为随机误差、系统误差和粗大误差三种。

1. 随机误差

1) 随机误差的特点

在相同条件下，多次测量同一量时，其误差的大小和符号以不可预见的方式变化，这种误差称为随机误差。随机误差具有一定的统计规律性，大部分符合数学中概率论的正态分布，其正态分布的概率密度 $f(\delta)$ 曲线如图 1-1 所示，其数学表达式为

$$y = f(\delta) = \frac{1}{\sigma\sqrt{2\pi}} e^{-\frac{\delta^2}{2\sigma^2}} \qquad (1-7)$$

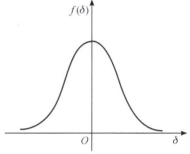

图 1-1 正态分布概率密度曲线

式中，y 为概率密度，δ 为随机误差，σ 为标准差(均方根差)，e 为自然对数的底。

其累计分布函数 $F(\delta)$ 为

$$F(\delta) = \frac{1}{\sigma\sqrt{2\pi}} \int_{-\infty}^{\delta} e^{-\frac{\delta^2}{2\sigma^2}} d\delta \qquad (1-8)$$

其数学期望为

$$E = \int_{-\infty}^{+\infty} \delta f(\delta) d\delta = 0 \qquad (1-9)$$

方差为

$$\sigma^2 = \int_{-\infty}^{+\infty} \delta^2 f(\delta) d\delta \qquad (1-10)$$

分析图 1-1 所示曲线可知，随机误差的统计规律性可归纳为对称性、有界性和单峰性三条。

(1) 对称性是指绝对值相等而符号相反的误差出现的次数大致相等，即测量值是以它们的算术平均值为中心而对称分布的。由于所有误差的代数和趋近于零，因此随机误差又具有抵偿性。随机误差的这个统计特性是最为本质的特性，换言之，凡具有抵偿性的误差，原则上均可按随机误差处理。

(2) 有界性是指测量值误差的绝对值不会超过一定的界限，即不会出现绝对值很大的误差。

(3) 单峰性是指绝对值小的误差比绝对值大的误差数目多，即测量值是以它们的算术平均值为中心而相对集中地分布的。

2) 随机误差的评价指标

由于随机误差大部分是按正态分布规律出现的，具有统计意义，因此随机误差通常以正态分布曲线的两个参数算术平均值 $\bar{x}$ 和均方根误差 σ 作为评价指标。

设对某一被测量做一系列等精度测量，得到一系列不同的测量值 x_1，x_2，$\cdots$，x_n，这些测量值的算术平均值可定义为

$$\bar{x} = \frac{1}{n}(x_1 + x_2 + \cdots + x_n) = \frac{1}{n}\sum_{i=1}^{n} x_i \qquad (1-11)$$

当测量次数为无限次时，所有测量值的算术平均值即等于真值。事实上是不可能无限次测量的，即真值难以得到。但是，随着测量次数的增加，算术平均值也就越接近真值 A_0，即

$$A_0 = \frac{\sum\limits_{i=1}^{n} x_i}{n} = \bar{x} \qquad (1-12)$$

则标准差(也称均方根偏差)

$$\sigma = \sqrt{\frac{\sum\limits_{i=1}^{n}(x_i - A_0)^2}{n}} = \sqrt{\frac{\sum\limits_{i=1}^{n}\delta_i^2}{n}} \qquad (1-13)$$

式中，n 为测量次数，x_i 为第 i 次测量值，δ_i 为每次测量时相应各测量值的随机误差。

标准差反映了随机误差的分布范围。标准差愈大，测量数据的分布范围就愈大。图 1-2 显示了不同标准差下的正态分布曲线。由图可见：σ 越小，分布曲线越陡峭，随机变量的分散性就小，测量值越接近真值 A_0，即测量精度高；反之，σ 越大，分布曲线越平坦，随机变量的分散性就越大，即测量精度低。

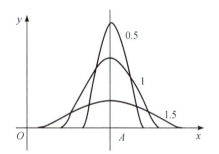

图 1-2　不同标准差下的正态分布曲线

在实际工作中，一般情况下，被测量的真值未知，这时可用被测量的算术平均值代替被测量的真值进行计算，则有

$$v_i = x_i - \bar{x} \qquad (1-14)$$

式中，x_i 为第 i 个测量值，$\bar{x}$ 为算数平均值，v_i 为 x_i 的残余误差(简称残差)。用残差近似代替随机误差求标准差的估计值，则式(1-13)变为

$$\sigma = \sqrt{\frac{\sum\limits_{i=1}^{n}(x_i - \bar{x})^2}{n-1}} \approx \sqrt{\frac{\sum\limits_{i=1}^{n}v_i^2}{n-1}} \qquad (1-15)$$

式(1-15)称为贝塞尔(Bessel)公式，根据此式可由残余误差求得单次测量列标准差的估计值。

在相同条件下对被测量进行 m 组的多次测量，即分别对每一组作 n 次测量，各组所得的算术平均值为 $\bar{x}_1$，$\bar{x}_2$，$\cdots$，$\bar{x}_m$。由于存在随机误差，因此每组的算术平均值并不完全相同，但它们本身也是围绕真值 A_0 波动的，波动的范围比单次测量的范围要小，即测量的精度要高。算术平均值的精度可由算术平均值的标准差 $\sigma_{\bar{x}}$ 来表示，由误差理论可以证明，它与 σ 的关系为

$$\sigma_{\bar{x}} = \frac{\sigma}{\sqrt{n}} \qquad (1-16)$$

3）随机误差的处理

为了确保测量的可靠性，需要计算随机误差正态分布在不同区间的概率。测量值的极限误差就是极端误差。设测量值的误差不超过该极端误差的概率为 P，则超过的概率为 $1-P$，误差超过该极端误差的测量数据通常可以忽略。

由于标准差 σ 是正态分布的特征参数，因此误差区间通常表示成 σ 的倍数，如 $t\sigma$。由于正态分布的对称性特点，计算概率通常取成对称区间的概率，即

$$P(-t\sigma \leqslant v \leqslant t\sigma) = \frac{1}{\sigma\sqrt{2\pi}}\int_{-t\sigma}^{+t\sigma} \mathrm{e}^{-\frac{v^2}{2\sigma^2}}\mathrm{d}v \qquad (1-17)$$

式中，t 为置信系数，P 为置信概率。

表 1-1 给出几个典型的 t 值及其对应的概率。

表 1-1　t 值及其对应的概率

t	0.6745	1	1.96	2	2.58	3	4
P	0.5	0.6826	0.95	0.9544	0.99	0.9973	0.999 94

由表 1-1 可知：当 $t=1$ 时，$P=0.6826$，即测量数据中随机误差出现在 $-\sigma \sim +\sigma$ 间的概率为 68.26%；当 $t=3$ 时，出现在 $-3\sigma \sim +3\sigma$ 间的概率为 99.73%，相应地，$|v|>3\sigma$ 的概率为 0.27%，如图 1-3 所示，因此一般认为绝对值大于 3σ 的误差是不可能出现的，通常把这个误差称为极限误差 $\sigma_{\mathrm{lim}x}$。

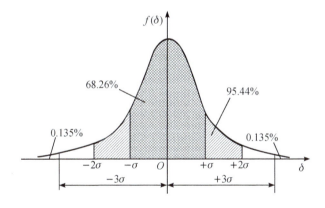

图 1-3　测量结果误差概率

按照上述分析，测量结果常表示为

$$x = \bar{x} \pm \sigma_{\bar{x}} \qquad (P=0.6827) \qquad (1-18)$$

或

$$x = \bar{x} \pm 3\sigma_{\bar{x}} \qquad (P=0.9973) \qquad (1-19)$$

2. 系统误差

传感器及检测装置固有的，在相同的条件下，由于测量系统本身的性能不完善、测量方法不完善、测量者对仪器的使用不当、环境件的变化等原因所引起的误差称为系统误差。

1）系统误差的特点

系统误差的特点是对同一被测量进行多次重复测量时，误差的大小和符号保持不变，或按照一定的规律出现（如始终偏大、偏小或周期性变化等）。

系统误差可以通过实验或分析的方法查明其变化的规律和产生的原因，通过对测量值修正，或采取一定的预防措施，就能够消除或减少它对测量结果的影响。系统误差的大小表明了测量结果的准确度。系统误差越小，则测量结果的准确度越高。

2）系统误差的处理

由于系统误差是测量系统本身的缺陷或测量方法的不完善造成的，使得测量值具有固定不变或按一定规律变化的特点，不具有抵偿性，也不能通过重复测量来消除，因此在处理方法上与随机误差完全不同。

（1）系统误差的发现与判别。

根据系统误差产生的原因和特点，人们通常采用实验对比法、残余误差观察法和准则检查法来发现与判别系统误差。

① 实验对比法。实验对比法是指改变产生系统误差的条件进行不同条件的测量，以发现系统误差，这种方法适用于发现恒定的系统误差。在实际工作中，生产现场使用的量块等计量器具需要定期送法定的计量部门进行检定，即可发现恒定系统误差，并可给出校准后的修正值（数值、曲线、表格或公式等），利用修正值在相当程度上可消除恒定系统误差的影响。

② 残余误差观察法。残余误差观察法是指根据测量列的各个残余误差的大小和符号变化规律，直接由误差数据或误差曲线图形判断有无系统误差，这种方法主要适用于发现有规律变化的系统误差。

③ 准则检查法。准则检查法就是指基于一定的准则来判断测量数据中是否含有系统误差。举例如下：

a. 马利科夫准则是将按测量先后顺序得到的残余误差的前后各一半分成两个组（总数为奇数时，前一分组多取一个残余误差），如果前、后两组残余误差的和明显不同，则认为可能含有线性系统误差。

b. 阿贝准则是检查残余误差是否偏离正态分布，若偏离，则认为可能存在变化的系统误差。其做法是将测量值的残余误差按测量顺序排列并计算，即

$$A = v_1^2 + v_2^2 + \cdots + v_n^2 \tag{1-20}$$

$$B = (v_1 - v_2)^2 + (v_2 - v_3)^2 + \cdots + (v_n - v_1)^2 \tag{1-21}$$

然后进行判断，若 $\left| \dfrac{B}{2A} - 1 \right| > \dfrac{1}{\sqrt{n}}$，则可能存在变化的系统误差。

（2）系统误差的消除。

系统误差是不可能绝对消除的，但可以根据系统误差产生的原因和特点（如恒定系统误差、线性系统误差、周期性系统误差或其他复杂变化的系统误差），尽量减小或消除系统误差对测量结果准确性的影响。消除系统误差一般的措施包括以下几个方面：

① 消除系统误差产生的根源。消除系统误差产生的根源措施包括：在测量之前，仔细检查测量仪器，并正确安装、调整和放置，保证测量仪器和元件本身准确可靠；防止外界干扰的影响；选择好观测位置消除视差；选择环境条件较稳定时进行测量和读数，且保证测量者的操作正确。

② 在测量系统中采用补偿措施。在测量系统中采用补偿措施时，首先找出系统误差的规律，然后选用适当的测量方法来消除系统误差。例如，对于恒定系统误差，可选用标准量

替代法、测量条件交换法、反向补偿法等；对于周期性系统误差，可选用半周期偶数测量法（按系统误差变化的每半个周期测量一次，每个周期测量两次，取平均值）。

③ 实时反馈修正。实时反馈修正是指当查明某种产生误差的因素变化对测量结果有明显的影响时，应首先尽量找出其影响测量结果的函数关系或近似函数关系，然后按照这种函数关系对测量结果进行实时的自动修正。

④ 对测量结果进行修正。对测量结果进行修正分三种情况进行处理：对于已知的系统误差，可以用修正值对测量结果进行修正；对于变值系统误差，设法找出误差的变化规律，用修正公式或修正曲线对测量结果进行修正；对未知的系统误差，则归入随机误差一起处理。

3. 粗大误差

超出规定条件下预期的误差称为粗大误差，或称为寄生误差，简称粗差。粗大误差值明显歪曲测量结果。在测量或数据处理过程中，如果发现某次测量结果所对应的误差特别大或特别小时，则应判断是否属于粗大误差，如属粗大误差，此值应舍去不用。

判别粗大误差最常用的统计判别法是 3σ 准则，即对某被测量进行多次重复等精度测量的数据为 x_1，$x_2 + \cdots + x_n$，其标准差为 σ，如果其中某一项残差 v_d 大于 3 倍标准差，即

$$|V_d| > 3\sigma \tag{1-22}$$

则认为 v_d 是粗大误差，与其对应的测量数据 x_d 是坏值，应从测量列测量数据中剔除。需要指出的是，剔除坏值后，还要对剩下的测量数据重新计算算术平均值和标准差，再按式（1-22）判别是否还存在粗大误差，若存在粗大误差，剔除相应的坏值，再重新计算，直到产生粗大误差的坏值全部剔除为止。

1.2　传感器的基础知识

人类通过五官（视、听、嗅、味、触）接受外界的信息，经过大脑的思维（信息处理）后，做出相应的动作。同样，如果用电子计算机控制的自动化装置（也称为机器人系统）来代替人的劳动，则可以说电子计算机相当于人的大脑（俗称电脑），而传感器则相当于人的五官部分（"电五官"），如图 1-4 所示。这一节主要介绍传感器的基础知识。

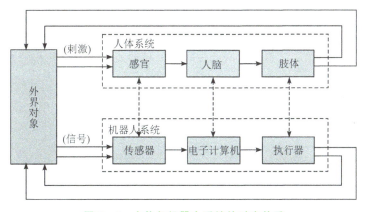

图 1-4　人体与机器人系统的对应关系

1.2.1　传感器的概念

伴随信息时代的到来,传感器已是获取自然界和生产领域中相关信息的主要途径与手段。作为模拟人脑的电子计算机发展极为迅速,同时"电五官"传感器的缓慢发展也逐渐引起人们的关注和重视。当传感器技术在工业自动化、军事国防,以及以宇宙开发、海洋开发为代表的尖端科学与工程等重要领域广泛应用的同时,它正以自己巨大的潜力,向与人们生活密切相关的生物工程、交通运输、环境保护、安全防范、家用电器和网络家居等方面渗透,并正在日新月异地发展。

1. 传感器的作用

传感器的作用是将来自外界的各种信号转换成电信号。近年来传感器所能够检测的信号显著增加,因而其品种也极其繁多。为了能对各种各样的信号进行检测、控制,就必须获得尽量简单且易于处理的信号。因为电信号能较容易地进行放大、反馈、滤波、微分、存储和远距离操

图 1-5　传感器的作用

作等,所以作为一种功能块,传感器可以狭义地被理解为:"将外界的输入信号变换为电信号的一类元件",如图 1-5 所示。

2. 传感器的定义

传感器是一种以一定的精确度把被测量转换为与之有确定对应关系的、便于应用的某种物理量的测量装置。根据我国国家标准(GB/T 7665—2005),传感器的定义是:能感受规定的被测量并按照一定的规律转换成可用输出信号的器件或装置。其包含以下几层含义:

(1)传感器是测量装置,能完成检测任务。

(2)它的输入量是某一被测量,可能是物理量,也可能是化学量、生物量等。

(3)输出量是某种物理量,这种量要便于传输、转换、处理、显示等,可以是气、光和电量,但主要是电量。

(4)输入输出有对应关系,且要求有一定的精确度。

3. 传感器的组成

传感器的共性就是利用物理定律或物质的物理、化学或生物特性,将非电量(如位移、速度、加速度、力等)输入转换成电量(电压、电流、频率、电荷、电容、电阻等)输出。传感器一般由敏感元件、转换元件和信号调理与转换电路部分组成,如图 1-6 所示。

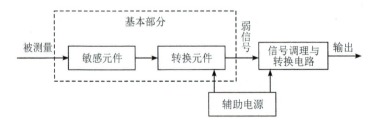

图 1-6　传感器的组成

传感器各部分的作用如下：

(1) 敏感元件：直接感受被测量，并输出与被测量成确定关系的某一物理量的元件。

(2) 转换元件：以敏感元件的输出为输入，并把输入信号转换成电路参数。

(3) 信号调理与转换电路：将从转换元件获得的电路参数输入信号调理与转换电路，便可转换成电量输出。

传感器的基本组成部件分为敏感元件和转换元件，分别完成检测和转换两个基本功能。值得指出的是，并不是所有的传感器都能明显地区分敏感元件和转换元件这两个部分，如热电偶、光敏电阻等一般是将感受到的被测量直接转换为电信号输出，即将敏感元件和转换元件两者的功能合二为一了。由敏感元件和转换元件组成的传感器通常输出信号较弱，一般还需要信号调理与转换电路将输出信号进行放大并转换为容易传输、处理、记录和显示的信号。另外有些传感器只由敏感元件和转换元件组成，没有转换电路；还有些传感器的转换元件不止一个，信号要经过若干次转换。

1.2.2　传感器的分类

传感器技术是一门知识密集型技术。由于传感器的工作原理各种各样，且与许多学科有关，因此传感器种类繁多，分类方法也很多。

传感器可按输入量、输出量、工作原理、基本效应、能量变换关系、所蕴含的技术特征、尺寸大小以及存在形式进行分类(如图 1-7 所示)，其中按输入量和工作原理的分类方式应用较为普遍。

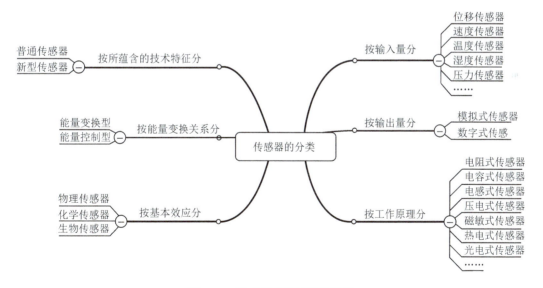

图 1-7　传感器分类的思维导图

1. 按照传感器的输入量分类

传感器的输入量分类比较明确，如表 1-2 所示。传感器按照输入量可分为位移传感器、压力传感器、振动传感器、温度传感器等。

表 1 - 2　传感器输入量分类

输入量类别	输入量
热工量	温度、热量、比热；压力、压差、真空度；流量、流速、风速
机械量	位移（线位移、角位移）；尺寸、形状；力、力矩、应力；重量、质量；转速、线速度；振动幅度、频率、加速度、噪声
物性和成分量	气体化学成分、液体化学成分；酸碱度（PH 值）、盐度、浓度、黏度；密度、比重
状态量	颜色、透明度、磨损量、材料内部裂缝或缺陷、气体泄漏、表面质量

2. 按照传感器的输出量分类

　　传感器按照输出量可分为模拟式传感器和数字式传感器两类。模拟式传感器是指传感器的输出信号为连续形式的模拟量信号；数字式传感器是指传感器的输出信号为离散形式的数字量信号。由于现在设计的测控系统往往要用到微处理器，因此通常需要将模拟式传感器输出的模拟信号通过 ADC（模/数转换器）转换成数字信号。数字式传感器输出的数字信号便于传输，具有重复性好、可靠性高的优点，是重点发展的方向。

3. 按照传感器的工作原理分类

　　传感器按照工作原理分类，可分为电参量式传感器（包括电阻式、电感式、电容式等基本形式）、磁电式传感器（包括磁电感应式、霍尔式、磁栅式等）、压电式传感器、光电式传感器、气电式传感器、波式传感器（包括超声波式、微波式等）、射线式传感器、半导体式传感器等，如表 1-3 所示。

表 1 - 3　传感器按照原理分类

传感器	工作原理	传感器	工作原理
1	电阻式	8	光电式
2	电感式	9	谐振式
3	电容式	10	霍尔式（磁式）
4	阻抗式（电涡流式）	11	超声波式
5	磁电式	12	同位素式
6	热电式	13	电化学式
7	压电式	14	微波式

4. 按照传感器的能量转换关系分类

　　传感器按照能量转换关系进行分类，可分为能量转换型传感器和能量控制型传感器。

　　能量转换型传感器又称为发电型或有源型传感器，其输出端的能量是由被测对象的能量转换而来的，它无需外加电源就能将被测的非电能量转换成电能量输出。这类传感器包括热电偶、光电池、压电式传感器等。对于无人值守的物联网应用，能够自供能量的有源传感器应用前景广阔。

能量控制型传感器又称为参量型或无源型传感器。这类传感器本身不能换能，其输出的电能量必须由外加电源供给，而不是由被测对象提供，但由被测对象的信号控制电源给传感器输出端提供能量，并将电压（或电流）作为与被测量相对应的输出信号。属于这种类型的传感器包括电阻式、电感式、电容式、霍尔式传感器等。

5．按照传感器的基本效应进行分类

根据传感器敏感元件所蕴含的基本效应，可以将传感器分为物理传感器、化学传感器和生物传感器。

1.2.3　传感器的发展趋势

传感器的发展趋势可以概括为以下几点。

1．发现新现象，开发新材料

新现象、新原理、新材料是发展传感器技术和研究新型传感器的重要基础，每一种新原理、新材料的发现都会伴随着新的传感器种类的诞生。

2．集成化，多功能化

传感器的集成化是指将半导体集成电路技术及其开发思想应用于传感器制造。如采用厚膜和薄膜技术制作传感器；采用微细加工技术（Micro-Electro-Mechanical System，MEMS）制作微型传感器等。

3．向未开发的领域挑战

到目前为止，大力研究、开发的传感器大多为物理传感器，今后应积极开发研究化学传感器和生物传感器。特别是智能机器人技术的发展，需要研制各种模拟人的感觉器官的传感器，如已有的力觉传感器、触觉传感器、味觉传感器等。

4．智能化发展

智能传感器是指具有判断能力、学习能力的传感器。事实上智能传感器是一种带微处理器的传感器，它具有检测、判断和信息处理功能。如日本欧姆龙公司制作的 ST-3000 型智能传感器，采用半导体工艺，在同一芯片上制作了 CPU、EPROM，以及可感受静态压力、压差和温度的敏感元件。

从构成（图 1-8 所示）上看，智能传感器是一个典型的以微处理器为核心的计算机检测系统。

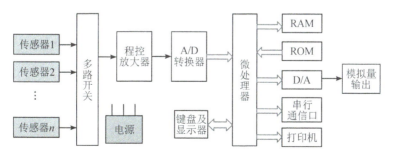

图 1-8　智能传感器的构成

与一般传感器相比，智能传感器有以下几个显著特点：

(1) 确精度高。由于智能传感器具有信息处理的功能，因此通过软件不仅可以修正各种确定性系统误差（如传感器输入输出的非线性误差、温度误差、零点误差、正反行程误差等），还可以适当地补偿随机误差，降低噪声，从而使传感器的精度大大提高。

(2) 稳定性、可靠性好。智能传感器具有自诊断、自校准和数据存储功能，对于智能结构系统还具有自适应功能。

(3) 检测与处理方便。智能传感器不仅具有一定的可编程自动化能力，根据检测对象或条件的改变，可方便地改变量程及输出数据的形式等，而且输出的数据可以通过串行通信线直接送入远程计算机进行处理。

(4) 功能广。智能传感器不仅可以实现多传感器多参数综合测量，扩大测量与使用范围，还可以有多种形式输出（如串行输出，IEEE-488 总线输出以及经 D/A 转换后的模拟量输出等）。

(5) 性价比高。在相同精度条件下，多功能智能式传感器与单一功能的普通传感器相比，性价比高，尤其是在采用比较便宜的单片机后更为明显。

1.3　学习拓展：传感器的命名方式、图形表示方法及使用时的一般要求

传感器的命名主要是根据其测量的物理量或工作原理来确定的，命名方式要遵循国家标准，以确保名称能够准确反映传感器的特性和用途。下面介绍一些传感器的命名方式及使用传感器时的一般要求。

1. 传感器的命名方式及图形表示方法

传感器的命名方式不仅考虑了其物理特性和技术指标，还通过标准的图形符号进一步简化和统一了其在技术和文档中的应用。

1) 传感器的命名方式

传感器的命名方式主要遵循国家标准（GB/T 7666—2005）《传感器命名法及代码》，其名称由主题词和四级修饰语组成，以确保其名称能够准确地反映传感器的特性。具体来说，传感器的名称应由以下几个部分构成：主题词，为"传感器"；一级修饰语，为被测量的物理量表示，如温度、湿度、压力等；二级修饰语，为转换原理描述，如电阻、电容、光电等；三级修饰语，为特征描述，包括传感器的结构、性能、材料特征等；四级修饰语，为主要技术指标描述，如量程、精度、灵敏度等。

2) 传感器的图形表示方法

根据我国国家标准（GB/T 14479—93）《传感器图用图形符号》的规定，传感器的图形表示符号由符号要素正方形和等边三角形组成。正方形表示转换元件，其中的"＊"表示应写进的转换原理；三角形表示敏感元件，其中的"X"表示应写进的被测量符号。传感器图形符号的构成以及几个典型传感器的图形符号如图 1-9 所示。

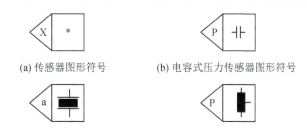

(a) 传感器图形符号　　　　　　(b) 电容式压力传感器图形符号

(c) 压电式加速度传感器图形符号　　(d) 电位式压力传感器图形符号

图 1-9　传感器图形符号

2. 传感器使用时的一般要求

由于各种传感器的原理和结构与使用环境、条件、目的的不同而不同，因此其技术指标也不可能相同，但传感器使用时的一般要求基本上是相同的。

(1) 足够的工作范围：传感器的工作范围或量程要足够大，具有一定的过载能力。

(2) 灵敏度高，精度适当：要求传感器的输出信号与被测信号为确定的关系（通常为线性），且比值要大；传感器的静态响应与动态响应的准确度能满足要求。

(3) 响应速度快，工作稳定，可靠性好。

(4) 使用性和适应性强：体积小，重量轻，动作能量小，对被测对象的状态影响小；内部噪声小且又不易受外界干扰的影响；其输出力求采用通用或标准形式，以便与系统对接。

(5) 使用经济：成本低，寿命长，且便于使用、维修和校准。

当然，能完全满足上述性能要求的传感器是很少的。实际使用时应根据应用目的、使用环境、被测对象状况、精度要求和原理等具体条件进行全面综合考虑。

1.4　应用与实践：传感器在智能生产线中的应用

传感器在智能生产线中扮演着至关重要的角色，它们通过实时监测和采集数据，为智能生产线这一典型的智能制造系统提供重要的信息支持，使生产线能够更好地实现生产过程的数字化、网络化和智能化。传感器在智能生产线中发挥的功能主要包含以下几个方面：

(1) 数据采集与监测。传感器能够精确地感知生产过程中的温度、压力、湿度等物理量，并将采集到的数据实时传输给上位系统。这有助于有效监测和控制生产过程中的各种参数，从而提高制造过程的准确性和稳定性。

(2) 质量控制与优化。智能传感器通过实时监测和反馈数据，能够实现对产品质量的精确控制，从而使制造企业能够及时发现潜在的质量问题，并采取相应的措施进行优化，提高产品质量和客户满意度。

(3) 故障诊断与预测维护。传感器能够对设备和生产环境进行全面的监测，当出现故障或异常情况时，智能传感器能够及时发出警报，并提供详细的故障信息，帮助企业及时进行诊断和维护，提高设备的可靠性和运行效率。

(4) 数据分析与优化决策。传感器采集到的数据可以被上位系统进行综合分析，并通过数据挖掘和机器学习等方法，发现数据背后的规律和关联性，可给出相应的优化建议和决策支持。这些数据分析结果、优化建议和决策支持可帮助企业降低成本，提高效率和产品质量，实现智能制造的最大化效益。

通过使用传感器，智能生产线能够实现高度自动化、精准控制和实时监测，大大提高了生产效率，降低了运营成本，并且有效地保证了产品的质量和生产过程的安全性。图1-10所示为呼叫器智能生产与运维平台，读者可自行总结各个单元中传感器的作用。

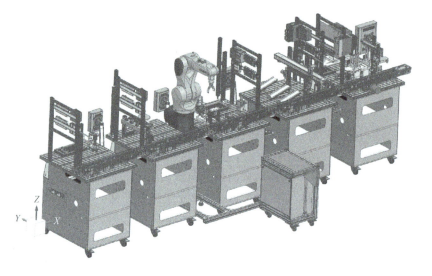

传感器在智能
生产线的应用

图 1-10　呼叫器智能生产与运维平台

练 习 题

一、填空题

1. 传感器一般由 _____、_____、_____ 三部分组成，是能把外界_____转换成_____的器件和装置。

2. _____是最大的绝对误差与测量仪器量程的比值，可以衡量测量仪器的品质。

3. 传感器是能感受被测量并按照_____转换成可用输出信号的器件或装置。

4. 传感器技术的共性就是利用物理定律和物质的_____特性将非电量转换成电量。

二、选择题

1. 自动控制技术、通信技术、计算机技术和(　　)构成信息技术的完整信息链。

A. 汽车制造技术　　　B. 建筑技术　　　C. 传感技术　　　　D. 监测技术

2. 随着人们对各项产品技术含量的要求的不断提高，传感器也朝向智能化方面发展，其中典型的传感器智能化结构模式是(　　)。

A. 传感器＋通信技术　　　　　　B. 传感器＋微处理器

C. 传感器＋多媒体技术　　　　　D. 传感器＋计算机

3. 传感器按其敏感的工作原理，可以分为物理型、化学型和(　　)三大类。

A. 生物型　　　　　　B. 电子型　　　　　C. 材料型　　　　　D. 薄膜型

4. 若将计算机比喻成人的大脑,那么传感器则可以比喻为人的(　　)。

A. 眼睛　　　　　　　B. 感觉器官　　　　C. 手　　　　　　　D. 皮肤

5. 传感器主要完成两个方面的功能:检测和(　　)。

A. 测量　　　　　　　B. 感知　　　　　　C. 信号调节　　　　D. 转换

6. 以下传感器中属于按传感器的工作原理命名的是(　　)

A. 应变式传感器　　　　　　　　　　B. 速度传感器

C. 化学型传感器　　　　　　　　　　D. 能量控制型传感器

三、判断题

1. (　　)传感器是实现自动检测和自动控制的首要环节。

2. (　　)量程就是测量仪器测量上限值和下限值之差。

3. (　　)测量仪器精度常见的有0.05级、0.1级、0.2级、0.5级等,其中0.5级的测量最精确。

4. (　　)多次重复测量同一个量时,误差大小和符号基本保持不变或者按照一定规律变化,这种误差是系统误差。

四、简答题

1. 随机误差的特点是什么?

2. 传感器的一般要求有哪些?

3. 为什么在使用各种指针仪表时,总希望指针偏转在全量程的2/3以上范围内使用?

五、综合题

1. 有三台测温仪表,量程都是0℃～800℃,精度等级分别是2.5级、2.0级和1.5级。现要测量500℃的温度,要求相对误差不超过2.5%,哪些测温仪表可以选?

2. 现需要对一个量程为100 mV,表盘为100等分刻度的毫伏表进行校准,测得数据如下:

仪表刻度值/mV	0	10	20	30	40	50	60	70	80	90	100
标准仪表示数/mV	0.0	9.9	20.2	30.4	39.8	50.2	60.4	70.3	80.1	89.8	100.0
绝对误差/mV											

试将各校准点的绝对误差填入表格并确定该毫伏表的精度等级。

3. 待测量电压的实际值约为21.7 V,现有四种电压表:

A 表:1.5级,量程为0～30 V;　　B 表:1.5级,量程为0～50 V;

C 表:1.0级,量程为0～50 V;　　D 表:0.2级,量程为0～360 V。

选用哪种规格的电压表进行测量产生的误差最小?

4. 测量某电路电流共5次,测得数据(单位为 mA)分别为168.41,168.54,168.59,168.40,168.50。试求算术平均值和标准差。

5. 测量某物质中铁的含量为1.52,1.46,1.61,1.54,1.55,1.49,1.68,1.46,1.83,1.50,1.56(单位略),试用3σ原则检查测量值中是否有坏值。

第2章 传感器的一般特性及标定

传感器的一般特性是指传感器的输入-输出关系特性，是敏感材料特性和内部结构参数作用关系的外部特性表现。传感器的一般特性能展现该传感器的各项指标，了解它对选择传感器很有帮助，从而判断传感器是否适用于所需要的场合。这一章介绍传感器的一般特性以及如何对传感器的特性指标进行标定，在学习拓展环节介绍传感器使用的一般注意事项，在应用与实践环节介绍压力开关校验的详细过程。

知识目标

➤ 能够描述传感器静态特性和动态特性的基本概念；
➤ 能够根据检测数据，采用端点连线法和小二乘法计算传感器的线性度；
➤ 能够根据检测数据，计算传感器的迟滞、重复性误差；
➤ 能够描述传感器静态标定与校准的基本过程与方法；
➤ 能够描述压力开关的校验过程。

能力目标

☆ 能够对比传感器静态特性指标以及动态响应的特性指标、频率响应的特性；
☆ 能够分析传感器的数学模型和动态响应特性；
☆ 能够根据校验方案，搭建压力开关校验系统，采集、分析、解释实验数据并得出结论。

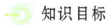 2.1 传感器的一般特性

传感器所测量的量有稳态和动态两种形式，稳态量不随时间变化（或变化很缓慢），动态量是随时间变化而变化的。传感器的基本任务就是要尽量准确地反映被测输入量的状态，因此传感器测量的量不同，其所表现出来的输入-输出特性也就不同，即存在静态特性和动态特性。

传感器的
一般特性

2.1.1 传感器的静态特性

传感器的静态特性是指传感器在被测量处于稳态时，即当输入量为常量或变化极慢时，输入量与输出量的特性关系。通常用来描述传感器静态特性的指标有线性度、灵敏度、

迟滞特性、重复性、分辨力、漂移等。

1. 线性度

线性度是指传感器的输入与输出间呈线性关系的程度。一个理想的传感器，它应具有线性的输入–输出特性关系，因为这有助于简化传感器的理论分析、数据处理、制作、标定和测试。但是一般情况下，传感器输出与输入不会完全符合所要求的线性关系。同时，由于迟滞、蠕变、摩擦等因素的影响，输出–输入对应关系的唯一性也不能实现。外界环境对传感器的影响不可忽视，其影响程度取决于传感器本身，如图 2–1 所示。

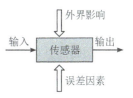

图 2–1 外界环境对
传感器的影响

在实际应用中，为了得到线性关系，往往引入各种非线性补偿环节。如采用非线性补偿电路或计算机软件进行线性化处理，或采用差动结构使传感器的输出–输入关系为线性或接近线性。

实际应用中，虽然传感器的实际输入–输出特性大都具有一定程度的非线性，但如果非线性项的方次不高，在输入量变化范围不大的条件下，可以用过零旋转拟合、端点连线拟合、端点平移拟合等来近似地代表实际曲线的一段，这就是传感器非线性特性的"线性化"，如图 2–2 所示。拟合时所采用的直线称为拟合直线。传感器实际的静态特性曲线可以用实验方法获得。

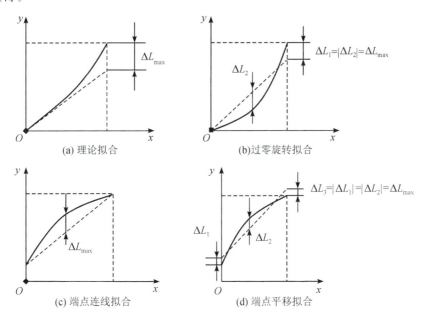

图 2–2 传感器"线性化"的几种方法

传感器实际特性曲线与拟合直线之间的偏差就称为传感器的非线性绝对误差，如图 2–2 中 ΔL 值。取图中非线性绝对误差最大值与输出满度值之比作为评价非线性误差（或线性度）的指标，即

$$\gamma_L = \pm \frac{\Delta L_{\max}}{Y_{FS}} \times 100\% \tag{2-1}$$

式中，γ_L 为非线性误差（线性度指标），$\Delta L_{\max}$ 为最大非线性绝对误差，Y_{FS} 为输出满量程。

由图 2-2 可见，非线性误差 γ_L 是以一定的拟直线或理想直线为基准直线计算得出的。因而，即使是同类传感器，其基准直线不同，所得线性度也不同。所以不能笼统地提出线性度，当提出线性度的非线性误差时，必须说明所依据的拟合直线，因为不同的拟合直线对应于不同的线性度。选取拟合直线的方法很多，选取拟合的方法也很多，其中用最小二乘法求取的拟合直线拟合精度最高，下面介绍几个典型方法。

1) 理论拟合

理论拟合如图 2-2(a)所示，是以输出 0% 为起点，满量程输出的 100% 为终点的直线作为拟合直线的。图 2-2(b)所示是基于理论拟合的过零旋转拟合，拟合时，使校准曲线与拟合直线交点前后段的最大偏差值相同。

2) 端点连线拟合

端点连线拟合(简称端基法)如图 2-2(c)所示，是把实际曲线的起点与终点连成直线作为传感器的拟合理想直线的。图 2-2(d)所示是基于端点连线拟合的端点平移拟合，即在端点连线拟合基础上使直线平移，移动距离为原最大偏差值的一半。

3) 最小二乘法拟合

所谓最小二乘法，是指测量结果的最可信赖值应在残余误差平方和为最小的条件下求出。在自动检测系统中，两个变量间的线性关系是一种最简单也是最理想的函数关系。设有 n 组实测数据 $(x_i, y_i)(i=1, 2, \cdots, n)$，其最佳拟合方程(回归方程)为

$$Y = A + Bx \tag{2-2}$$

式中，A 为直线的截距，B 为直线的斜率。令

$$\varphi = \sum_{i=1}^{n} v_i^2 = \sum_{i=1}^{n} \left[y_i - (A + Bx_i) \right]^2 = \min \tag{2-3}$$

根据最小二乘法，要使 φ 为最小，取其对 A 和 B 的偏导数，并令其为零，可得两个方程，联立两个方程，可求出 A 和 B 的唯一解，即有

$$\frac{\partial}{\partial A} \sum_{i=1}^{n} v_i^2 = \sum_{i=1}^{n} \left[-2(y_i - A - Bx_i) \right] = 0 \tag{2-4}$$

$$\frac{\partial}{\partial B} \sum_{i=1}^{n} v_i^2 = \sum_{i=1}^{n} \left[-2x_i(y_i - A - Bx_i) \right] = 0 \tag{2-5}$$

则得到 A 和 B 分别为

$$A = \frac{\sum_{i=1}^{n} y_i \sum_{i=1}^{n} x_i^2 - \sum_{i=1}^{n} x_i y_i \sum_{i=1}^{n} x_i}{n \sum_{i=1}^{n} x_i^2 - \left(\sum_{i=1}^{n} x_i \right)^2} \tag{2-6}$$

$$B = \frac{n \left(\sum_{i=1}^{n} x_i y_i \right) - \sum_{i=1}^{n} x_i \sum_{i=1}^{n} y_i}{n \left(\sum_{i=1}^{n} x_i^2 \right) - \left(\sum_{i=1}^{n} x_i \right)^2} \tag{2-7}$$

2. 灵敏度

灵敏度是指传感器在稳态下的输出量变化量与引起此变化的输入量变化的比值，用 k

表示，即

$$k = \frac{\Delta y}{\Delta x} \tag{2-8}$$

或

$$k = \frac{\mathrm{d}y}{\mathrm{d}x} \tag{2-9}$$

对于线性传感器，其特性曲线的斜率处处相同，如图 2-3 所示，它的灵敏度就是它的静态特性曲线的斜率，是常数。以拟合直线作为其特性的传感器，也可认为其灵敏度为一常数，用 $\Delta y / \Delta x$ 表示，与输入量的大小无关。

对于非线性传感器，其特性曲线的斜率不相同，即其灵敏度为一变量，如图 2-4 所示，用 $\mathrm{d}y / \mathrm{d}x$ 表示。通常用拟合直线的斜率表示非线性传感器的平均灵敏度。

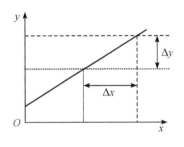 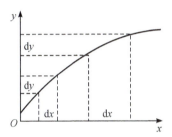

图 2-3　线性传感器灵敏度　　　　图 2-4　非线性传感器灵敏度

一般希望传感器的灵敏度要高，且在满量程的范围内是恒定的，即输入-输出特性为线性。但要注意，传感器灵敏度越高，就越容易受外界干扰的影响，其稳定性就越差。

3. 迟滞特性

传感器在正（输出量增大）反（输出量减小）行程中，其输出-输入特性曲线不重合的现象称为迟滞，如图 2-5。也就是说对应于同一大小的输入信号，传感器正反行程的输出信号大小不相等。产生这种现象的主要原因是传感器敏感元件材料的物理性质和机械零部件的缺陷，例如弹性敏感元件的弹性滞后、运动部件的摩擦、传动机构的间隙、紧固件松动等。

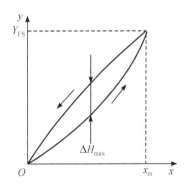

迟滞误差 γ_H 一般由实验方法测得，用正反行程间输出的最大差值 $\Delta H_{\max}$ 与满量程输出的百分数表示，即

$$\gamma_H = \pm \frac{\Delta H_{\max}}{Y_{FS}} \times 100\% \tag{2-10}$$

图 2-5　传感器迟滞特性

4. 重复性

重复性 γ_R 是指传感器在输入按同一方向进行全量程连续多次变动时，所得输出-输入特性曲线不一致的程度。如图 2-6 所示，正行程的最大重复性偏差为 $\Delta R_{\max 1}$，反行程的最大重复性偏差为 $\Delta R_{\max 2}$。重复性偏差用这两个最大偏差中的较大者为（$\Delta R_{\max}$）除以满量程输出 Y_{FS} 的值的百分数表示，即

$$\gamma_R = \pm \frac{\Delta R_{\max}}{Y_{FS}} \times 100\%$$ (2-11)

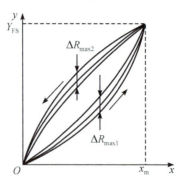

图 2-6　传感器的重复特性

5．分辨力

传感器的分辨力是一个重要的技术指标，是指传感器能够检测和区分的最小输入变化量，如图 2-7 所示。简单来说，传感器的分辨力反映了其对微小变化的敏感程度，通常以物理量的单位表示。例如，对于温度传感器，分辨力可能为 $0.1\,℃$，这意味着它能检测到 $0.1\,℃$ 的温度变化。

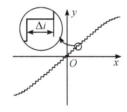

图 2-7　传感器的分辨力

6．漂移

漂移是指在一定时间间隔内，传感器输出量存在着与被测输入量无关的、不需要的变化。漂移包括零点漂移与灵敏度漂移。零点漂移或灵敏度漂移又可分为时间漂移（时漂）和温度漂移（温漂）。时漂是指在规定条件下，零点或灵敏度随时间缓慢变化。温漂是指周围温度变化引起的零点或灵敏度漂移。

2.1.2　传感器的动态特性

传感器的动态特性是指传感器对动态激励（输入）的响应（输出）特性，即其输出对随时间变化的输入量的响应特性。一个动态特性好的传感器，其输出随时间变化的规律（输出变化曲线）将能再现输入随时间变化的规律（输入变化曲线），即输出和输入具有相同的时间函数。但实际上由于制作传感器的敏感材料对不同的变化会表现出一定程度的惯性（如温度测量中的热惯性），因此其输出信号与输入信号并不具有完全相同的时间函数。这种输入与输出间的差异称为动态误差，它反映的是惯性延迟所引起的附加误差。

设计传感器时，要根据其动态性能要求与使用条件选择合理的方案和确定合适的参数。使用传感器时，要根据其动态性能要求与使用条件确定合适的使用方法，同时对给定条件下的传感器动态误差做出估算。总之，动态特性是传感器性能的一个重要指标，在测量随时间变化的参数时，只考虑静态性能指标是不够的，还要注意其动态性能指标，如一阶传感器动态特性指标有静态灵敏度和时间常数 τ 等。

传感器的动态特性可以从时域和频域两个方面，分别采用瞬态响应法和频率响应法来分析。在时域内研究传感器的响应特性时，一般采用阶跃函数；在频域内研究传感器动态特性时一般采用正弦函数。相应地，传感器的动态特性指标分为两类，即与阶跃响应有关的指标和与频率响应特性有关的指标，具体如下：

（1）在采用阶跃函数研究传感器的时域动态特性时，常用延迟时间、上升时间、响应时间、超调量等来表征传感器的动态特性。

（2）在采用正弦函数研究传感器的频域动态特性时，常用幅频特性和相频特性来描述传感器的动态特性。

1. 传感器的数学模型

在实际应用中，通常可以用线性时不变系统理论来描述传感器的动态特性。从数学上可以用常系数线性微分方程（线性定常系统）表示传感器输出量 $y(t)$ 与输入量 $x(t)$ 的关系，即

$$a_n\frac{\mathrm{d}^n y}{\mathrm{d}t^n}+a_{n-1}\frac{\mathrm{d}^{n-1}y}{\mathrm{d}t^{n-1}}+\cdots+a_1\frac{\mathrm{d}y}{\mathrm{d}t}+a_0 y=b_m\frac{\mathrm{d}^m x}{\mathrm{d}t^m}+b_{m-1}\frac{\mathrm{d}^{m-1}x}{\mathrm{d}t^{m-1}}+\cdots+b_1\frac{\mathrm{d}x}{\mathrm{d}t}+b_0 x$$

$$(2-12)$$

式中 a_n，$\cdots$，a_0，以及 b_m，$\cdots$，b_0 为与系统结构参数有关的常数。线性时不变系统有两个重要的性质，即叠加性和频率保持特性。

2. 传递函数

对式（2-12）进行拉氏变换，并设输入 $x(t)$ 和输出 $y(t)$ 及它们的各阶时间导数的初始值（$t=0$ 时）为 0，则得

$$H(s)=\frac{L[y(t)]}{L[x(t)]}=\frac{Y(s)}{X(s)}=\frac{b_m s^m+b_{m-1}s^{m-1}+\cdots+b_1 s+b_0}{a_n s^n+a_{n-1}s^{n-1}+\cdots+a_1 s+a_0} \qquad (2-13)$$

其中 $s=\beta+\mathrm{j}\omega$。

式（2-13）的右边是一个与输入 $x(t)$ 无关的表达式，它只与系统结构参数（a，b）有关，正如前文所言，传感器的输入-输出关系特性是传感器内部结构参数作用关系的外部特性表现。

3. 频率响应函数

对于稳定的常系数线性系统，可用傅里叶变换代替拉氏变换，相应地有

$$H(\mathrm{j}\omega)=A(\omega)\mathrm{e}^{\mathrm{j}\varphi(\omega)} \qquad (2-14)$$

式中模（称为传感器的幅频特性）

$$A(\omega)=|H(\mathrm{j}\omega)|=\sqrt{[H_R(\omega)]^2+[H_I(\omega)]^2} \qquad (2-15)$$

相角（称为传感器的相频特性）

$$\phi(\omega)=\arctan\frac{H_I(\omega)}{H_R(\omega)} \qquad (2-16)$$

4. 传感器的动态特性分析

对传感器的动态特性进行分析前，一般可以将大多数传感器简化为一阶或二阶系统。

1）一阶传感器的频率响应

一阶传感器的微分方程为

$$a_1 \frac{\mathrm{d}y(t)}{\mathrm{d}t} + a_0 y(t) = b_0 x(t) \qquad (2-17)$$

可改写为

$$\tau \cdot \frac{\mathrm{d}y(t)}{\mathrm{d}t} + y(t) = S_n \cdot x(t) \qquad (2-18)$$

式中，τ 为传感器的时间常数（具有时间量纲）。一阶传感器的幅频特性为

$$A(\omega) = \frac{1}{\sqrt{1 + (\omega\tau)^2}} \qquad (2-19)$$

相频特性为

$$\phi(\omega) = -\arctan(\omega\tau) \qquad (2-20)$$

图 2-8 所示为一阶传感器的频率响应特性曲线。从式（2-19）、（2-20）和图 2-8 可以看出，时间常数 τ 越小，此时 $A(\omega)$ 越接近于常数 1，$\phi(\omega)$ 越接近于 0，因此频率响应特性越好。当 $\omega\tau \ll 1$ 时，$A(\omega) \approx 1$，输出与输入的幅值几乎相等，表明传感器输出与输入为线性关系。当 $\phi(\omega)$ 很小时，$\tan(\phi) \approx \phi$，$\phi(\omega) \approx -\omega\tau$，相位差与频率 ω 呈线性关系。

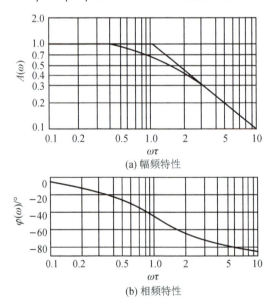

(a) 幅频特性

(b) 相频特性

图 2-8　一阶传感器的频率响应特性曲线

2）二阶传感器的频率响应

典型的二阶传感器的微分方程为

$$a_2 \frac{\mathrm{d}^2 y(t)}{\mathrm{d}t^2} + a_1 \frac{\mathrm{d}y(t)}{\mathrm{d}t} + a_0 y(t) = a_0 x(t) \qquad (2-21)$$

幅频特性为

$$A(\omega) = \left\{ \left[1 - \left(\frac{\omega}{\omega_n} \right)^2 \right]^2 + 4\zeta^2 \left(\frac{\omega}{\omega_n} \right)^2 \right\}^{-\frac{1}{2}} \qquad (2-22)$$

相频特性为

$$\phi(\omega) = -\arctan \frac{2\zeta \left(\dfrac{\omega}{\omega_n} \right)}{1 - \left(\dfrac{\omega}{\omega_n} \right)^2} \qquad (2-23)$$

式中：$\omega_n = \sqrt{\dfrac{a_0}{a_2}}$（传感器的固有角频率）；$\zeta = \dfrac{a_1}{2\sqrt{a_0 a_2}}$（传感器的阻尼系数）。

图 2-9 所示为二阶传感器的频率响应特性曲线。从式（2-22）、式（2-23）和图 2-9 可见，传感器频率响应特性的好坏主要取决于传感器的固有角频率 ω_n 和阻尼系数 ζ。当 $0<\zeta<1$，$\omega_n \gg \omega$ 时，$A(\omega) \approx 1$（常数），$\phi(\omega)$ 很小，$\phi(\omega) \approx -2\zeta \dfrac{\omega}{\omega_n}$，即相位差与角频率 ω 呈线性关系，此时，系统的输出 $y(t)$ 真实准确地再现输入 $x(t)$ 的波形。

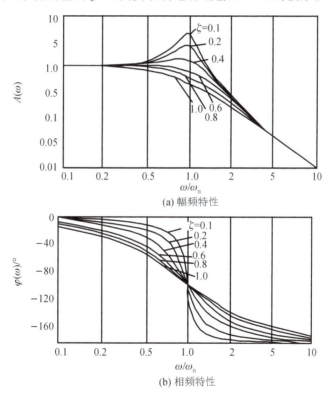

(a) 幅频特性

(b) 相频特性

图 2-9　二阶传感器的频率特性

在 $\omega = \omega_n$ 附近，系统发生共振，幅频特性受阻尼系数影响很大，实际测量时应避免此情况。

通过上面的分析可得出结论：为了使测试结果能精确地再现被测信号的波形，在传感器设计时，必须使其阻尼系数 $\zeta<1$，固有角频率 ω_n 至少应大于被测信号角频率 ω 的

$(3\sim5)$倍，即 $\omega_n \geqslant (3\sim5)\omega$。在实际测试中，若被测量为非周期信号，则在选用和设计传感器时，保证传感器固有角频率 ω_n 不低于被测信号基频 ω 的 10 倍即可。

3）一阶、二阶传感器的动态特性参数

一阶、二阶传感器单位阶跃响应的时域动态特性分别如图 2-10、图 2-11 所示（$S_n=1$，$A_0=1$）。

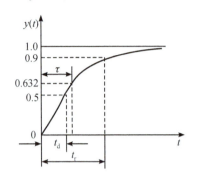
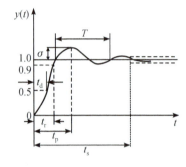

图 2-10　一阶传感器的时域动态特性　　　　图 2-11　二阶传感器（$\zeta<1$）的时域动态特性

一阶、二阶传感器的时域动态特性参数描述如下：

时间常数 τ：一阶传感器输出上升到稳态值的 63.2% 所需的时间。

延迟时间 t_d：传感器输出达到稳态值的 50% 所需的时间。

上升时间 t_r：传感器的输出达到稳态值的 90% 所需的时间。

峰值时间 t_p：二阶传感器输出响应曲线达到第一个峰值所需的时间。

响应时间 t_s：二阶传感器从输入量开始起作用到输出指示值进入稳态值所规定的范围内所需要的时间。

超调量 σ：二阶传感器输出第一次达到稳定值后又超出稳定值而出现的最大偏差，即二阶传感器输出超过稳定值的最大值。常用相对最终稳定值的百分比来表示，超调量越小越好。

▶▶▶ 2.2　传感器的标定

传感器的标定是指利用某种标准仪器对新研制或生产的传感器进行技术检定和标度。它是通过实验建立传感器输入量与输出量间的关系，并确定出不同使用条件下的误差关系或测量精度。传感器的标定分为静态标定和动态标定两种。传感器的校准是指对使用或储存一段时间后的传感器的性能进行再次测试和校正。校准的方法和要求与标定相同。

传感器的标定与校准

为了保证各种被测量量值的一致性和准确性，很多国家都建立了一系列计量器具（包括传感器）检定的组织、规程和管理办法。我国的计量器具的检定是由国家计量局、中国计量科学研究院，以及部、省、市计量部门以及一些企业的计量站进行制定和实施的。我国计量器具标定的过程一般分为三级精度。国家计量局和中国计量科学研究院进行的标定是一级精度的标准传递。在此处标定出的传感器叫作标准传感器，具有二级精度。

用标准传感器对出厂的传感器和其他需要校准的传感器进行标定，得到的传感器具有三级精度，这也是在实际测试中使用的传感器。下面介绍传感器静态标定和动态标定的具体方式。

2.2.1　传感器的静态标定

静态标定的目的是确定传感器的静态特性指标，包括线性度、灵敏度、分辨力、迟滞特性、重复性等。根据传感器的功能，静态标定首先需要建立静态标定系统，其次要选择与被标定传感器的精度相适应的一定等级的标定用仪器设备。

1. 传感器静态标定系统构成

传感器静态标定系统一般由以下几部分构成：

（1）被测物理量标准发生器，如测力机。

（2）被测物理量标准测试系统，如标准力传感器、压力传感器等。

（3）被标定传感器所配接的信号调节器和显示、记录器等，所配接的仪器精度应是已知的，也是标准测试设备。

图 2-12 所示为应变式测力传感器静态标定系统框图。其中测力机用来产生标准力，高精度稳压电源经精密电阻箱衰减后向应变式测力传感器提供稳定的电源电压，其值由

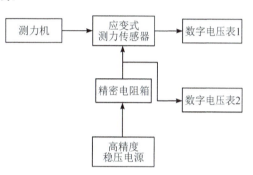

图 2-12　应变式测力传感器静态标定系统框图

数字电压表 1 读取，传感器的输出由高精度数字电压表 2 读出。

2. 传感器静态标定过程

对传感器的静态标定过程是根据标准仪器与被标定传感器的测试数据进行的，即利用标准仪器产生已知的非电量并输入到待标定的传感器中，然后将传感器的输出量与输入的标准量进行比较，从而得到一系列标准数据或曲线。传感器的静态标定步骤如下：

（1）将传感器测量范围分成若干等间距点。

（2）根据传感器量程分点情况，输入量由小到大逐渐变化，并记录各输入、输出值。

（3）将输入值由大到小慢慢减少，同时记录各输入、输出值。

（4）重复上述两步，对传感器进行正反行程多次重复测量，将得到的测量数据用表格列出或绘制成曲线。

（5）对测量数据进行处理，根据处理结果确定传感器的线性度、灵敏度、迟滞特性和重复性等静态特性指标。

2.2.2　传感器的动态标定

一些传感器除了静态特性必须满足要求外，其动态特性也需要满足要求，因此在进行静态校准和标定后，还需要进行动态标定。传感器的动态标定主要是研究传感器的动态响应，而与动态响应有关的参数，一阶传感器只有一个时间常数 τ，二阶传感器则有固有频率 ω_n 和阻尼比 ζ 两个参数。

对传感器进行动态标定时，需要对它输入一标准激励信号。为了便于比较和评价，常常采用阶跃变化和正弦变化的输入信号，即以一个已知的阶跃信号激励传感器，使传感器按自身的固有频率振荡，并记录下运动状态，从而确定其动态参量；或者以一个振幅和频率均为已知、可调的正弦信号激励传感器，根据记录的运动状态，确定传感器的动态特性。

对于一阶传感器，外加阶跃信号，测得阶跃响应之后，取输出值达到最终值的 63.2% 所经的时间作为时间常数 τ。但这样确定的时间常数实际上没有涉及响应的全过程，测量结果仅取决于某些个别的瞬时值，可靠性较差。如果用下述方法确定时间常数，则可以获得较可靠的结果。

设一阶传感器的单位阶跃响应函数为

$$y(t) = 1 - e^{-t/\tau}$$

令 $z = \ln[1 - y(t)]$，则上式可变为

$$z = -\frac{t}{\tau}$$

上式表明 z 和时间 t 为线性关系，并且有 $\tau = -\Delta t / \Delta z$。因此，可以根据测得的 $y(t)$ 值作出 z-t 曲线，并根据 $\Delta t / \Delta z$ 的值获得时间常数 τ。这种方法考虑了瞬态响应的全过程。

▶▶ 2.3　学习拓展：使用传感器的一般注意事项

熟悉了传感器的静态特性和动态特性，在日常在使用传感器时还需要注意以下事项：

（1）定期检查传感器状态：定期检查传感器的连接线是否完好无损，外壳是否有破损等，避免因为外部因素导致传感器故障或损坏。

（2）避免过度曝光或过高温度：一些传感器对光线或温度敏感，使用时应避免长时间处于在高强度的光线或高温环境中，以免影响传感器的精度和寿命。

（3）避免过度震动或冲击：一些传感器对震动或冲击敏感，使用时应避免过度震动或冲击传感器，以免影响其准确度和可靠性。

（4）避免接触腐蚀性物质：某些传感器的结构和材料可能对一些腐蚀性物质敏感，使用时应避免接触腐蚀性物质，以免损坏传感器或影响其正常工作。

（5）避免过量使用传感器：传感器通常有一定的使用寿命，过量使用会缩短其寿命，应根据实际需要合理安排传感器的使用和休息时间。

（6）注重传感器的定期校准：传感器一般都需要定期校准以保证其准确度和精度，应根据厂家的建议和实际需要定期对传感器进行校准。

（7）遵循使用说明和操作指南：在使用传感器时，应仔细阅读和遵循传感器的使用说明与操作指南，避免错误地使用和操作，以保证传感器的性能和安全性。特别需要注意以下3点：

① 室内使用传感器时要注意准确地设置传感器的位置和参数，以保证传感器正常工作和获得准确的数据。

② 在户外使用传感器时要注意防水和防风雨，以避免传感器受到雨水或其他液体的浸泡或受到风雨的侵蚀。

③ 当传感器检测到异常情况或工作不正常时，应立即停止使用传感器，并及时检查和

修复故障。

　　在传感器选型的过程中，对于某一种具体的传感器，并不要求全部指标都必须满足要求，只要根据实际需要保证主要的参数满足要求即可。表 2 - 1 列出了传感器的一些常用指标。

表 2 - 1　传感器的一些常用指标

基本参数指标	环境参数指标	可靠性指标	其他指标
量程指标： 量程范围、过载能力等 **灵敏度指标：** 灵敏度、满量程输出、分辨力、输入输出阻抗等 **精度方面的指标：** 精度（误差）、重复性、线性度、回差、灵敏度误差、阈值、稳定性、漂移、静态误差等 **动态性能指标：** 固有频率、阻尼系数、频响范围、频率特性、时间常数、上升时间、响应时间、过冲量、衰减率、稳态误差、临界速度、临界频率等	**温度指标：** 工作温度范围、温度误差、温度漂移、灵敏度温度系数、热滞后等 **抗冲振指标：** 各向冲振容许频率、振幅值、加速度、冲振引起的误差等 **其他环境参数：** 抗潮湿、抗介质腐蚀、抗电磁场干扰能力等	工作寿命、平均无故障时间、保险期、疲劳性能、绝缘电阻、耐压、反抗飞弧性能等	**使用方面：** 供电方式（直流、交流、频率、波形等）、电压幅度与稳定度、功耗、各项分布参数等 **结构方面：** 外形尺寸、重量、外壳、材质、结构特点等 **安装连接方面：** 安装方式、馈线、电缆等

　　不同的传感器根据应用需求可能侧重不同的技术指标，例如，医疗领域使用的传感器通常要求高精度和低漂移，而工业自动化中使用的传感器可能更关注响应时间和耐用性。选择合适的传感器需要根据具体应用场景对其技术指标进行综合考虑。

2.4　应用与实践：压力开关的校验

　　压力开关是一种简单的压力控制装置，当被测压力达到额定值时，压力开关动作，可发出警报或控制信号。压力开关在使用一段时间以后，一般都需要校准以保证其准确度和精度，下面将详细介绍机械式压力开关的校验过程。

　2.4.1　压力开关的基础知识

　　压力开关顾名思义主要是用于检测压力值，当被测量压力超过额定值时，压力开关将改变通断状态，输出开关量信号，达到控制被测量压力值的目的。

　　压力开关在使用过程中有诸多优点，例如：压力开关采用密封式不锈钢感应器，使用安全可靠；压力范围内可根据用户任意选定的压力值进行设置；有参考刻度的内部调整和防误操作盒盖的外部调整两种调整方式；使用寿命长、防爆、耐腐蚀等。所以，压力开关的使用范围很广泛，可用于电力、化工、石油、钢铁、加工制造等各种工业过程，也可用于爆炸区域及含有腐蚀性气体的环境中，对设备和人员起安全保护作用。下面重点介绍压力开关的分类和重要参数。

1. 压力开关的种类

压力开关按照工作原理分为机械式压力开关和电子式压力开关，按照开关形式分为常开式和常闭式。

（1）机械式压力开关。机械式压力开关为纯机械形变导致微动开关动作，即当压力增加时，在不同的弹性元件（膜片、波纹管、活塞）上将产生形变并向上移动，通过栏杆弹簧等机械结构，最终启动最上端的微动开关，使电信号输出，其实物图如图2-13（a）所示。用户可以通过调整机械结构改变压力开关的动作压力值。

(a) 机械式压力开关　　　　　　　　(b) 电子式压力开关

图 2-13　压力开关实物图

（2）电子式压力开关。电子式压力开关主要采用压力传感器进行压力采样，即先通过压力传感器直接将非电量（压力）转换为可直接测量的电量（电压或电流），再通过信号调理电路对传感器信号进行放大和归整处理，最后通过比较电路，使该器件在所设定的压力门限上输出某一逻辑电平（代表一种状态），这个逻辑电平可输入到微控制器，驱动后部电路或控制电开关，其实物图如图2-13（b）所示。用户可以通过设定电平转换门限来决定压力开关的动作压力值。

2. 压力开关的参数

衡量压力开关的特性参数主要有精度、最大压力、满量程、死区、工作温度和耐压值等。

（1）精度：表示设备精准程度的值，人们一般将最大引用误差不能超过的允许值作为划分精度等级的尺度。

（2）最大压力：压力范围的最大值。

（3）满量程：压力范围最大值和最小值的差值。

（4）死区：压力开关设定动作值和恢复值的差值，例如当设定动作值为1 MPa，实际恢复值为0.9 MPa时，死区为0.1 MPa。

（5）工作温度：压力开关的内部机构、敏感元件等工作时不会发生持续变形的温度范围。一般压力开关推荐工作温度范围为-5～400℃，若介质温度过高时，可考虑使用降温措施。

（6）耐压值：压力开关保持其正常性能所能承受的最大压力。需要注意的是，当压力开关用于过压场合时，敏感元件将会产生持续形变，这时压力设定值将变化，压力开关将不能发挥其正常性能，甚至可能损坏。

2.4.2　压力开关的校验

压力开关的校验是指利用高精度标准表对压力开关主要技术指标（主要是设定值偏差和回差）进行校准实验，确保各项性能指标达到要求。下面将以一款机械式压力开关为例介绍压力开关的校验过程。

压力开关校验注意事项：

（1）校验时便携式压力泵的工作介质应是无毒、无害的气体或液体。

（2）校验时应无影响计量性能的机械振动。

（3）校验周期一般不超过 1 年。

（4）未进行校验或超出校验有效期的压力开关不得使用。已校验合格的压力开关应有合格标记，并保存好校验证书，经常检查已校验仪器的校验周期和校验时间，保证仪器始终处于校验有效期内。

压力开关校验过程主要包含校验准备、校验开始和结果处理三个部分。

1. 校验准备

对压力开关进行校验前，需要从环境条件、校验工具、校验设备等方面进行准备。

（1）环境条件：校验需在温度为 (20 ± 5)℃、相对湿度为 $45\%\sim75\%$ 的恒温室进行；校验前，压力开关需在该环境条件下放置 2 h 以上方可进行校验。

（2）校验工具：扳手、十字螺丝刀、一字螺丝刀等。

（3）校验设备：便携式压力泵、数字压力标准表、数字万用表、绝缘电阻表和校验表格。

① 便携式压力泵的造压系统作为压力计量不可缺少的辅助设备，在压力校验工作中必不可少。它可以通过加压手柄进行加压并使用旋钮调节压力大小或者直接泄压，其气密性、耐用性和简便性能良好，常见的工作介质包括空气、水和油，实物图如图 2-14 所示。

② 数字压力标准表用于显示校验系统的压力值，可以使读数更加直观和快捷。根据规定，数字压力标准表的最大允许误差绝对值不得大于被检压力开关的最大允许误差绝对值的 1/4，所以在校验开始前应合理选择数字压力标准表，其实物图如图 2-15 所示。

图 2-14　便携式压力泵实物图　　　　　图 2-15　数字压力标准表实物图

③ 数字万用表的用途主要是测量阻值、电压、电流，有的还能测频率、三极管等。在压力开关校验工作中，数字万用表的主要作用是使用电阻挡来检测触头的通断，可以打开蜂鸣挡提示压力开关是否动作，其实物图如图 2－16 所示。

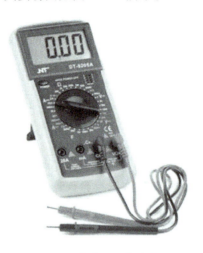

图 2－16　数字万用表实物图

④ 绝缘电阻表又称摇表或者兆欧表，是用来测量大电阻和绝缘电阻的专用仪器。它由一个手摇发电机和一个磁电式比率表构成，其中手摇发电机提供一个便于携带的高电压测量电源，电压范围在 500～5000 V 之间，磁电式比率表是测量两个电流比值的仪表，通过电磁力产生反作用力矩来测量电器设备的绝缘电阻值。根据绝缘电阻表测量结果，可以简单地鉴别电气设备绝缘是否良好。常用绝缘电阻表的额定电压为 500 V、1000 V、2500 V 等几种，它的标度尺单位是"兆欧"。一般规程规定：测量额定电压在 500 V 以下的设备时，宜选用 500～1000 V 的绝缘电阻表；测量额定电压在 500 V 以上设备时，应选用 1000～2500 V 的绝缘电阻表。其实物图如图 2－17 所示。

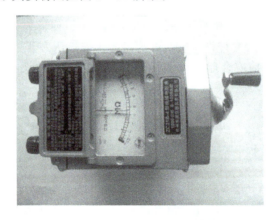

图 2－17　绝缘电阻表实物图

⑤ 校验表格是事先准备好的，如表 2－2 所示，表格中除了需要记录被校压力开关和标准仪器的详细信息外，更为重要的是需要对校验数据进行记录和计算并得出校验结果，同时还需要校验人员在表格的右下方签字。

表 2 - 2　压力开关校验记录表

班组：			校验日期＿＿＿年＿＿＿月＿＿＿日

被校开关
名称：　　　　　　　　　　编码：
型号：　　　　　　　　　　厂家：
量程：

标准仪器
名称型号：
制造厂家：　　　　　　　　编号：

校验记录
触点类型：＿＿＿＿　接触电阻：＿＿＿＿Ω　绝缘电阻：＿＿＿＿（要求大于 20 MΩ）

定值 (　　)	动作平均值 (　　)		回差平均值 (　　)	备注
	动作值	恢复值	回差	
第一次				
第二次				
第三次				
设定值偏差				
设定值偏差/ 量程(%)				

校验结果
校验员＿＿＿＿＿＿

2. 校验开始

　　下面以设定值大于 0.2 MPa 动作、使用端子为常开触点的压力开关为例，介绍校验过程，主要包含外观检查、绝缘性检查、密封性检查以及动作值和恢复值记录四个部分。

　　(1) 外观检查。压力开关的铭牌应完整、清晰并具有以下信息：产品名称、型号规格、测量范围、准确度等级、额定工作压力等主要技术指标；制造厂的名称或商标、出厂编号、制造年月、计量器具制造许可证标志及编号；防爆产品还应有相应的防爆标志。另外，压力开关内部零部件应完好无损，紧固件不得有松动和损伤现象，可动部分应灵活可靠。首次校验的压力开关的外壳、零件表面涂覆层应光洁、完好、无锈蚀和霉斑。

　　(2) 绝缘性检查。使用 500 V 绝缘电阻表进行绝缘性检查，端子与外壳之间、不相连端子之间以及触头断开时的两端子之间应当是绝缘的，绝缘电阻应大于 20 MΩ。

（3）密封性检查。首先检查压力开关所有管线连接处应无漏液或漏气现象，然后将压力开关和数字压力标准表装在压力泵上，关闭泄油阀，用加压手柄进行加压至压力开关的量程上限并保持 2 min，要求数字压力标准表示值无下降现象，且管路无泄漏。如果数字压力标准表示值下降，则需重新紧固后确认无泄漏再进行校验。

（4）动作值和恢复值记录。首先将压力开关和数字压力标准表安装在便携式压力泵上，使用压力泵将压力升高到设定值以下，旋紧压力泵旋钮将压力维持住，并使用万用表的表笔接触常开端子，调节压力微调旋钮，慢慢升高压力至触点动作，当万用表显示常开触点已经闭合（电阻值很小或者为零时），记录动作值。然后将压力缓缓下降至触点再次动作，当万用表显示常开触点已经断开（电阻值很大或者正无穷时），记录恢复值。可以将万用表拨到蜂鸣挡，方便了解通断状态。

此过程要求完成三次以上，并将所有动作值和恢复值的数据记录在校验表格上。需要注意的是，对于设定值大于一定压力值动作的压力开关是按上述方法校验的，那么对于设定值小于一定压力值动作的压力开关如何操作呢？答案是需要将压力升高到设定值以上逐渐降压，压力开关动作后记录动作值，再慢慢升压至触点再次动作，记录恢复值。经过三次以上的反复测量，得到动作值和恢复值数据，检查这些数据有没有异常，如果没有则可以进行下一步计算。

3）结果处理

校验结束后，首先需要将压力开关和标准仪器的信息（名称、编号、厂家、型号、量程等）填入校验表格，然后根据记录在表格中的三组数据，计算动作平均值，设定值偏差即为动作平均值和设定值的差，最后根据记录数据计算回差的平均值，回差即为动作值和恢复值的差。

本次校验主要的校验参数为设定值偏差和回差，按照压力开关设定值偏差要求表（见表 2-3），压力开关设定值偏差应不大于对应的准确度等级。需要注意的是，设定值偏差允许值是百分数，计算时需要除以量程再乘以 100%，得到百分数后再进行比较。对于回差不可调的压力开关，回差应不大于量程的 10%；对于回差可调的压力开关，最小回差应不大于量程的 10%，最大回差应不大于量程的 30%。

表 2-3　压力开关设定值偏差要求表

准确度等级	设定值偏差允许值/%
0.5 级	±0.5 级
1.0 级	±1.0 级
1.5 级	±1.5 级
2.0 级	±2.0 级
2.5 级	±2.5 级
4.0 级	±4.0 级

根据得出的压力开关设定值偏差和回差得出校验结论，给校验合格的压力开关出具检定证书，贴好标签，给校验不合格的压力开关出具检定结果通知书，并注明不合格项目。

练 习 题

一、填空题

1. 衡量传感器静态特性的重要指标是 _____ 、 _____ 、 _____ 、 _____ 等。

2. 传感器灵敏度是指传感器达到稳定状态时 _____ 与 _____ 的比值。

3. 传感器对随时间变化的输入量的响应特性叫作 _____ 。

4. 某位移传感器，当输入量变化 5 mm 时，输出电压变化 300 mV，则其灵敏度为 _____ 。

5. _____ 是最大的绝对误差与仪表量程的比值，可以衡量测量仪表的品质。

6. _____ 指传感器能检测到的最小的输入增量。

7. 压力开关的校验周期一般不超过 _____ 年。

8. _____ 又称摇表或者兆欧表，是用来测量大电阻和绝缘电阻的专用仪器。

9. 传感器确定拟合直线端基法是将 _____ 连成直线。

二、选择题

1. 属于传感器静态特性指标的是(　　　)。

A. 固有频率　　　　B. 临界频率　　　　C. 阻尼比　　　　D. 重复性

2. 衡量传感器静态特性的指标不包括(　　)。

A. 线性度　　　　B. 灵敏度　　　　C. 频域响应　　　　D. 重复性

3. 某温度传感器，其微分方程为 $30\dfrac{\mathrm{d}y}{\mathrm{d}t}+3y=0.15x$，式中 y 为输出电压，单位为 mV，x 为输入温度，单位为℃，则该传感器的灵敏度 S 为(　　　)。

A. 0.5 s　　　　B. 0.05 mV/℃　　　　C. 15 s　　　　D. 0.15 mV/℃

4. 传感器的下列指标全部属于静态特性的是(　　　)。

A. 线性度、灵敏度、阻尼系数　　　　B. 幅频特性、相频特性、稳态误差
C. 迟滞、重复性、漂移　　　　D. 精度、时间常数、重复性

5. 下列传感器的指标全部属于动态特性的是(　　　)。

A. 迟滞、灵敏度、阻尼系数　　　　B. 幅频特性、相频特性
C. 重复性、漂移　　　　D. 精度、时间常数、重复性

6. 在整个测量过程中，如果影响和决定误差大小的全部因素(条件)始终保持不变，对同一被测量进行多次重复测量，这样的测量称为(　　　)。

A. 组合测量　　　　B. 静态测量　　　　C. 等精度测量　　　　D. 零位式测量

三、判断题

1. (　　)传感器需要有足够的工作范围和一定的过载能力。

2. (　　)传感器的灵敏度越高越好。

3. (　　)传感器在正向行程和反向行程中输出曲线不重合性称为重复性。

4. (　　)漂移一般指的是零点漂移。

5. （　　）未进行校验或超出校验有效期的压力开关不得使用。

6. （　　）压力开关按照工作原理分为常开式和常闭式。

四、简答题

1. 衡量传感器的静态特性主要有哪些？说明它们的含义。

2. 什么是传感器动态特性和静态特性？简述在什么条件下只研究静态特性就能够满足通常的需要。

3. 压力开关的绝缘性和密封性如何检查？

4. 何谓传感器的静态标定和动态标定？试简述传感器的静态标定过程。

5. 传感器的线性度能否直接定为传感器的精度？简述理由。

6. 为什么在传感器的静态性能指标中放在首位的是线性度？

7. 压力传感器测量砝码数据如下，试解释这是一种什么误差，并说明产生这种误差的原因是什么。

砝码数（N）/g	0	1	2	3	4	5
正行程/mV	0	1.5	2	2.5	3	3.5
反行程/mV	0	0.5	1	2	2.5	3.5

五、综合题

1. 已知某一位移传感器的测量范围为 0～30 mm，静态测量时，输入值与输出值的关系如表 2-4 所示，试求此传感器的线性度和灵敏度。

表 2-4　输入值与输出值的关系

输入值/mm	1	5	10	15	20	25	30
输出值/mV	1.50	3.51	6.02	8.53	11.04	13.47	15.98

2. 某压力传感器的校验数据如表 2-5 所示，试分别用最小二乘法和端点连线法求其非线性误差，并计算迟滞误差和重复性误差。

表 2-5　校验数据表

压力 /MPa	输出值/mV					
	第一次循环		第二次循环		第三次循环	
	正行程	反行程	正行程	反行程	正行程	反行程
0	−2.73	−2.71	−2.71	−2.68	−2.68	−2.69
0.02	0.56	0.66	0.61	0.68	0.64	0.69
0.04	3.96	4.06	3.99	4.09	4.03	4.11
0.06	7.40	7.49	7.43	7.53	7.45	7.52
0.08	10.88	10.95	10.89	10.93	10.94	10.99
0.10	14.42	14.42	14.47	14.47	14.46	14.46

第 3 章　光电式传感器的原理及应用

光电式传感器是利用光电器件把光信号转换成电信号或电参数（电压、电流、电荷、电阻等）的装置。本章先介绍光电效应和常用光电器件，然后依次介绍光电开关、光纤传感器、光栅传感器、光电编码器和视觉传感器的相关知识，在知识拓展环节将介绍光电编码器的应用，在应用与实践环节以光电开关测试任务为载体，介绍光电开关检测系统的搭建、测试过程。

知识目标

▷ 能复述光电效应、数值孔径、莫尔条纹等基本概念；
▷ 能说出各种光电器件的基本特性；
▷ 能够描述光电开关、光纤传感器、光栅传感器和光电编码器等常用光电传感器的工作原理、使用方法、注意事项、特点，并列举其常见的应用场景。

能力目标

☆ 能够对比光电编码器和光栅传感器的异同；
☆ 能够分析光电编码器辨向电路工作过程；
☆ 能够熟练掌握光电编码器选型、安装的方法；
☆ 能够根据应用场景，综合考虑多种因素的影响，进行光电式传感器选型；
☆ 能够根据光电开关测试实验要求，搭建光电检测系统，并对不同类型光电开关关键参数进行测试，并得出结论。

3.1　光电效应与常用光电器件

光电式传感器主要是基于光电效应实现对光的检测，检测过程中先将被测量转换为光量的变化，然后通过光电器件把光量的变化转换为相应的电参量的变化，从而实现对非电量的测量。

光电效应和
光电器件

3.1.1　光电效应

光电效应是物理学中一个重要而神奇的现象，是指在高于某特定频率的电磁波照射

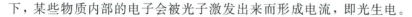

下，某些物质内部的电子会被光子激发出来而形成电流，即光生电。

1. 光电效应的定义

光电现象由德国物理学家赫兹于 1887 年发现，而正确的解释则为爱因斯坦所提出。光子是具有能量的粒子，每个光子的能量可表示为

$$E = h \cdot v_0 \qquad\qquad (3-1)$$

式中，h 为普朗克常数（等于 6.626×10^{-34} J·s），v_0 为光子的振动频率。

根据爱因斯坦假设，一个光子的能量只给一个电子，因此，如果一个电子要从物体中逸出，必须使光子能量 E 大于表面逸出功 A_0，这时，逸出表面的电子具有的动能可用光电效应方程表示为

$$E_k = \frac{1}{2}mv^2 = h \cdot v_0 - A_0 \qquad\qquad (3-2)$$

式中，m 为电子的质量，v 为电子逸出的初始速度。

根据光电效应方程，当光照射在某些物体上时，光能量作用于物体会释放出电子，这种物体吸收具有一定能量的光子后所产生的电效应就是光电效应。光电效应中所释放出的电子叫作光电子，能产生光电效应的敏感材料称作光电材料。

通过大量的实验可总结出光电效应具有如下实验规律：

(1) 每一种金属在产生光电效应时都存在极限频率（或称截止频率），即照射光的频率不能低于某一临界值。相应的波长称作极限波长（或称红限波长）。当入射光的频率低于极限频率时，无论多强的光都无法使电子逸出。

(2) 光电效应中产生的光电子的速度与光的频率有关，而与光强无关。

(3) 光电效应具有瞬时性。实验发现，光几乎一照到金属上时便会立即产生光电流。响应时间不超过 10^{-9} s(1 ns)。

(4) 入射光的强度只影响光电流的强弱，即只影响单位时间单位面积内逸出的光电子数目。在光颜色不变的情况下，入射光越强，饱和电流越大，即一定颜色的光，入射光越强，一定时间内发射的电子数目越多。

2. 光电效应的分类

光电效应可以分为外光电效应和内光电效应。

1) 外光电效应

外光电效应是指当光照射到金属或金属氧化物的光电材料上时，光子的能量会传给光电材料表面的电子，如果入射到光电材料表面的光能使电子获得足够的能量，则电子会克服正离子对它的吸引力，脱离光电材料表面而进入外界空间的现象。即外光电效应是在光线作用下，电子逸出物体表面的现象。

2) 内光电效应

内光电效应是指物体受到光照后所产生的光电子只在物体内部运动，而不会逸出物体的现象。内光电效应多发生于半导体内，可分为因光照引起半导体电阻率变化的光电导效应和因光照产生电动势的光生伏特效应两种。

(1) 光电导效应是指物体在入射光能量的激发下，其内部产生光生载流子（电子-空穴对），使物体中载流子数量显著增加而电阻减小的现象。这种效应在大多数半导体和绝缘体

中都存在，但金属因电子能态不同，不会产生光电导效应。

（2）光生伏特效应是指光照在半导体中激发出的光电子和空穴在空间分开而产生电位差的现象，是将光能变为电能的一种效应。光照在半导体 PN 结或金属-半导体接触面上时，在 PN 结或金属-半导体接触面的两侧会产生光生电动势，这是因为 PN 结或金属-半导体接触面因材料不同质或不均匀而存在内建电场，半导体受光照激发产生的电子或空穴会在内建电场的作用下向相反方向移动和积聚，从而产生电位差。

3.1.2　常用光电器件

光电传感器的
一般形式

根据光电效应可以做出相应的光电转换元件，简称光电器件或光敏器件，它是构成光电式传感器的主要部件。

1. 外光电效应光电器件

根据外光电效应制作的光电器件有光电管和光电倍增管。

1）光电管及其基本特性

（1）光电管的结构与工作原理。

光电管有真空光电管和充气光电管两类。真空光电管的结构如图 3-1(a)所示，它由一个阴极（K 极）和一个阳极（A 极）构成，并且密封在一只真空玻璃管内。阴极装在玻璃管内壁上，其上涂有光电材料，或者在玻璃管内装入柱面形金属板，在此金属板内壁上涂有阴极光电材料。阳极通常用金属丝弯曲成矩形或圆形或金属丝柱，置于玻璃管的中央。在阴极和阳极之间加有一定的电压，且阳极为正极、阴极为负极。当光通过光窗照在阴极上时，光电子就从阴极发射出去，在阴极和阳极之间电场作用下，光电子在极间做加速运动，被高电位的中央阳极收集形成电流，光电流的大小主要取决于阴极灵敏度和入射光辐射的强度。真空光电管的测量电路如图 3-1(b)所示。随着半导体光电器件的发展，真空光电管已逐步被半导体光电器件所替代。

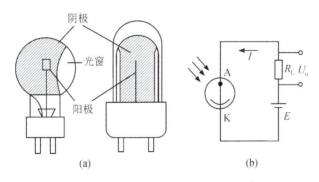

(a)　　　　　　　　　　　　　　(b)

图 3-1　真空光电管的结构与测量电路

充气光电管的结构与真空光电管基本相同，只是管内充有少量的惰性气体如氩或氖。当充气光电管的阴极被光照射后，光电子在飞向阳极的途中和惰性气体的原子发生碰撞，使气体电离，电离过程中产生的新电子与光电子一起被阳极接收，正离子向反方向运动被阴极接收，因此增大了光电流，通常能形成数倍于真空型光电管的光电流，从而使光电管的灵敏度增加。充气光电管的光电流与入射光强度不成比例关系，因而使其具有稳定性较差、惰性大、温度影响大、容易衰老等一系列缺点。

（2）光电管的主要性能。

光电管的性能主要由伏安特性、光照特性、光谱特性、响应时间、峰值探测率和温度特性等来描述。

2）光电倍增管及其基本特性

（1）光电倍增管的结构与工作原理。

当入射光很微弱时，普通光电管产生的光电流很小，只有零点几微安，探测很不容易，这时常用光电倍增管对电流进行放大。图3-2所示是光电倍增管的外形和结构图。

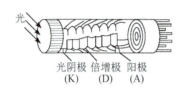
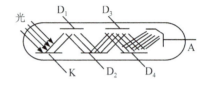

图 3-2　光电倍增管的外形和结构

光电倍增管主要由光阴极（K）、次阴极（倍增极（D））以及阳极（A）三部分组成。其中阳极是用来收集电子的，输出的是电压脉冲。光电倍增管是灵敏度极高、响应速度极快的光探测器，其输出信号在很大范围内与入射光子数呈线性关系。

光电倍增管除光阴极外，还有若干个倍增极。这些倍增极用次级发射材料制成，这种材料在具有一定能量的电子轰击下，能够产生更多的"次级电子"。光电倍增管的工作电路如图3-3所示，使用时在各个倍增极上均加上电压。光阴极电位最低，从光阴极开始，各个倍增极的电位依次升高，阳极电位最高。

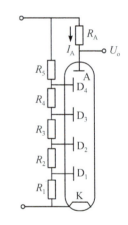

由于光电倍增管的相邻两个倍增极之间有电位差，因此，其存在加速电场，可对电子进行加速。从光阴极发出的光电子，在电场的加速下，打到第一个倍增极上，引起二次电子发射。每个电子能从第一个倍增极上打出3～6个次级电子，被打出来的次级电子再经过电场的加速后，打在第二个倍增电极上，电子数又增加3～6倍，如此不断倍增，最后阳极收集到的

图 3-3　光电倍增管电路

电子数将达到光阴极发射电子数的 $10^5 \sim 10^8$ 倍，即光电倍增管的放大倍数可达到几十万倍甚至到上亿倍。因此光电倍增管的灵敏度比普通光电管高几十万倍到上亿倍，相应的电流可由零点几微安放大到安或 10 A 级，即使在很微弱的光照下，它仍能产生很大的光电流。

（2）光电倍增管主要参数。

光电倍增管主要参数包括倍增系数、光阴极灵敏度和光电倍增管总灵敏度、暗电流和光谱特性等。光电倍增管的光谱特性与相同材料的光电管的光谱特性相似，主要取决于光阴极材料。

① 光电倍增管的倍增系数 M。倍增系数 M 等于各倍增电极的二次电子发射系数 δ 的乘积。如果 n 个倍增电极的 δ 都一样，则阳极电流为

$$I = i \cdot M = i \cdot \delta^n \tag{3-3}$$

式中，I 为光电阳极的光电流，i 为光电阴极发出的初始光电流，δ 为倍增电极的电子发射系数，n 为光电倍增极数(一般为 9 到 11)。

光电倍增管的电流放大倍数为

$$\beta = \frac{I}{i} = \delta^n = M \tag{3-4}$$

② 光电倍增管的光阴极灵敏度和总灵敏度。一个光子在光阴极上所能激发的平均电子数叫作光阴极的灵敏度。一个光子入射在光电倍增管的光阴极上，最后在阳极上能收集到的总的电子数叫作光电倍增管的总灵敏度，该值与加速电压有关。光电倍增管的极间电压越高，灵敏度越高。但极间电压也不能太高，太高反而会使阳极电流不稳。另外，由于光电倍增管的灵敏度很高，因此其不能受强光照射，否则易被损坏。

③ 光电倍增管的暗电流。一般把光电倍增管放在暗室里避光使用，使其只对入射光起作用(称为光激发)。但是，由于环境温度、热辐射和其他因素的影响，即使光电倍增管没有光信号输入，加上电压后阳极仍有电流，这种电流称为暗电流。光电倍增管的暗电流在正常应用情况下是很小的。暗电流主要是热电子发射引起的，随温度增加而增加(称为热激发)。影响光电倍增管暗电流的因素还包括欧姆漏电(光电倍增管的电极之间玻璃漏电、管座漏电、灰尘漏电等)、残余气体放电(光电倍增管中高速运动的电子会使管中的气体电离产生正离子和光电子)等。需要特别注意，有时暗电流可能很大甚至使光电倍增管无法正常工作。暗电流通常可以用补偿电路加以消除。

2. 内光电效应光电器件

基于光电导效应的光电器件有光敏电阻；基于光生伏特效应的典型光电器件是光电池，此外，光敏管(包括光敏二极管、光敏三极管)、光电耦合器件也是基于光生伏特效应的光电器件。

1) 光敏电阻

(1) 光敏电阻的结构和工作原理。

当入射光照到半导体上时，若光电导体为本征半导体材料，而且光辐射能量又足够强，则电子受光子的激发由价带越过禁带跃迁到导带，在价带中就留有空穴，在外加电压下，导带中的电子和价带中的空穴同时参与导电，即载流子数增多，电阻率下降。由于由半导体构成的电阻受到光的照射，会使半导体的电阻变化，因此这种电阻称为光敏电阻。

如果把光敏电阻连接到外电路中，则在外加电压的作用下，电路中会有电流流过，用检流计可以检测到该电流。如果改变照射到光敏电阻上的光度量(即照度)，则会发现流过光敏电阻的电流发生了变化，即用光照射能改变电路中电流的大小，实际上是光敏电阻的阻值随光的照度发生了变化。图 3 - 4(a)所示为单晶光敏电阻的结构图。一般单晶的体积小，受光面积也小，额定电流容量也就低。为了加大光敏电阻的感光面，通常先采用微电子工艺在玻璃(或陶瓷)基片上均匀地涂敷一层薄薄的光电导多晶材料，经烧结后包裹上掩蔽膜，并蒸镀上两个金(或铟)电极，再在光敏电阻材料表面覆盖一层漆保护膜(用于防止周围介质的影响，但要求该漆膜对光敏层最敏感波长范围内的光线透射率最大)。感光面大的光敏电阻的表面大多采用图 3-4(b)所示的梳状电极结构,这样可得到比较大的光电流。图 3-4(c)所示为光敏电阻的测量电路。

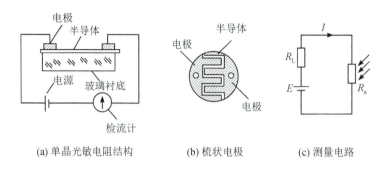

(a) 单晶光敏电阻结构　　　　(b) 梳状电极　　　　(c) 测量电路

图 3-4　光敏电阻的结构、梳状电极和测量电路

典型的光敏电阻有硫化镉(CdS)、硫化铅(PbS)、锑化铟(InSb)以及碲化镉汞($Hg_{1-x}Cd_xTe$)系列光敏电阻。

(2) 光敏电阻的主要参数和基本特性。

光敏电阻的选用取决于它的主要参数和一系列基本特性。

① 光敏电阻的暗电阻、亮电阻与光电流。暗电阻、亮电阻与光电流是光敏电阻的主要参数。光敏电阻在未受到光照时的阻值称为暗电阻,此时流过的电流称为暗电流。在受到光照时的电阻称为亮电阻,此时的电流称为亮电流。亮电流与暗电流之差,称为光电流。

② 光敏电阻的伏安特性。在一定光照度下,光敏电阻两端所加的电压 U 与光电流 I 之间的关系称为伏安特性。硫化镉光敏电阻的伏安特性曲线如图 3-5 所示,其中虚线为允许功耗线或额定功耗线(使用时应不使光敏电阻的实际功耗超过额定值)。

③ 光敏电阻的光照特性。光敏电阻的光照特性用于描述光电流和光照强度之间的关系。绝大多数光敏电阻光照特性曲线是非线性的,不同光敏电阻的光照特性是不同的,硫化镉光敏电阻的光照特性如图 3-6 所示。光敏电阻一般在自动控制系统中用作开关式光电信号转换器而不宜用作线性测量元件。

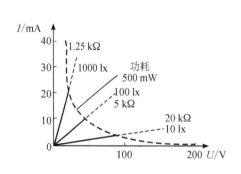

图 3-5　硫化镉光敏电阻的伏安特性

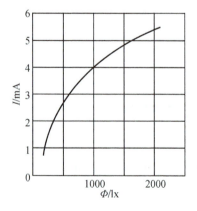

图 3-6　硫化镉光敏电阻的光照特性

④ 光敏电阻的光谱特性。对于不同波长的光,不同的光敏电阻的灵敏度是不同的,即

不同的光敏电阻对不同波长的入射光有不同的响应特性。光敏电阻的相对灵敏度 S 与入射波长 λ 的关系称为光谱特性。几种常用光敏电阻材料的光谱特性如图 3-7 所示。

⑤ 光敏电阻的响应时间和频率特性。实验证明,光敏电阻的光电流不能随着光照量的改变而立即改变,即光敏电阻产生的光电流有一定的惰性,这个惰性通常用响应时间(也称为时间常数)来描述。时间常数越小,响应越迅速。但大多数光敏电阻的时间常数都较大,这是它的缺点之一。不同材料的光敏电阻有不同的时间常数(与入射的辐射信号的强弱有关),因此其频率特性也各不相同。

图 3-8 所示为硫化镉光敏电阻和硫化铅光敏电阻的频率特性。硫化铅光敏电阻的使用频率范围最大,其他的则都较差。目前正在通过改进生产工艺来改善各种材料光敏电阻的频率特性。

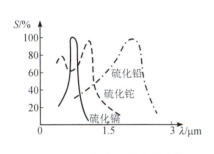

图 3-7 光敏电阻的光谱特性

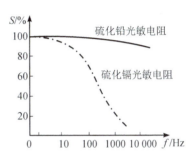

图 3-8 光敏电阻的频率特性

⑥ 光敏电阻的温度特性。光敏电阻的温度特性与光电导材料有密切关系,不同材料的光敏电阻有不同的温度特性。光敏电阻的光谱响应、灵敏度和暗电阻都受到温度变化的影响。受温度影响最大的光敏电阻其中之一是硫化铅光敏电阻,其光谱响应的温度特性曲线如图 3-9 所示。

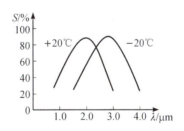

图 3-9 硫化铅光敏电阻的温度特性

由图 3-9 可知,随着温度的上升,硫化铅光敏电阻光谱响应的温度特性曲线向左(即短波长的方向)移动,因此,硫化铅光敏电阻必须在低温或恒温的条件下使用。

2) 光电池

(1) 光电池的原理。

光电池实质上是一个电压源,是利用光生伏特效应把光能直接转换成电能的光电器件。由于它广泛用于把太阳能直接转变成电能,因此也称太阳能电池。一般能用于制造光电阻器件的半导体材料均可用于制造光电池,例如,硒光电池、硅光电池、砷化镓光电池等。

　　硅光电池结构如图 3-10(a)所示，由图可知硅光电池是在一块 N 型硅片上，用扩散的方法掺入一些 P 型杂质形成 PN 结。

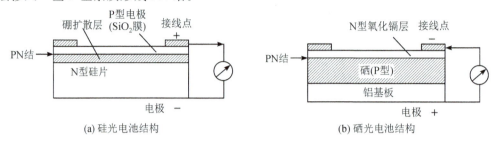

图 3-10　光电池结构

　　光电池工作原理为：当入射光照射在 PN 结上时，若光子能量 hv_0 大于半导体材料的禁带宽度 E，则在 PN 结内附近激发出电子-空穴对；在 PN 结内电场的作用下，N 型区的光生空穴被拉向 P 型区，P 型区的光生电子被拉向 N 型区，结果使 P 型区带正电，N 型区带负电，这样 PN 结就产生电位差；若将 PN 结两端用导线连接起来，则电路中就有电流流过，电流方向由 P 型区流经外电路至 N 型区(如图 3-11 所示)；若将外电路断开，就可以测出光生电动势。

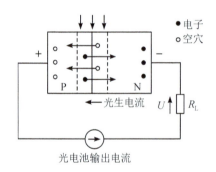

图 3-11　光电池工作原理

　　硒光电池是先在铝片上涂上硒(P 型)，再用溅射的工艺，在硒层上形成一层半透明的氧化镉(N 型)，最后在正、反两面喷上低融合金作为电极，其结构如图 3-10(b)所示。在光线照射下，镉材料带负电，硒材料带正电，形成电动势或光电流。

　　光电池的符号、基本电路及等效电路如图 3-12 所示。

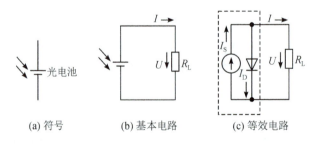

图 3-12　光电池的符号、基本电路及等效电路

（2）光电池的分类。

　　光电池的种类很多，有硅光电池、硒光电池、锗光电池、砷化镓光电池、氧化亚铜光电

池等。其中硅光电池最受人们重视，这是因为它具有性能稳定、光谱范围宽、频率特性好、转换效率高、能耐高温辐射、价格便宜、寿命长等特点。

（3）光电池的基本特性。

光电池的基本特性主要包括光谱特性、光照特性、频率特性和温度特性等。

① 光电池的光谱特性。光电池对不同波长的光的灵敏度是不同的，如图 3 - 13 所示。硅光电池的光谱响应波长范围为 $0.4 \sim 1.2~\mu m$，而硒光电池为 $0.38 \sim 0.75~\mu m$，相对而言，硅电池的光谱响应范围更宽。硒光电池在可见光谱范围内有较高的灵敏度，适宜测可见光。不同材料的光电池的光谱响应峰值所对应的入射光波长也是不同的，例如硅光电池在 $0.8~\mu m$ 附近，硒光电池在 $0.5~\mu m$ 附近。因此，使用光电池时对光源应有所选择。

② 光电池的光照特性。光电池在不同光照度（指单位面积上的光通量，表示被照射平面上某一点的光亮程度。单位为勒克斯、lm/m^2 或 lx）下，其光电流和光生电动势是不同的，如图 3 - 14 所示，它们之间的关系称为光电池的光照特性。从实验可知：对于不同的负载电阻，可在不同的光照度范围内使光电流与光照度保持线性关系。负载电阻越小，光电流与照度间的线性关系越好，线性范围也越宽。因此，应用光电池时，所用负载电阻的大小应根据光照的具体情况来决定。

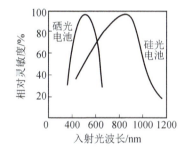

图 3 - 13　光电池的光谱特性曲线　　　　　　　图 3 - 14　光电池的光照特性曲线

③ 光电池的频率特性。由于光电池的 PN 结面积大，其极间电容也大，因此其频率特性较差，如图 3 - 15 所示。

④ 光电池的温度特性。半导体材料易受温度的影响，将直接影响其光电流的值，且将影响测量仪器的温漂以及测量或控制的精度等。光电池的温度特性用于描述光电池的开路电压和短路电流随温度变化的情况，如图 3 - 16 所示。

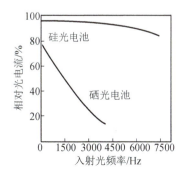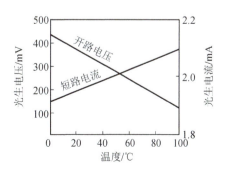

图 3 - 15　光电池的频率特性　　　　　　　　图 3 - 16　光电池的温度特性

3）光敏管

大多数半导体二极管和三极管都是对光敏感的，当二极管和三极管的 PN 结受到光照射时，通过 PN 结的电流将增大，因此，常规的二极管和三极管都用金属罐或其他壳体密封起来，以防光照；而光敏管（包括光敏二极管和光敏三极管）则必须使 PN 结能接收最大的光照射。光电池与光敏二极管、三极管都有 PN 结，它们的主要区别在于后者的 PN 结处于反向偏置。光敏管无光照时反向电阻很大，反向电流很小，相当于截止状态；当有光照时将产生光生的电子-空穴对，在 PN 结电场作用下电子向 N 型区移动，空穴向 P 型区移动，形成光电流。

（1）光敏管的结构和工作原理。

光敏二极管与一般半导体二极管类似，是一种 PN 结型半导体器件，其 PN 结装在其顶部，以便接受光照。光敏二极管顶部有一个透镜制成的窗口，可使光线集中在敏感面上。其工作原理、符号和基本电路如图 3-17 所示。当光敏二极管无光照射时，其 PN 结反偏，工作在截止状态，这时只有少数载流子在反向偏压下越过阻挡层，形成微小的反向电流即暗电流。当光敏二极管受到光照射之后，光子在半导体内被吸收，使 P 型区的电子数增多，也使 N 型区的空穴增多，即产生新的自由载流子（即光生电子-空穴对）。这些载流子在结电场的作用下，空穴向 P 型区移动，电子向 N 型区移动，从而使通过 PN 结的反向电流大为增加，这就形成了光电流，此时光敏二极管处于导通状态。当入射光的强度发生变化时，光生载流子的数目相应地发生变化，通过光敏二极管的电流也随之变化，这样就把光信号变成了电信号。当达到平衡时，在 PN 结的两端将建立起稳定的电压差，这就是光生电动势。

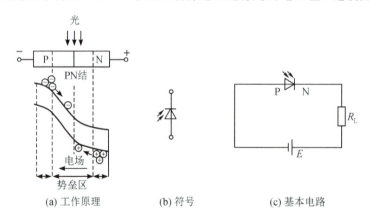

(a) 工作原理　　　　　　　(b) 符号　　　　　(c) 基本电路

图 3-17　光敏二极管的工作原理、符号和基本电路

光敏三极管（习惯上常称为光敏晶体管）是光敏二极管和三极管放大器一体化的结果。它有 NPN 型和 PNP 型两种基本结构，用 N 型硅材料为衬底制作的光敏三极管为 NPN 型，用 P 型硅材料为衬底制作的光敏三极管为 PNP 型。

这里以 NPN 型光敏三极管为例。其结构与普通三极管很相似，只是它的基极做得很大，以扩大光的照射面积，且其基极往往不接引线，即相当于在普通三极管的基极和集电极之间接有光敏二极管且对电流加以放大。光敏三极管的工作原理分为光电转换和光电流放大两个过程。光电转换过程与一般光敏二极管相同，即光集电极加上相对于发射极为正的电压而不接基极时，集电极为反向偏置，当光照在基极上时，就会在基极附近光激发产生电子-空穴对，在反向偏置的 PN 结势垒电场作用下，自由电子向集电区（N 型区）移动并被集电极所收集，空穴流向基区(P 型区)移动并被正向偏置的发射结发出的自由电子填充，这样就形成一个由集电极到发射极的光电流，相当于三极管的基极电流 I_b。光电流放大过程与普通三极管放大基极电流的作用相似，即空穴在基区的积累提高了发射结的正向偏置，发射区的多数载流子(电子)穿过很薄的基区向集电区移动，在外电场作用下形成集电极电流 I_c，结果表现为基极电流将被集电结放大 β 倍，不同的是普通三极管是由基极向发射结注入空穴载流子控制发射极的扩散电流的，而光敏三极管是由注入到发射结的光生电流控制的。PNP 型光敏三极管的工作原理与 NPN 型基本相同，只是它以 P 型硅为衬底材料构成，工作时的电压极性与 NPN 型相反，即集电极的电位为负。

　　光敏三极管是兼有光敏二极管特性的器件，在把光信号变为电信号的同时又将电信号电流放大。由于光敏三极管的光电流可达 $0.4 \sim 4$ mA，而光敏二极管的光电流只有几十微安，因此光敏三极管有更高的灵敏度。图 3-18 给出了光敏三极管的结构、符号、基本电路和工作原理示意图。

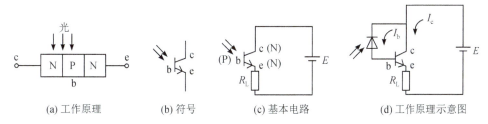

(a) 工作原理　　　(b) 符号　　　(c) 基本电路　　　(d) 工作原理示意图

图 3-18　光敏三极管的结构、符号、基本电路和工作原理示意图

　　(2) 光敏管的基本特性。

　　① 光敏管的光谱特性。光敏管的光谱特性是指光敏管在光照度一定时，输出的光电流(或光谱相对灵敏度)随入射光的波长而变化的关系。图 3-19 所示为硅光敏管和锗光敏管(光敏二极管、光敏三极管)的光谱特性曲线。对一定材料和工艺制成的光敏管，必须对应一定波长范围(即光谱)的入射光才会响应，这就是光敏管的光谱响应。从图 3-19 中可以看出：硅光敏管适用于 $0.4 \sim$ 1.1 μm 的波长，最灵敏的响应波长为 $0.8 \sim$

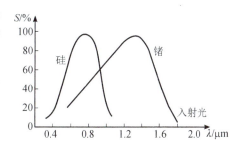

图 3-19　光敏管的光谱特性

0.9 μm；而锗光敏管适用于 $0.6 \sim 1.8$ μm 的波长，其最灵敏的响应波长为 $1.4 \sim 1.5$ μm。

　　因锗光敏管的暗电流比硅光敏管大，故在可见光作为光源时，光敏管都采用硅管，但是在用红外光作为光源时，则锗管较为合适。几乎所有的光敏二极管、光敏三极管都用锗或硅材料制成。由于硅管比锗管无论在性能上还是制造工艺上都更为优越，因此目前硅管的发展与应用更为广泛。

　　② 光敏管的伏安特性。光敏管的伏安特性是指光敏管在光照度一定的条件下，光电流与外加电压之间的关系。图 3-20 所示为光敏二极管、光敏三极管在不同光照度下的伏安特性曲线。由图可见，光敏三极管的光电流比相同管型光敏二极管的光电流大约大百倍。由图 3-20(b)可见，光敏三极管在偏置电压为零时，无论光照度有多强，集电极的电流都为零，这说明光敏三极管必须在一定的偏置电压作用下才能工作，偏置电压要保证光敏三

极管的发射结处于正向偏置、集电结处于反向偏置，且随着偏置电压的增高，其伏安特性曲线趋于平坦。由图3-20(a)还可看出，光敏二极管与光敏三极管不同的是：一方面，在零偏压时，光敏二极管仍有光电流输出，这是因为光敏二极管存在光生伏特效应；另一方面，随着偏置电压的增高，光敏三极管的伏安特性曲线向上偏斜，间距增大，这是因为光敏三极管除了具有光电灵敏度外，还具有电流增益 β，且 β 值随光电流的增加而增大。图3-20(b)中光敏三极管的特性曲线始端弯曲部分为饱和区，若在饱和区光敏三极管的偏置电压提供给集电结的反偏电压太低，则集电极的电子收集能力也低，会造成光敏三极管为饱和状态，因此，应使光敏三极管工作在偏置电压大于 5 V 的线性区域。

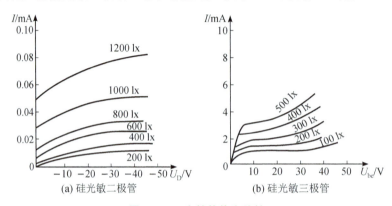

图 3-20 光敏管伏安特性

③ 光敏管的光照特性。光敏管的光照特性是指光敏管的输出电流 I_{o} 和光照度 Φ 之间的关系。硅光敏管所受光照度越大，产生的光电流越强。光敏二极管的光照特性曲线的线性较好；光敏三极管在光照度较小时，光电流随照度增加缓慢，而在照度较大时(光照度为几千勒克斯)光电流存在饱和现象，这是由于光敏三极管的电流放大倍数在小电流和大电流时都有下降的缘故。

④ 光敏管的频率特性。光敏管的频率特性是指光敏管输出的光电流(或相对灵敏度)与光强变化频率的关系。光敏二极管的频率特性好，其响应时间可以达到 $9^{-7} \sim 10^{-8}$ s，因此它适用于测量快速变化的光信号。由于光敏三极管存在发射结电容和基区渡越时间(发射极的载流子通过基区所需要的时间)，因此光敏三极管的频率响应比光敏二极管差，而且和光敏二极管一样，负载电阻越大，高频响应越差，因此，在高频应用时应尽量降低负载电阻的阻值。图3-21给出了硅光敏三极管的频率特性曲线。

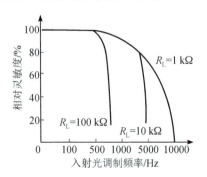

图 3-21 硅光敏三极管的频率特性

4）光电耦合器件

光电耦合器件是指将发光元件和光敏元件合并使用，以光为媒介实现信号传递的光电器件。发光元件通常为砷化镓发光二极管，由一个 PN 结组成，有单向导电性，随着正向电压的提高，其正向电流增加，产生的光通量也增加。光敏元件可以是光敏二极管或光敏三极管等。为了保证光电耦合器件的灵敏度，要求发光元件与光敏元件在光谱上要得到最佳匹配。

光电耦合器件将发光元件和光敏元件集成在一起，封装在一个外壳内，图 3-22 所示为其两种内部结构。光电耦合器件的输入电路和输出电路在电气上完全隔离，仅仅通过光的耦合把二者联系在一起。工作时，把电信号加到输入端，使发光元件发光，光敏元件则在此光照下输出光电流，从而实现电-光-电的两次转换。

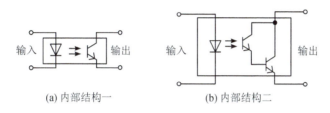

(a) 内部结构一　　　　　　　　　(b) 内部结构二

图 3-22　光电耦合器件内部结构

光电耦合器件实际上能起到电量隔离的作用，具有抗干扰和单向信号传输功能。值得注意的是：

（1）光电耦合器件属于易失效器件，要特别注意光的选型、替代、工作电流、工作温度等，并遵从相关指导性规范。

（2）光电耦合器件的输入部分和输出部分必须分别采用独立的电源，若两端共用一个电源，则光电耦合器件的隔离作用将失去意义。

（3）当采用光电耦合器件来隔离输入和输出通道时，必须隔离所有的信号（包括数字量信号、控制量信号、状态信号），确保被隔离的两个通道没有任何电气上的联系，否则这种隔离是没有意义的。

光电耦合器件可起到很好的安全保障作用，即使当外部设备出现故障，甚至输入信号线短接时，也不会损坏仪表，这是因为光耦合器件的输入回路和输出回路之间可以承受几千伏的高压。光电耦合器件的响应速度极快，其响应延迟时间只有 $10\ \mu s$ 左右，适于对响应速度要求很高的场合。光电耦合器件广泛应用于电量隔离、电平转换、噪声抑制、无触点开关等领域。

3.1.3　光电器件的应用举例

1. 光敏管的应用

图 3-23 所示为路灯自动控制器的电路原理图，其中 VD 为光敏二极管。当夜晚来临时，光线变暗，VD 截止，VT_1 饱和导通，VT_2 截止，继电器 K 线圈失电，其常闭触点 K_1 闭合，路灯 HL 点亮；天亮后，当光线亮度达到预定值时，VD 导通，VT_1 截止，VT_2 饱和导通，继电器 K 线圈带电，其常闭触点 K_1 断开，路灯 HL 熄灭。

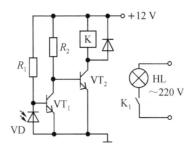

图 3 - 23　路灯自动控制器原理图

2. 光敏电阻的应用

火灾探测报警器应用光敏电阻进行火焰监测。图 3 - 24 所示为以光敏电阻为敏感探测元件的火灾探测报警器电路，在 1 mW/cm² 的光照度下，PbS 光敏电阻的暗电阻阻值为 1 MΩ，亮电阻阻值为 0.2 MΩ，峰值响应波长为 2.2 μm，与火焰的峰值辐射光谱波长接近。

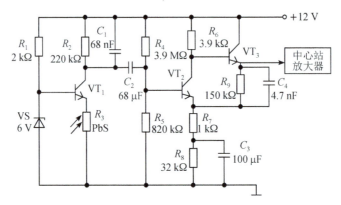

图 3 - 24　火灾探测报警器电路

由 VT_1、电阻 R_1、R_2 和稳压二极管 VS 构成对光敏电阻 R_3 的恒压偏置电路(也为火灾探测报警器电路的前置放大器)，该电路在需要更换光敏电阻时，只要保证光电导灵敏度不变，输出电路的电压灵敏度就不会改变，从而可保证前置放大器的输出信号稳定。当被探测物体的温度高于燃点或被探测物体被点燃而发生火灾时，火焰将发出波长接近于 2.2 μm 的辐射(或"跳变"的火焰信号)，该辐射光将被 PbS 光敏电阻接收，使前置放大器的输出跟随"跳变"的火焰信号进行变化，并经电容 C_2 耦合，由 VT_2、VT_3 组成的高输入阻抗放大器放大。放大的输出信号再送给中心站放大器，由其发出火灾报警信号或自动执行喷淋等灭火动作。

3. 光耦合器的应用

煤气是易燃、易爆气体，所以对燃气器具中的点火控制器的要求是安全、稳定、可靠。因此，燃气器具的电路功能设计要求确认打火针产生火花，才可打开燃气阀门，否则燃气阀门保持关闭，以保证燃气器具使用的安全。

图 3 - 25 所示为燃气灶的高压打火确认电路。在燃气灶高压打火时，火花电压可达一万多伏，这个脉冲高电压对电路工作影响极大。为了使电路正常工作，采用了光电耦合器(图中 VLC)进行电平隔离，大大增强了电路抗干扰能力。当高压打火针对打火确认针放

电时，光耦合器中的发光二极管发光，光耦合器中的光敏晶体管导通，信号经 VT_1、VT_2、VT_3 放大，驱动强吸电磁阀将气路打开，燃气碰到火花即燃烧。如果打火针与确认针之间不放电，则光电耦合器不工作，VT_1 等不导通，燃气阀将保持关闭。

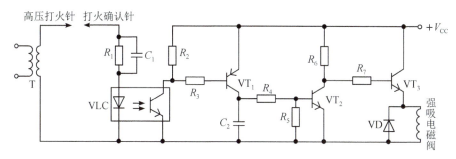

图 3-25　燃气灶的高压点火确认电路

3.2　光 电 开 关

　　光电式传感器在检测与控制系统中应用非常广泛，它按照输出信号类型上可分为模拟式光电传感器和数字式光电传感器两类。

　　模拟式光电传感器的作用原理是基于光电器件的光电流随光通量而发生变化，即光电流是光的函数，也就是说，对于光通量的任意一个选定值，对应的光电流就有一个确定的值，而光通又随被测非电量的变化而变化，这样光电流就成为被测非电量的函数。

　　数字式光电传感器中应用较为广泛的是光电开关（光电开关是光电接近开关的简称）。它是利用被检测物对光束的遮挡或反射，由同步回路选通电路，从而检测物体有无的。被检测物体不限于金属，所有能反射光线的物体均可被检测。下面重点介绍光电开关（数字式光电传感器）。

3.2.1　光电开关的分类和工作原理

　　光电开关可以分为对射式光电开关、镜反射式光电开关、漫反射式光电开关、槽式光电开关 4 大类。

1. 对射式光电开关

　　对射式光电开关的发射器和接收器相对安放，轴线严格对准。当有物体在两者中间通过时，光束被遮断，接收器接收不到光线而产生开关信号。对射式光电开关的检测距离一般可达十几米，对所有能遮断光线的物体均可检测。对射式光电开关的工作原理图如图 3-26 所示。

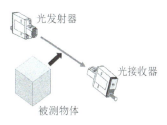

图 3-26　对射式光电开关工作原理图

　　对射式光电开关的工作原理为：当没有物品遮挡时，接收器可以接收到从发射器来的光线而产生一种开关信号；一旦有物品遮挡时，接收器接收不到光线而产生另一种开关信号；通过输出的开关信号（ON/OFF）可以判断出是否有被测物体。

2. 镜反射式光电开关

镜反射式光电开关的工作原理图如图 3-27 所示。通过原理图可以得知，镜反射式光电开关的最大特点是多了一面"镜子"即反射镜。镜反射式光电开关集光发射器和光接收器于一体，与反射镜相对安装配合使用。反射镜使用偏光三角棱镜，能将发射器发出的光转变成偏振光反射回去，光接收器表面覆盖一层偏光透镜，只能接收反射镜反射回来的偏振光。

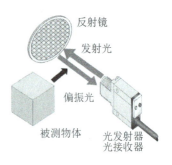

图 3-27　镜反射式光电开关工作原理图

镜反射式光电开关的工作原理与对射式光电开关类似，即：当没有物品遮挡时，发射器发射的光线经过反射镜反射回接收器而产生一种开关信号；一旦有物品遮挡时，接收器接收不到光线而产生另一种开关信号；通过输出的开关信号（ON/OFF），可以判断出是否有被测物体。镜反射式光电开关适用于需要远距离和特定方向检测的场景，例如：在自动化生产线上，用于检测物料在传送带上的位置，以便进行自动分拣和定位；在包装行业中，用于检测包装物的存在与否和正确的定位，确保包装流程顺利进行。

3. 漫反射式光电开关

漫反射式光电开关集光发射器和光接收器于一体，当被测物体经过该光电开关时，发射器发出的光线经被测物体表面漫反射由接收器接收，于是产生开关信号。漫反射式光电开关的工作原理如图 3-28 所示。

漫反射式光电开关的工作原理和前面两种光电开关有所区别，即：当没有物体遮挡时，发射器发射的光线无法产生漫反射反射回接收器，因此接收器接收不到光线而输出一种开关信号；当有物体遮挡时，发射器发射的光线在物体表面产生漫反射而使得接收器接收到光线，从而输出另一种开关信号。漫反射式光电开关被广泛应用于生产线上，经常用来判断供料是否到位以及料仓状态。

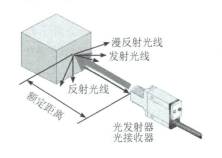

图 3-28　漫反射式光电开关工作原理图

4. 槽式光电开关

槽式光电开关通常是标准的 U 型结构，其发射器和接收器做在体积很小的同一壳体中，分别位于 U 型槽的两边，并形成一光轴，两者能可靠地对准，为安装和使用提供了方便。当被检测物体经过 U 型槽且阻断光轴时，光电开关就产生表示检测到被测物体的开关量信号。槽式光电开关比较可靠，较适合用于高速检测。槽式光电开关的工作原理图如图 3-29 所示。

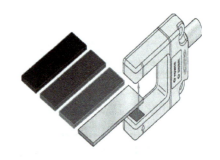

图 3-29　槽式光电开关工作原理图

槽式光电开关的工作原理与对射式光电开关类似，即：在 U 型槽的一端为发射器，另一端为接收器，当没有物体遮挡时，接收器可以接收到光线并输出一种开关信号；当有物体遮挡时，接收器接收不到光线从而输出另外一种开关信号。槽式光电开关适合检测高速运动的物体，同时由于其自身尺寸的限制，所检测物体的体积也有一定限制。

 3.2.2　光电开关的选型及安装

对于如何选择光电开关的具体型号，其实从某些程度上来说和挑选一台自己心仪的手机没有太大的区别，需要重点考虑一系列的性能参数，以及使用和安装是否方便。

1. 光电开关的性能参数

光电开关主要的性能参数有检测距离、回差距离、响应频率、输出状态、检测方式、输出形式、指向角、检测物表面反射率和环境特性等。

（1）检测距离：被检测物体按一定方式移动，光电开关动作时测得的基准位置（光电开关的感应表面）到检测面的空间距离。

（2）回差距离：动作距离与复位距离之间的绝对值。

（3）响应频率：在规定 1 s 的时间间隔内，允许光电开关动作循环的次数。

（4）输出状态：分为常开和常闭。当无检测物体时，常开型的光电开关所接通的负载由于光电开关内部的输出晶体管的截止而不工作；当检测到物体时，输出晶体管导通，光电开关所接通的负载得电工作。

（5）检测方式：根据光电开关在检测物体时发射器所发出的光线被折回到接收器的途径的不同，可分为漫反射式、镜反射式、对射式等。

（6）输出形式：分 NPN 二线、NPN 三线、NPN 四线、PNP 二线、PNP 三线、PNP 四线、AC 二线、AC 五线（自带继电器）及直流 NPN/PNP/常开/常闭多功能等几种常用的输出形式。

（7）指向角：图 3-30 所示的光电开关的指向角示意图中的 θ 角。

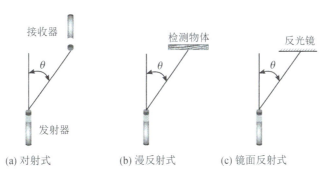

图 3-30　光电开关的指向角示意图

（8）检测物表面反射率：漫反射式光电开关所发出的光线需要经被检测物体的表面才能反射回漫反射式光电开关的接收器，所以检测距离和被检测物体的表面反射率将决定接收器所接收到光线的强度。粗糙的表面反射回的光线强度必将小于光滑表面反射回的光线强度，而且，被检测物体的表面必须垂直于光电开关的发射光线。常用材料的反射率如表 3-1 所示。

表 3 - 1　常用材料的反射率

材　料	反 射 率	材　料	反 射 率
白画纸	90	不透明黑色塑料	14
报纸	55	黑色橡胶	4
餐巾纸	47	黑色布料	3
包装箱硬纸板	68	未抛光白色金属表面	70
洁净松木	70	光滑浅色金属表面	80
干净粗木板	20	抛光不锈钢	75
透明塑料杯	40	木塞	35
半透明塑料杯	62	啤酒泡沫	70
不透明白色塑料	87	人的手掌心	75

（9）环境特性：光电开关应用的环境会影响其长期工作的可靠性。当光电开关工作于最大检测距离状态时，由于光学透镜会被环境中的污物黏住，甚至会被一些强酸性物质腐蚀，导致其使用参数和可靠性降低。较简便的解决方法就是根据光电开关的最大检测距离降额使用来确定最佳工作距离。

近年来，随着生产自动化、机电一体化的发展，光电开关已发展成系列产品，其品种规格日益增多。用户可根据生产需要，选用适当规格的产品，而不必自行设计电路和光路。

2. 光电开关安装的注意事项

光电开关具有检测距离长、对检测物体的限制小、响应速度快、分辨率高、便于调整等优点。在光电开关的安装过程中，必须保证光电开关到被检测物体的距离在"检出距离"范围内，同时应考虑被检测物体的形状、大小、表面粗糙度及移动速度等因素，在布线过程中注意电磁干扰，不要在水中、降雨时及室外使用。光电开关安装在以下场所时，会引起误动作和故障，请避免使用。

（1）尘埃多的场所。

（2）阳光直接照射的场所。

（3）产生腐蚀性气体的场所。

（4）能接触到有机溶剂等的场所。

（5）有振动或冲击的场所。

（6）直接能接触到水、油、药品的场所。

（7）湿度高、可能会结露的场所。

3.2.3　光电开关的应用

光电开关的应用领域非常广泛，在工业自动化、物流、智能制造、安防监控等领域中发挥着重要作用。

1. 光电开关在生产线分拣单元中的应用

在生产线分拣单元中，托盘中工件的检测就是利用的光电开关，如图 3 - 31 所示，在托盘外侧装有一个光电开关分别用于检测托盘上是否有工件。本案例中采用的是漫反射式光电开关。

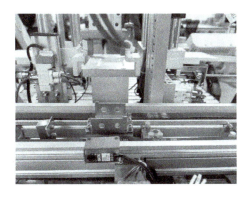

图 3 - 31　光电开关在生产线的应用

图 3 - 32 所示是生产线分拣单元中使用的漫反射式光电开关的电路原理图（虚线框内为光电开关内部电路，外为 PLS 输入模块），在该图中，光电开关具有电源极性及输出反接保护功能。另外，其还有自我诊断功能，即：当设置的环境变化（温度、电压、灰尘等）的裕度满足要求时，稳定显示灯亮；当接收光的光敏元件接收到有效光信号时，控制输出的三极管导通，同时动作显示灯亮。这样光电开关能检测到自身的光轴偏离、透镜面（传感器面）的污染、地面和背景对其的影响、外部干扰的状态等传感器的异常和故障，有利于进行养护，以便设备稳定工作，也给安装调试工作带来了方便。

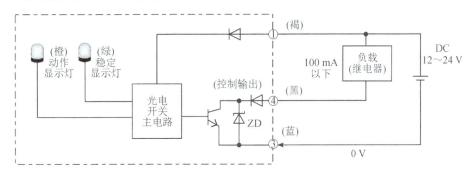

图 3 - 32　生产线分拣单元中光电开关的电路原理图

在接线的时候，如图 3 - 32 所示，将光电开关褐色线接 PLC 输入模块电源"＋"端，蓝色线接 PLC 输入模块电源"－"端，黑色线接 PLC 输入模块的数字输入点。

2. 光电开关在生产线产能自动统计中的应用

这里以咖啡灌装生产线为例介绍光电开关在生产线产能自动统计中的应用。该咖啡灌装线生产采用对射式光电开关进行咖啡罐计数，采用漫反射式光电开关进行灌装高度检测，系统结构如图 3 - 33 所示。每当一个咖啡罐经过对射式光电开关时，会对其光电开关发射器发射的光线进行遮挡，此时接收器输出的是一个 OFF 信号；而没有咖啡罐经过时，接收器输出的是一个 ON 信号。该输出信号传送至控制器 PLC，由 PLC 进行计数，一旦 PLC 检测到有效的 ON-OFF-ON 的信号时，即判定有一个咖啡罐经过，程序内部的计数变量加 1，便实现了产能的自动统计。这样原来负责人工统计的工程师可以从日复一日的简单乏味的计数工作中解放出来，而将精力放在更有创造性的工作上面。

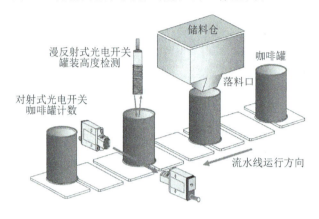

图 3 - 33　咖啡灌装生产线系统结构图

3. 安全光幕在机器人工作站安全防护区中的应用

安全光幕是工业自动化中常用的安全保护装置，也是一种光电开关，它由多组发射器和接收器组成。发射器发射出的红外光，由接收器接收，形成了一个安全防护区，如图 3 - 34 所示，当有任何物体侵入预设的防护区域时迅速触发安全机制，迫使工业机器人暂停运行，避免潜在的伤害事故。其响应速度之快、覆盖范围之广以及便捷的安装特性，使其成为机器人工作站中至关重要的安全装备。在机器人工作站中，安全光幕广泛应用于作业区边界防护、设备维护区域隔离以及员工通道保护等多个环节，有效降低了事故风险。

图 3 - 34　机器人安全防护区示意图

4. 光电开关在物体三维测量中的应用

通过一排并列的对射式光电开关，就可以将物体的尺寸测量出来。其工作原理为：当物体经过这些光电开关时，有若干个接收器被遮挡（假设为 N），若每个接收器之间的间隔为 L，那么物体的尺寸就为 $N \times L$。若需要测量物体的三维尺寸（长、宽、高），则需要三排对射式光电开关。光电开关测量物体尺寸的工作原理示意图如图 3 – 35 所示。

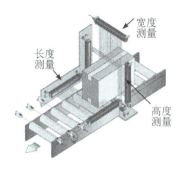

图 3 – 35   光电开关测量物体尺寸工作原理示意图

3.3   光纤传感器

光纤传感器是指利用光纤受到外界环境因素(如温度、压力、电场、磁场等)的影响时,其传输的光波特征参量(如光强、相位、频率、偏振态等)发生变化的特性而制作的传感器。光纤传感器常被用来进行温度、压力、电场、磁场等物理量的检测。

光纤传感器

3.3.1   光纤的结构和传光原理

光纤即光导纤维,是 20 世纪 70 年代的重要发明之一,它与激光器、半导体探测器一起构成新的光学技术,创造了光电子学的新领域。

1. 光纤的结构

光纤是一种传输光信息的导光纤维,为多层介质结构的圆柱体,主要由纤芯、包层、护套等组成,其结构如图 3 – 36 所示。纤芯材料的主体是二氧化硅或塑料,为很细的圆柱体,直径为 $5\sim75~\mu m$。有时在主体材料中掺入极微量的其他材料如二氧化锗或五氧化二磷等,以便提高光的折射率。围绕纤芯的是一层圆柱形套层,即包层,包层既可以是单

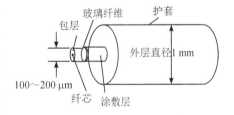

图 3 – 36   光纤的结构

层,也可以是多层结构,层数取决于光纤的应用场所,但总直径控制在 $100\sim200~\mu m$。光纤最外层是一层塑料保护管(即护套),其颜色用以区分光缆中各种不同的光纤。

2. 光纤的传光原理

在光纤中,光的传输限制在光纤中并随光纤能传送到很远的距离,光在光纤中的传输是基于光的全反射。

根据斯涅尔定理,当光由折射率(n_1)较大的光密物质射向折射率(n_2)较小的光疏物质时,光的传输分 3 种情况,即折射、沿分界面传播(此时的折射角 θ_r 用 θ_c 表示,θ_c 称为临界角)、全反射。当发生折射时,如图 3 – 37(a)所示,其折射角(θ_r)大于入射角(θ_i),且 θ_i 小于 θ_c。

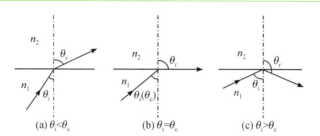

图 3 - 37　光在不同物质分界面的传播

根据折射定律，n_1、n_2、θ_r、θ_i 之间的关系为

$$n_1 \sin\theta_i = n_2 \sin\theta_r \qquad (3-5)$$

在临界状态时，$\theta_r = 90°$，θ_i 等于 θ_c，且小于 $90°$，此时，出射光沿分界面传播，如图 3 - 37(b)所示。这时有

$$\sin\theta_r = \sin 90° = 1$$

$$\sin\theta_i = \frac{n_2}{n_1} \qquad (3-6)$$

$$\theta_i = \arcsin\left(\frac{n_2}{n_1}\right) = \theta_c \qquad (3-7)$$

当入射角 θ_i 大于 θ_c 时，发生全反射，光在光纤中能量损失很小，如图 3 - 37(c)所示。光纤纤芯的折射率大于包层的折射率，包层的折射率又大于外界空气，因此当入射角大于临界角时光会发生全发射。此外，光纤可以弯曲，且不影响光的全反射，所以非常适合用于信号的远距离传输，既减小了信号损耗，又方便敷设和使用。

3. 数值孔径(NA)

工程光学中把公式(3-6)中的 $\sin\theta_i$ 定义为数值孔径 NA(Numerical Aperture)，用 $\sin\theta_{i0}$ 表示。下面介绍数值孔径大小如何确定。图 3 - 38 所示为光纤的全反射原理，由图可知，入射光线 AB 与光纤的玻璃纤维轴线 OO' 相交角为 θ_i，入射后折射(折射角为 θ_j)至纤芯与包层界面 C 点，与 C 点界面法线 DE 成 θ_k 角，并由界面折射至包层，CK 与 DE 夹角为 θ_r。

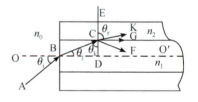

图 3 - 38　光纤的全反射原理

由图 3 - 38 和折射定律可以得出

$$n_0 \sin\theta_i = n_1 \sin\theta_j \qquad (3-8)$$

$$n_1 \sin\theta_k = n_2 \sin\theta_r \qquad (3-9)$$

可以推出

$$\sin\theta_i = \left(\frac{n_1}{n_0}\right) \sin\theta_j$$

又因为 $\theta_j = 90° - \theta_k$，所以

$$\sin\theta_i = \left(\frac{n_1}{n_0}\right) \sin\theta_j = \left(\frac{n_1}{n_0}\right) \sin(90° - \theta_k) = \frac{n_1}{n_0} \cos\theta_k = \frac{n_1}{n_0} \sqrt{1 - \sin^2\theta_k} \qquad (3-10)$$

由公式(3-9)可以推出 $\sin\theta_k = \left(\frac{n_2}{n_1}\right) \sin\theta_r$，带入公式(3-10)得

$$\sin\theta_{\mathrm{i}} = \frac{n_1}{n_0}\sqrt{1-\left(\frac{n_2}{n_1}\sin\theta_{\mathrm{r}}\right)^2} = \frac{1}{n_0}\sqrt{n_1^2 - n_2^2\sin^2\theta_{\mathrm{r}}}$$

式中：n_0 为射光线 AB 所在空间的折射率，一般为空气，故 $n_0\approx1$；n_1 为纤芯折射率，n_2 为包层折射率。由 $n_1=1$，可得

$$\sin\theta_{\mathrm{i}} = \sqrt{n_1^2 - n_2^2\sin^2\theta_{\mathrm{r}}}$$

当 $\theta_{\mathrm{r}}=90°$ 的临界状态时，$\theta_{\mathrm{i}}=\theta_{i0}$，可得

$$\sin\theta_{i0} = \sqrt{n_1^2 - n_2^2} \tag{3-11}$$

3.3.2　光纤传感器的结构和分类

本节介绍光纤传感器是如何工作的，以及它的分类。

1. 光纤传感器的结构

光纤传感器由光发送器、敏感元件、光接收器、信号处理系统及光导纤维等主要部分组成，如图 3-39 所示。多数光纤传感器的基本原理是基于光纤中光波参数（如光强、频率、波长、相位以及偏振态等）随外界被测参数的变化而变化，所以，可通过检测光纤中光波参数的变化以达到检测外界被测物理量的目的。只要使光的强度、偏振态（矢量 **A** 的方向）、频率和相位等参量之一随被测量状态的变化而变化，或受被测量调制，通过对光的强度调制、偏振调制、频率调制或相位调制等进行解调，即可获得所需要的被测量的信息。

图 3-39　光纤传感器的基本结构

2. 光纤传感器的优点

作为伴随着光通信技术的发展而逐步形成的一门新技术，光纤传感器经过数十年的研究，取得了很大的进展，对军事、航天航空技术和生命科学等的发展起着十分重要的作用。光纤传感器具有以下优点：

（1）具有很高的灵敏度。

（2）频带宽、动态范围大。

（3）光纤直径只有几微米到几百微米；抗拉强度为铜的 17 倍，而且光纤柔软性好，可根据实际需要制成各种形状，深入到机器内部或人体弯曲的内脏等常规传感器不能到达的部位进行检测。

（4）测量范围很大，如测量物理量有声场、磁场、压力、温度、加速度、转动角、位移、液位、流量、电流、辐射等。

（5）抗电磁干扰能力强。光纤主要由绝缘材料组成，工作时利用光子传输信息，不怕电磁场干扰，且光波易于屏蔽，外界光的干扰也很难进入光纤。

（6）光纤集传感与信号传输于一体，利用它可构成分布式传感测量系统，便于与计算机和光纤传输系统相连，易于实现系统的遥测和控制。

（7）可用于高温、高压、强电磁干扰、腐蚀等各种恶劣环境。

（8）结构简单、体积小、质量轻、耗能少。

3. 光纤传感器的分类

光纤传感器按测量对象分为光纤温度传感器、光纤浓度传感器、光纤电流传感器、光纤流速传感器等；按光纤中光波调制的原理分为强度调制型光纤传感器、相位调制型光纤传感器、偏振调制型光纤传感器、频率调制型光纤传感器、波长调制型光纤传感器等；按光纤在传感器中的作用分为功能型（传感型）光纤传感器和非功能型（传光型）光纤传感器。

1）非功能型光纤传感器

非功能型光纤传感器利用其他敏感元件测得的特征量，由光纤进行数据传输，光纤仅作为光信号的传输介质，传感器中的光纤是不连续的，中断的部分要接其他介质的敏感元件，如图 3-40 所示。它的特点是可充分利用现有的传感器，便于推广应用。

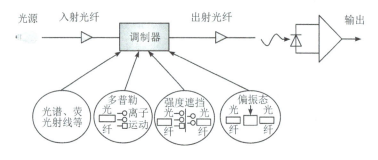

图 3-40　非功能型光纤传感器

2）功能型光纤传感器

功能型光纤传感器利用外界因素改变光纤中光的特征参量，从而对外界因素进行计量和数据传输，它具有传、感合一的特点，信息的获取和传输都在光纤之中，传感器中的光纤是连续的，如图 3-41 所示。例如，将光纤置于声场中，则光纤纤芯的折射率在声场作用下发生变化，将这种折射率的变化作为光纤中光的相位变化检测出来，就可以知道声场的强度。

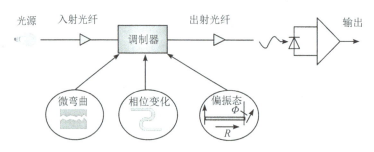

图 3-41　功能型光纤传感器

光纤对许多外界被测量参数有一定的效应，如电流、温度、速度和射线等。光纤传感器原理的核心是如何利用光纤的各种效应，实现对外界被测参数的"传"和"感"的功能。光纤传感器工作机理的核心就是光被外界被测量参数调制的原理，研究光纤传感器的调制器就是研究光在调制区与外界被测参数的相互作用，即外界被测量参数可引起光的特性（强度、波长、频率、相位、偏振态等)发生变化,从而构成光的强度、波长、频率、相位和偏振态调制原理。

3.3.3 光纤传感器的应用

随着光纤传感器相关技术的不断推进,各类传感器的发展日益成熟。光纤传感器在各个领域中都有着广泛的用途,例如医学领域、石油领域均已广泛运用了此类技术,在其相关应用研究方面具有代表性。在医学领域中应用的医用光纤传感器目前主要是传光型的,以其小巧、绝缘、不受射频和微波干扰、测量精度高及与生物体亲和性好等优点备受重视,而在石油领域应用的石油测井传感器,则以其抗腐蚀、高温、高压、地磁与地电干扰,以及灵敏度高的优点备受关注。

1. 微弯压力传感器

由光纤传光的传光原理可知,光纤中纤芯的折射率比包层中的高,光在光纤内是以全反射的方式传播的。当光纤受力弯曲、折绕时,照射到交界面的光的入射角会发生变化,即当光射入微弯曲段的界面上时,入射角将小于全反射临界角,这时,入射光一部分在纤芯和包层的界面上反射,另一部分光则折射进入包层,从而导致光能的损耗,从光纤中输出的光通量相应减少,这就是光纤的微弯损耗效应。基

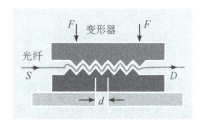

图 3 - 42　微弯光纤压力传感器

于这一原理便可以研制成光纤微弯压力传感器,如图 3 - 42 所示。

2. 光纤压力传感器

图 3 - 43 所示的光纤压力传感器工作原理为:被测力作用于膜片,膜片感受到被测力后向内弯曲,使光纤与膜片间的气隙(约 $0.3~\mu m$)减小,导致棱镜与光吸收层之间的气隙发生改变。气隙发生改变会引起棱镜界面上全反射的局部破坏,造成一部分光离开棱镜的上界面,进入光吸收层并被吸收,使反射回接收光纤的光强减小。通过桥式光接收器可检测光纤内反射光强度的改变量,即可换算出被测力的大小。

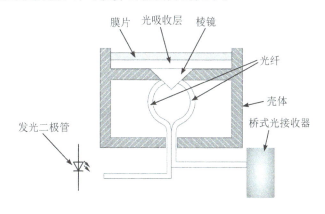

图 3 - 43　光纤压力传感器

3. 利用双金属热变形的遮光式光纤温度计

利用光纤还可以用来进行温度的检测，图 3 - 44 所示就是利用双金属热变形的遮光式光纤温度计。当温度升高时，双金属的变形量增大，带动遮光板在垂直方向产生位移从而使输出光强发生变化。这种形式的光纤温度计能测量 $10 \sim 50\,℃$ 的温度，检测精度约为 $0.5\,℃$。它的缺点是输出光强受壳体振动的影响，且响应时间较长，一般需几分钟。

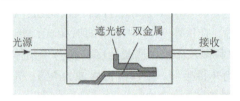

图 3 - 44　利用双金属热变形的遮光式光纤温度计

3.4　光栅传感器

光栅传感器是利用光栅的莫尔条纹现象，以线位移和角位移为基本测试内容的一种测量装置。光栅传感器主要用于位移测量及与位移相关的物理量（速度、加速度、振动、质量、表面轮廓等）的测量。

3.4.1　光栅传感器的基础知识

光栅传感器是利用光栅的光学原理工作的测量反馈装置。光栅传感器的测量精度高，分辨力强（长光栅 $0.05\,\mu m$，圆光栅 $0.1''$），适合于非接触式的动态测量，但对环境有一定要求，灰尘、油污等会影响其工作的可靠性，且电路较复杂，成本较高。

光栅传感器

1. 光栅的定义

光栅是一种由大量等宽、等间距的平行狭缝组成的光学器件，一般由在一块长条形镀膜玻璃上均匀刻制的许多有明暗相间、等间距分布的细小条纹（称为刻线）构成，如图 3 - 45 所示。

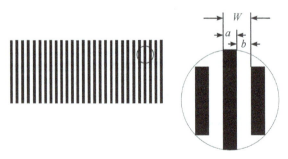

图 3 - 45　光栅示意图

图 3 - 45 中 a 为栅线的宽度（不透光），b 为栅线的间距（透光），通常 $a = b$，$a + b = W$

称为光栅的栅距(也叫作光栅常数)。目前光栅常用的线纹密度为 25 条/毫米、50 条/毫米、100 条/毫米、250 条/毫米，条数越多，光栅的分辨率越高。

2. 光栅传感器的结构

光栅传感器一般由光源、透镜、标尺光栅(又称主光栅或长光栅)、指示光栅(又称副光栅或短光栅)、光敏元件和驱动线路组成，如图 3-46 所示。

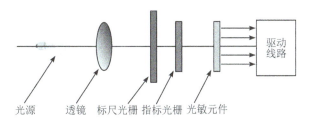

光源　　透镜　　标尺光栅　指标光栅　光敏元件

图 3-46　光栅传感器组成结构图

3. 光栅传感器的光路种类

光栅传感器为动态测量元件，按运动方式分为长光栅和圆光栅，长光栅用来测量直线位移，圆光栅用来测量角度位移；按光电元件感光方式分为透射式光栅传感器和反射式光栅传感器，透射式光栅传感器如图 3-47(a)所示，反射式光栅传感器如图 3-47(b)所示。

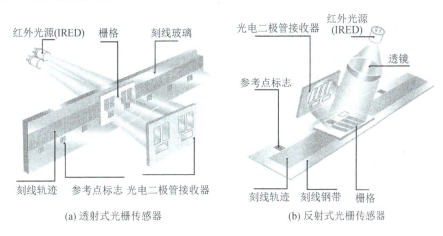

(a) 透射式光栅传感器　　　　　(b) 反射式光栅传感器

图 3-47　光栅传感器分类图

透射式光栅传感器是在透明的光学玻璃表面制成感光涂层或金属镀膜，经过涂敷、蚀刻等工艺制成间隔相等的透明与不透明线纹，线纹的间距和宽度相等并与运动方向垂直。反射式光栅传感器是在具有强反射能力的基体(不锈钢或玻璃镀属膜)上，均匀地刻划间距、宽度相等的条纹而形成光栅，光源先经聚光透镜和场镜后形成平行光束以一定角度射向指示光栅，再经反射主光栅反射后形成莫尔条纹，最后经反射镜和物镜在光电接收器上成像。

4. 光栅传感器的特点

光栅传感器具有以下特点：

(1) 长光栅传感器的精度可达到微米级，若再经细分电路则可以达到 $0.1~\mu\mathrm{m}$；圆光栅传感器的精度可达 $0.1''$。

（2）光栅传感器响应速度较快，可实现动态测量，易于实现检测及数据处理的自动化控制。

（3）光栅传感器对使用环境要求高，怕油污、灰尘及振动。

（4）光栅传感器由于标尺光栅一般较长，因此安装、维护困难，成本高。

 ### 3.4.2 光栅传感器的工作原理

光栅传感器是利用光栅的莫尔条纹现象制成的一种计量光栅。下面详细介绍什么是莫尔条纹、莫尔条纹形成的原理以及光栅传感器的辨向原理。

1. 莫尔条纹

莫尔条纹是两条线或两个物体之间以恒定的角度和频率发生干涉的视觉结果，即当人眼无法分辨这两条线或两个物体时，只能看到干涉的花纹，这种光学现象中的花纹就是莫尔条纹。

以下 3 种情况可产生莫尔条纹：

（1）双色或多色网点之间的干涉。

（2）各色网点与丝网网丝之间的干涉。

（3）作为附加的因素，由于承印物体本身的特性而发生的干涉。

使用莫尔条纹防护系统的目的就在于根据选定的丝网目数、加网线数、印刷色数和加网角度来预测莫尔条纹。

2. 莫尔条纹形成的原理

光栅传感器把光栅常数相等的主光栅和指示光栅相对叠合在一起（片间留有很小的间隙），并使两者栅线（光栅刻线）之间保持很小的夹角 θ，于是在接近垂直栅线的方向上便出现明暗相间的条纹，如图 3-48 所示。在 aa′线上，两光栅的栅线彼此重合，光线从缝隙中通过，形成亮带；在 bb′线上，两光栅的栅线彼此错开，形成暗带。这种明暗相间的条纹就是莫尔条纹。主光栅和指示光栅所形成莫尔条纹的方向与刻线方向垂直，故又称横向莫尔条纹。

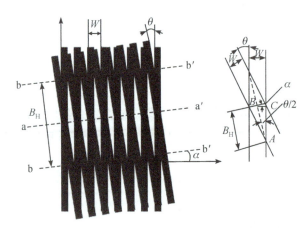

图 3-48　莫尔条纹示意图

由图 3-48 可以看出，横向莫尔条纹的斜率为

$$\tan\alpha = \tan\frac{\theta}{2}$$

式中，α 为亮（暗）带的倾斜角，θ 为两光栅的栅线夹角。横向莫尔条纹（亮带与暗带）之间的距离为

$$B_H = AB = \frac{BC}{\sin\frac{\theta}{2}} = \frac{W}{2\sin\frac{\theta}{2}} \approx \frac{W}{\theta} \qquad (3-12)$$

式中，B_H 为横向莫尔条纹之间的距离；W 为光栅栅矩。

由此可见，莫尔条纹的宽度 B_H 由光栅栅矩与光栅的夹角 θ 决定。对于给定光栅常数 W 的两个光栅，夹角 θ 越小，条纹宽度越大。所以通过调整夹角 θ，可以使条纹宽度为任何所需要的值。

综上所述，莫尔条纹具有以下特点：

（1）放大作用。从式（3-12）可以看出，莫尔条纹的宽度是放大了的光栅栅距，它随着光栅刻线夹角而改变。θ 越小，W 越大，相当于把微小的栅距扩大了 $1/\theta$ 倍。由此可见，光栅起到了光学放大器的作用。例如一长光栅的栅距 $B_H = 0.04$ mm，若 $\theta = 0.016$ rad，则 $W = 2.5$ mm。光栅的光学放大作用与其安装角度有关，而与两光栅的安装间隙无关。

（2）均化误差作用。莫尔条纹是由光栅的大量刻线共同组成的，例如，200 条/毫米的光栅，10 mm 宽的光栅就由 2000 条线纹组成，这样栅距之间的固有相邻误差就被平均化了，消除了栅距之间不均匀造成的误差。

（3）莫尔条纹的移动与栅距的移动成比例。当光栅尺移动一个栅距 B_H 时，莫尔条纹也刚好移动了一个条纹宽度 W。因此只要通过光电元件测出莫尔条纹的数目，就可知道光栅移动了多少个栅距，从而工作台移动的距离就可以计算出来。若光栅移动方向相反，则莫尔条纹移动方向也相反。

3. 光栅传感器的辨向原理

根据前面的分析可知：莫尔条纹每移动一个间距 B_H，对应着光栅移动一个栅距 W，相应输出信号的相位变化一个周期 2π。如果在光栅两侧只有一组光源和光电元件，当指示光栅分别正向移动和反向移动时，则产生的信号完全相同，无法分辨移动的方向。因此，需要在相隔 $B_H/4$ 间距的位置上分别放置两个光电元件 1 和 2（如图 3-49 所示），其工作原理示意图如图 3-49(b) 所示，得到两个相位差 $\pi/2$ 的正弦信号 u_1 和 u_2，经过整形后得到两个方波信号 u_1' 和 u_2'。指示光栅正向移动和反向移动时波形分别如图 3-49(c)、(d) 所示。

从图中波形的对应关系可看出：当光栅正向移动时，u_1' 经微分电路后产生的脉冲正好发生在 u_2' 的"1"电平时，从而经与门 Y_1 输出一个计数脉冲，而 u_1' 经反相并微分后产生的脉冲则与 u_2' 的"0"电平相遇，与门 Y_2 被阻塞，无脉冲输出；当光栅反向移动时，u_1' 的微分脉冲发生在 u_2' 为"0"电平时，与门 Y_1 无脉冲输出，而 u_1' 的反相微分脉冲则发生在 u_2' 的"1"电平时，与门 Y_2 输出一个计数脉冲。因此可知 u_2' 的电平状态是与门的控制信号，用于控制光栅在不同的移动方向时 u_1' 所产生的脉冲的输出。这样，就可以根据光栅运动的方向正确地给出加计数脉冲或减计数脉冲，从而将其输入可逆计数器，并通过计算可实时显示出

光栅相对于某个参考点的位移量。

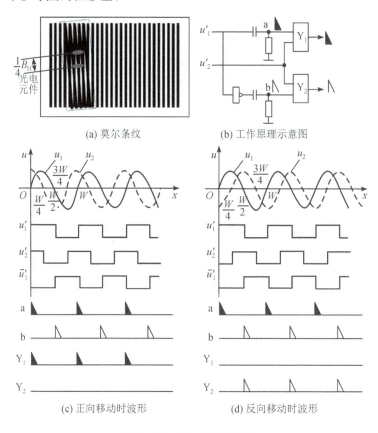

图 3 - 49 莫尔条纹示意图

3.4.3 光栅传感器的选型、安装和使用注意事项

1. 光栅传感器的选型注意事项

光栅传感器以精度高、量程在长度为 0~2 m 时的性价比有明显优势，常用于金属切削机床和线切割、电火花等数控设备上。因光栅传感器的光栅尺生产工艺的原因，若测量长度超过 5 m，则生产制造将很困难，故价格会很高。

光栅传感器在选型时需要注意以下事项：

（1）输出信号的选择。光栅传感器的输出信号分为电流正弦波信号、电压正弦波信号、TTL 矩形波信号和 TTL 差动矩形波信号四种。虽然光栅传感器输出信号的波形不同时对数控机床线性坐标轴的定位精度、重复定位精度没有影响，但必须与数控机床系统相匹配。如果光栅传感器输出信号的波形与数控机床系统不匹配，导致数控机床系统无法处理其光栅尺的输出信号，那么，反馈信息、补偿误差对数控机床线性坐标轴的全闭环控制则无从谈起。

（2）测量方式的选择。光栅传感器按测量方式可分为增量式和绝对式两种。增量式光栅传感器以光栅扫描头通过读出其到初始点的相对运动距离而获得位置信息，为了获得绝对位置，这个初始点就要刻到光栅传感器的标尺上作为参考标记，所以数控机床开机时光栅扫描头必须回到参考点才能进行位置控制。而绝对式光栅传感器以不同宽度、不同间距的闪现栅线将绝对位置数据以编码形式直接制作到光栅上，在光栅尺通电的同时即可从光栅刻线上直接获得位置信息，不需要移动坐标轴找参考点位置。

（3）准确度等级的选择。数控机床配置光栅传感器时为了提高线性坐标轴的定位精度、重复定位精度，其光栅尺的准确度等级是首先要考虑的问题。光栅尺准确度等级有 ± 0.01 mm、± 0.005 mm、± 0.003 mm、± 0.02 mm。另外在选用高精度光栅传感器时还要考虑光栅尺的热性能，它是决定数控机床工作精度的关键环节，即要求光栅传感器的刻线载体的热膨胀系数与数控机床光栅尺安装基体的热膨胀系数一致，以克服由于温度引起的热变形。

目前光栅传感器最大移动速度可达 120 m/min，可完全满足数控机床设计要求。但单个光栅尺最大长度为 3040 mm，若控制线性坐标轴大于 3040 mm 时则需要采用光栅尺对接的方式达到所需长度。

2. 光栅传感器的安装注意事项

光栅传感器在安装时应注意以下事项：

（1）长光栅传感器的安装比较灵活，可安装在数控机床的不同部位。一般将长光栅（标尺光栅）安装在数控机床的工作台（滑板）上，随机床走刀而动。短光栅（指示光栅）安装在读数头中，读数头则固定在数控机床身上。光栅传感器的两个光栅上的刻线密度应均匀且相互平行放置，保持一定的间隙（0.05 mm 或 0.1 mm），且读数头与光栅传感器之间的间距为 $1\sim 1.5$ m。另外安装时必须注意切屑、切削液及油液的溅落方向。

（2）如果光栅传感器的光栅的长度超过 1.5 m，不仅要安装两端头，还要对整个标尺光栅进行支撑。

（3）光栅传感器全部安装完以后，一定要在数控机床导轨上安装限位装置，以免数控机床加工产品移动时读数头冲撞到主尺两端，从而损坏光栅传感器。

（4）对于一般的数控机床加工环境来讲，铁屑、切削液及油污较多，因此应给光栅传感器安装防护罩。

3. 光栅传感器的使用注意事项

光栅传感器在使用时应注意以下事项：

（1）定期检查各安装连接螺钉是否松动。

（2）定期用乙醇混合液（含乙醇 50%）清洗、擦拭光栅传感器面及指示光栅面，保持玻璃光栅面清洁，以保证光栅传感器使用的可靠性。

（3）严禁剧烈振动及摔打光栅传感器，以免损坏。

（4）不要自行拆开光栅传感器，更不能任意改动标尺栅与指示栅的相对间距，否则一方面可能破坏光栅传感器的精度，另一方面还可能造成标尺栅与指示栅的相对摩擦，损坏铬层，也就损坏了栅线，从而造成光栅损坏。

（5）应尽量避免光栅传感器在有严重腐蚀作用的环境中工作，以免腐蚀光栅铬层及光栅尺表面，影响光栅传感器质量。

图 3-50 所示为所示某公司生产的 BG1 型线位移光栅传感器，它是采用光栅进行线位移测量的高精度测量产品，与光栅数显表或计算机可构成光栅位移测量系统，适用于机床、

仪器进行长度测量、坐标显示和数控系统的自动测量等。其技术指标见表 3-2。

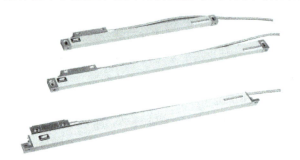

图 3-50 BG1 型线位移光栅传感器

表 3-2 BG1 型线位移光栅传感器技术指标

型 号	BG1A(小型)	BG1B(中型)	BG1C(粗壮型)
光栅栅距	20 μm(0.020 mm)、10 μm(0.010 mm)		
光栅测量系统	透射式红外光学测量系统、高精度性能的光栅玻璃尺		
读数头滚动系统	垂直式五轴承滚动系统,优异的重复定位性,高精度测量精度	45°五轴承滚动系统,优异的重复定位性,高等级的测量精度	
防护尘密封	采用特殊的耐油、耐蚀、高弹性及抗老化塑胶,防水、防尘优良,使用寿命长		
分辨率	0.5 μm	1 μm	5 μm
有效行程	50~3000 mm,每隔 50 mm 有一种长度规格(整体光栅不接长)		
工作速度	>60 m/min		
工作环境	温度 0~50 ℃		
工作电压	5V±5%、12V±5%		
输出信号	TTL 正弦波		

在选择、使用光栅传感器时,应根据工业环境的需要,选择不同参数的传感器,具体可参看相关的选型手册即可。

3.4.4 光栅传感器的应用

光栅传感器是数控加工中心等高精度加工设备的关键,它的应用可提升数控加工中心的加工精度和生产效率,降低维护成本。光栅传感器的安装比较灵活,可安装在数控加工中心的不同部位。一般将标尺光栅安装在数控机床的工作台(滑板)上,随机床走刀而动。光源、

光栅传感器的应用

聚光镜、指示光栅、光电元件和驱动线路均安装在一个壳体内组成一个单独部件,这个部件称为光栅读数头,固定在数控机床身上,并尽可能使其安装在主光栅尺的下方。但在使用长光栅尺的数控机床中,标尺光栅往往固定在数控机床身上不动,而指示光栅随拖板一起移动。标尺光栅的尺寸常由测量范围确定,只要能满足测量所需的莫尔条纹数量即可。

　　如图 3-51 所示，光栅传感器可用于三个自由度的定位。在机床上安装三个长光栅传感器，通过定位 X 轴、Y 轴和 Z 轴的移动距离，即可实现立体图形的加工。

图 3-51　光栅传感器用于三个自由度的定位示意图

　　通过使用光栅传感器，数控机床可以构成全闭环控制系统，如图 3-52 所示，即加工过程中通过光栅来反映直线轴的实际运动状况，由于光栅的安装位置和其工作原理、丝杠的变形并不会对加工精度带来影响，因此能够确保数控加工中心和其他制造设备高精度地移动工件或工具。

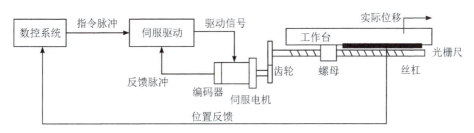

图 3-52　数控机床利用光栅传感器构成的全闭环控制系统

3.5　光电编码器

　　编码器是将机械转动的位移转换成数字电信号的传感器。编码器在角位移测量方面应用广泛，具有高精度、高分辨率、高可靠性的特点。编码器按工作原理分为磁电式、电容式、感应式和光电式等。这里只讨论光电式编码器，简称为光电编码器。

3.5.1　光电编码器的基础知识

　　光电编码器是一种通过光电转换将输出轴上的机械几何位移量转换成脉冲或数字量的传感器，是在自动测量和自动控制中用得较多的一种编码器。光电编码器可实现非接触式测量，寿命长，可靠性、测量精度和分辨率高。

　　光电编码器工作原理示意图如图 3-53 所示。由光源 1 发出的光线，经柱面镜 2 变成一束平行光或会聚光，照射到码盘 3 上。码盘由光学玻璃制成，其上刻有许多同心码道，每位码道上都有按一定规律排列的若干透光和不透光区域，即亮区和暗区。通过亮区的光线经狭缝 4 后，形成一束很窄的光束照射在光电元件 5 上。光电元件的排列与码道一一对应。当有光照射时，对应于亮区和暗区的光电元件的输出相反，如前者为"1"，后者为"0"。光电元件的各种信号组合，反映了按一定规律编码的数字量，代表了码盘转角的大小。由此可见，码盘在传感器中是将转轴的转角转换成代码输出的主要元件。

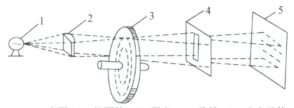

1—光源；2—柱面镜；3—码盘；4—狭缝；5—光电元件。

图 3-53　光电编码器工作原理示意图

3.5.2　光电编码器的分类

光电编码器根据其刻度方法及信号输出形式可分为增量式编码器、绝对式编码器和复合式旋转编码器。下面只介绍前两种编码器。

1. 增量式光电编码器

1）增量式光电编码器的结构

增量式编码器

增量式光电编码器结构如图 3-54 所示，由光源、增量式码盘（简称码盘）、光栏板、光敏元件、整形电路构成。其中增量式码盘可以用玻璃材料制作而成，表面镀上一层不透光的金属铬，然后在边缘刻出向心透光窄缝，透光窄缝在码盘圆周上等份分布，数量从几百条到几千条不等。这样，码盘就分成透光与不透光区域。码盘与转轴连在一起，当码盘随被测工作轴转动时，每转过一个缝隙就发生一次光线明暗的变化，通过光敏元件就产生一次周期变化的电信号。增量式编码器的码盘在内圈的某一径向位置开有一缝隙，表示该码盘的零位。该码盘每转一圈，零位对应的光敏元件就产生一个脉冲 C 信号（称为"零位脉冲"），作为测量的起始基准。

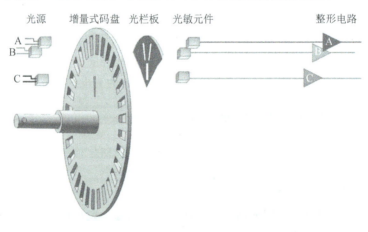

图 3-54　增量式光电编码器的结构

2) 增量式光电编码器的辨向原理

从增量式光电编码器结构可知，其码盘的外圈码道对应有两组光源和光敏元件，这是因为如果只有一组光源和光敏元件，则码盘正转和反转过程中产生的信号完全相同，只能得到被测物体的转速信号，却无法分辨其转动方向是正转还是反转。因此码盘外圈码道对应的光栏板上也有两个狭缝，其距离是码盘上两个相邻狭缝距离的 1/4 倍，并设置了两组对应的光敏元件（称为 cos、sin 元件），对应图 3 - 54 中的 A、B 两个信号（1/4 间距差保证了两路信号的相位差为 90°）。

为了辨别增量式光电编码器码盘的旋转方向，可以采用图 3 - 55(a)所示的辨向原理框图来实现，其波形如图 3 - 55(b)所示。

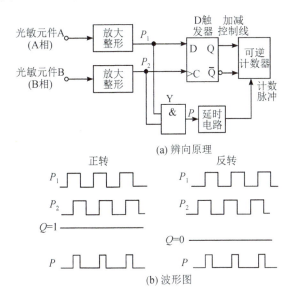

(a) 辨向原理

(b) 波形图

图 3 - 55　增量式光电编码器的辨向原理框图及波形图

光敏元件 A 和 B 的输出信号经放大整形后，产生矩形脉冲 P_1 和 P_2，它们分别接到 D 触发器的 D 端和 C 端，D 触发器在 C 端脉冲（即 P_2）的上升沿触发。P_1、P_2 两个矩形脉冲相差 1/4 周期（或相位相差 90°）。当码盘正转时，设光敏元件 A 比光敏元件 B 先感光，即脉冲 P_1 超前脉冲 P_2 90°，D 触发器的输出 $Q=1$，使可逆计数器的加减控制线为高电位，控制计数器将做加法计数。同时 P_1 和 P_2 又经与门 Y 输出脉冲 P，经延时电路送到可逆计数器的计数输入端，计数器进行加法计数。当码盘反转时，P_2 超前 P_1 90°，D 触发器输出 $Q=0$，使可逆计数器的加减控制线为低电位，控制计数器进行减法计数。同理，计数器进行减法计数。设置延时电路的目的是等计数器的加减信号抵达后，再送入计数脉冲，以保证不丢失计数脉冲。不论码盘是正转还是反转，计数器每次反映的都是相对于上次角度的增量，故称这种光电编码器为增量式光电编码器。

增量式光电编码器的测量精度取决于它所能分辨的最小角度，这与码盘圆周上的窄缝条数有关，即能分辨的最小角度为

$$\alpha = \frac{360°}{n} \tag{3-13}$$

例如，若窄缝条数为 2048，则角度分辨率为 $\alpha = \dfrac{360°}{2048} \approx 0.1758°$

3）增量式光电编码器的特点

增量式光电编码器的特点如下：

（1）编码器每转动一个预先设定的角度将输出一个脉冲信号，通过统计脉冲信号的数量来计算旋转的角度，因此编码器输出的位置数据是相对的。

（2）由于采用固定脉冲信号，因此旋转角度的起始位可以任意设定。

（3）由于采用相对编码，因此掉电后旋转角度数据会丢失，需要重新复位。

2. 绝对式光电编码器

1）绝对式光电编码器的结构

绝对式光电编码器由光源、与转轴相连的码盘、窄缝、光敏元件等组成。图 3-56(a)为绝对式光电编码器的结构原理图。绝对式光电编码器码盘一般由光学玻璃制成，其上刻有许多的同心码道，每位码道都按一定编码规律分布着透光和不透光部分，分别称为亮区和暗区，如图 3-56(b)所示。对应于亮区和暗区光敏元件输出的信号分别是"1"和"0"。

绝对式编码器

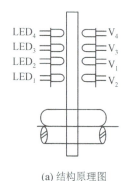

(a) 结构原理图

(b) 码盘

图 3-56　绝对式光电编码器结构原理图及码盘

与增量式光电编码器不同的是，绝对式光电编码器的每一码道都有一组光源和光敏元件。当来自光源(多采用发光二极管)的光束经聚光透镜投射到转动的码盘上时，光束经过码盘进行角度编码，再经窄缝射入光敏元件(多为硅光电池或光敏管)组。光敏元件的排列与码道一一对应，即保证每个码道有一个光敏元件负责接收透过的光信号。码盘转至不同的位置时，光敏元件组输出的信号就反映了码盘的角位移大小。光路上的窄缝是为了方便取光和提高光电转换效率。

2）绝对式光电编码器码盘的工作原理

绝对式光电编码器码盘的刻划可采用二进制、十进制、循环码(格雷码)等方式。大多数绝对式光电编码器码盘是利用二进制或循环码(格雷码)方式进行光电转换的，如图 3-57 所示。

由图 3-57(a)可看出，码道的圈数就是二进制的位数，且高位在里，低位在外。由此可以推断，若有 n 圈码道的码盘，就可以表示 n 位二进制编码。若将码盘圆周均分为 2^n 个等份，且分别表示其不同的位置，那么，其分辨的角度 α 为

$$\alpha = \frac{360°}{2^n} \tag{3-14}$$

$$分辨率 = \frac{1}{2^n} \tag{3-15}$$

　　显然，码盘的码道越多，二进制编码的位数也越多，所能分辨的角度 α 也越小，测量精度越高。

　　二进制码盘最大的问题是任何微小的制作误差，都可能造成读数的粗大误差。这是因为对于二进制码，任何相邻两个位置当某一较高位改变时，所有比它低的各位数都要同时改变，如 0010 与 0001、0100 与 0011、1000 与 0111。以图 3-57(a)所示的码盘为例，当码盘随转轴进行逆时针方向旋转时，在某一位置输出本应由数码 0000 转换到 1111(对应十进制 15)，因为刻划误差却可能给出数码 1000(对应十进制 8，见表 3-3)，二者相差很大，造成粗大误差。

表 3-3　二进制码盘粗大误差分析

D 十进制	B 二进制	R 格雷码	D 十进制	B 二进制	R 格雷码
0	0000	0000	8	1000	1100
1	0001	0001	9	1001	1101
2	0010	0011	10	1010	1111
3	0011	0010	11	1011	1110
4	0100	0110	12	1100	1010
5	0101	0111	13	1101	1011
6	0110	0101	14	1110	1001
7	0111	0100	15	1111	1000

　　因而在实际中大都采用循环码(格雷码)码盘，如图 3-57(b)所示。循环码的特点是任意相邻的两个二进制数之间只有一位是不同的，最末一个数与第一个数也是如此，这样，就形成了循环，使整个循环里的相邻数之间都遵循这一规律。所以当码盘从一个计数状态转到下一个状态时，只有 1 位二进制码改变。因此循环码码盘能把误差控制在最小单位内，提高了可靠性。

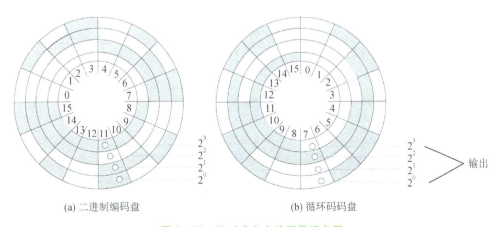

(a) 二进制编码盘　　　　　　(b) 循环码码盘

图 3-57　绝对式光电编码器码盘图

3.5.3　光电编码器的常见术语和安装环境要求

1. 光电编码器的常见术语

光电编码器相关的常见术语如下：

(1) 分辨率：轴旋转 1 次时输出的增量信号脉冲数或绝对值的绝对位置数。

(2) 输出相：增量式光电编码器的输出信号数，包括 1 相型（A 相）、2 相型（A 相、B 相）、3 相（A 相、B 相、Z 相），Z 相输出 1 次即输出 1 次原点用的信号。

(3) 输出相位差：转轴旋转时，A 相、B 相信号相互间上升或下降过程中的时间偏移量与输出脉冲信号周期的比，或者用电气角表示(信号一个周期用电气角可表示为 360°，A 相与 B 相相位差用电气角表示为 90°)。

(4) 最高响应频率：响应信号所得到的最大信号频率。

(5) 轴容许力：加在转轴上的负载负重的容许量。径向以直角方向对轴增加负重，而轴向以轴方向增加负重，两者都为转轴旋转时的容许负重，该负重的大小对转轴的寿命会产生影响。

在使用光电编码器时，还需要了解编码器的一些其他技术术语，见表 3-4。

表 3-4　光电编码器的技术术语表

技术术语	说　　明
90°相位差二信号和零位信号	A、B 相相位差为 90°的两个信号和零位信号
UVW 信号	表示相位差为 120°的 3 相信号（电角度）的关系
电压输出电路	NPN 型晶体管发射极接地，集电极带负载电阻输出的电路
集电极开路输出电路	直接从 NPN 型晶体管的集电极输出的电路
长线驱动器输出	长距离输出用集成电路，信号为正反方向输出，速度快，抗干扰能力强，还可以检测电缆是否断线
长线接收器	接收由驱动器所输出信号的专用 IC。使用时请注意：长线驱动器与长线接收器必须匹配，如选取用 26LS3 长线驱动器输出，应使用 26LS32 线路接收器接收，如不匹配，将影响使用
互补输出电路	NPN 型和 PNP 型对管的发射极对接输出电路。这种电路反应速度快，也可以长距离传送信号
允许注入电流	编码器单路信号最大吸收的电流值
输出电阻	输出电路的内部阻抗
最小负载阻抗	输出电路所允许的最小负载阻抗
允许轴负载	轴所能承受轴向及径向载荷的能力

续表

技术术语	说　　明
准确度	输出脉冲数累加得到的回转角与理论回转角之差的二分之一，再冠以正负号
周期误差	输出脉冲数周期与理论脉冲数周期之差
相临周期误差	相邻脉冲周期之差
增量式	输出脉冲列或正弦波的周期列的方式，位置是根据累计而得到的
绝对式	把机械位移量用二进制码或格雷码作为绝对位置而进行输出的方式
正逻辑	符号"1"是对应输出电压"H"的输出逻辑
负逻辑	符号"1"是对应输出电压"L"的输出逻辑

2. 光电编码器安装环境要求

光电编码器安装环境要求如下：

(1) 光电编码器是精密仪器，使用时要注意周围有无振源及干扰源。

(2) 不是防漏结构的光电编码器要防水、油等，必要时要加上防护罩。

(3) 注意环境温度、湿度是否在光电编码器使用的要求范围之内。

很多光电编码器刚开始在现场用时是好的，可使用一段时间后就莫名其妙地损坏了，究其原因，很多都是光电编码器的防护等级不够。有些用户认为工作环境没有尘、水汽的问题，光电编码器怎么还会损坏呢？其实光电编码器在工作环境中，或在工作与停机的变化过程中，由于热胀冷缩的温差而造成内外气压差，防护等级差的光电编码器（包括其他传感器）会产生"呼吸性"水汽，由于内外压差水汽吸入光电编码器，因时间的积累而损坏内部光学系统或线路板，进而损坏光电编码器。这种内部的损坏是慢性积累的，往往是今天还用得好好的，而内部已积下隐患了。

这种情况在工程项目中尤为突出，例如高温、温差大地区，高湿度地区，沿海地区（空气中含盐分）。因此，工程项目所使用的光电编码器，一定要使用标准工业级的高防护等级性能的光电编码器。

标准工业级的光电编码器的防护等级其实是分两部分的，即转轴部分与外壳电气部分，有些光电编码器厂家会分别注明转轴部分的防护等级与电气部分的防护等级。转轴由于是旋转的，防水较难做，如仅依赖于密封精密滚珠轴承，要达到完全的防水是不现实的。一般工业级的光电编码器的防护等级在 IP64 以上，如果要达到 IP66 以上，就需要有特殊工艺。有些光电编码器通过双轴承内部的结构来提高防护等级，有些通过增加橡皮挡碗来提高防护等级，这些方法在编码器低速工作时好用，但在高速工作时就困难了。这是因为大部分防护等级在 IP66 以上的转轴转起来都是很重的，而外壳电气部分防护等级必然是 IP65 以上的。反映在防护等级上的机械设计，往往是转轴是双轴承结构，而外壳的封装往往不依赖于外径上的螺丝固定，而是一次挤压成 O 型密封圈的密封封装。在这种情况下，在光电编码器的外壳外径上是看不到用三个螺丝固定的。如有三个螺丝固定，由于螺丝的顶入，则很可能造成光电编码器外圈轻微变形而轻微破坏圆度，那样，密封性能就很难有保证了。另外，这些螺丝也会因振动与热胀冷缩而松动，影响防护等级。这类编码器标注的防护等级也许也很高，但那是其出厂时的理想的实验室状态，在工程项目的使用中，还是较难有保证的。

例如，在工程项目中表现优异的德国海德汉、STEGMANN、TR 等光电编码器，在其编码器的外壳外径上，是不可能看到有三个螺丝在固定的，而在一些日系、韩系的经济型光电编码器系列中就是这种依赖于三个螺丝固定的外壳（这样加工成本低，拆卸维修方便）。

工程项目中使用的光电编码器转轴部分的防护等级应优于 IP64，外壳电气部分的防护等级应优于 IP65，而且在其外壳外径上，应不依赖于三个或四个螺丝固定。这是工程项目使用的编码器需要重要考虑的因素。

3.5.4　光电编码器的应用

1. 位置测量

把光电编码器码盘输出的两个脉冲分别输入到可逆计数器的正、反计数端进行计数，可检测出输出脉冲的数量，再把这个数量乘以脉冲当量（转角/脉冲）就可测出码盘转过的角度。为了能够得到绝对转角，码盘在起始位置时，对可逆计数器要清零。

光电式编码器的应用

在机器人控制系统中，关节角度是控制机器人运动的重要参数。光电编码器可以通过测量编码器码盘（一般为绝对式码盘）上的光信号，获得机器人各个关节的角度信息，如图 3-58 所示。利用这些角度信息，可以精确控制机器人的运动轨迹和姿态，实现精密定位。

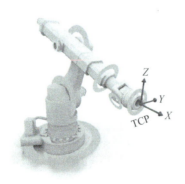

图 3-58　绝对式光电编码器对机器人关节位置进行测量

2. 速度测量

速度测量分为转速测量和直线位移测量。

1）转速测量

转速可通过增量式编码器输出的脉冲频率或周期来测量。利用脉冲频率测量是在给定的时间内对编码器输出的脉冲计数，然后由下式求出其转速，即

$$n = \frac{N_1/t}{N} = \frac{N_1}{N \cdot t}(\text{r/s}) = \frac{N_1}{N} \cdot \frac{60}{t} \quad (\text{r/min}) \qquad (3-16)$$

式中，t 为测速采样时间，N_1 为 t 时间内测得的脉冲个数，N 为编码器每转脉冲数（pulse/r，与所用编码器型号有关）。

图 3-59(a)所示为用脉冲频率法测转速的原理图。在给定时间 t 内，使门电路选通，编码器输出脉冲允许通过门电路进入计数器计数，这样，就可计算出 t 时间内编码器的平均转速。

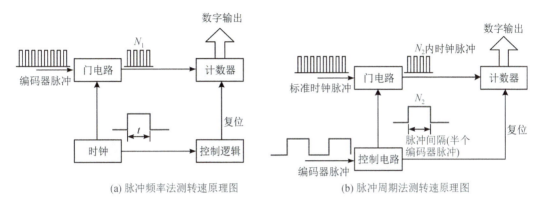

(a) 脉冲频率法测转速原理图　　　　(b) 脉冲周期法测转速原理图

图 3-59　光电编码器测速原理图

利用脉冲周期法测量转速，是通过计数增量式编码器一个脉冲间隔内（半个脉冲周期）标准时钟脉冲个数来计算其转速，因此，要求时钟脉冲的频率必须高于编码器脉冲的频率。图 3-59(b)所示为用脉冲周期法测量转速的原理图。当编码器输出脉冲为正半周时选通门电路，标准时钟脉冲通过门电路进入计数器计数，可得出编码器转速的计算公式为

$$n = \frac{1}{2N_2 \cdot N \cdot T} \quad (\text{r/s}) \qquad (3-17)$$

或

$$n = \frac{60}{2N_2 \cdot N \cdot T} \quad (\text{r/min}) \qquad (3-18)$$

式中，N 为编码器每转脉冲数（单位为 pulse/r），N_2 为编码器一个脉冲间隔（即半个编码器脉冲周期）内标准时钟脉冲输出个数，T 为标准时钟脉冲周期（单位为 s）。

2）直线位移测量

在进行直线位移（距离）测量时，通常把增量式光电编码器安装到伺服电动机轴上，如图 3-60 所示，伺服电动机与滚珠丝杠相连，当伺服电动机转动时，由滚珠丝杠带动工作台或刀具移动，这时增量式编码器的转角对应直线移动部件的移动量，因此，可根据伺服电动机和丝杠的转动以及丝杠的导程来计算移动部件的位置。

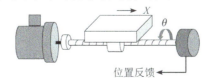

图 3-60　编码器进行直线位移（距离）测量示意图

3.6 视觉传感器

视觉传感器的主要功能是获取足够的机器视觉系统要处理的最原始图像。视觉传感器主要由一个或者两个图形传感器组成，有时还要配以光投射器及其他辅助设备。

3.6.1 视觉传感器的基础知识

1. 视觉传感器的定义

视觉传感器是利用光学元件和成像装置获取外部环境图像信息的装置，通常用图像分辨率来描述其性能。视觉传感器的精度不仅与分辨率有关，而且同被测物体的检测距离相关。被测物体距离越远，其绝对的位置精度越差。某种视觉传感器的外观如图 3-61 所示。

2. 像素

视觉传感器采集的图像信息一般是数码影像，像素是构成数码影像的基本单元，通常以每英寸像素(Pixels Per Inch，PPI)为单位来表示数码影像分辨率的大小。像素的中文全称为图像元素，是指基本原色素及其灰度的基本编码，只是表示分辨率的单位，而不是画质。

例如 300×300 PPI 分辨率，即表示水平方向与垂直方向上每英寸长度上的像素数都是 300，也可表示为一平方英寸内有 9 万(300×300)像素。

如同拍摄的相片一样，数码影像也具有连续性的浓淡色调。若把数码影像放大数倍，会发现这些连续色调其实是由许多色彩相近的小方点所组成的，这些小方点就是构成数码影像的最小单元——像素。这种最小的图形单元在屏幕上通常显示为单个的点。数码影像像素越高，其拥有的色板也就越丰富，也就越能表达颜色的真实感，如图 3-62 所示。

图 3-61 视觉传感器外观图

图 3-62 像素对比图

3. 视觉传感器的分类

视觉传感器是组成数字摄像头的重要组成部分，根据元件不同分为 CCD(Charge Coupled Device，电荷耦合元件)图像传感器和 CMOS(Complementary Metal-Oxide Semiconductor，金属氧化物半导体)图像传感器。

1) CCD 图像传感器

CCD 图像传感器简称 CCD。CCD 是一种半导体器件，能够把光学影像转化为电信号。CCD 上植入的微小光敏物质称作像素(Pixel)。一块 CCD 上包含的像素数越多，其提供的画面分辨率也就越高。CCD 上有许多排列整齐的光电二极管，能感应光线，并将光信号转变成电信号，经外部采样放大及模/数转换电路转换成数字图像信号。CCD 从结构上可分为两类：一类用于获取线图像，称为线阵 CCD；另一类用于获取面图像，称为面阵 CCD。线阵 CCD 目前主要用于产品外部尺寸非接触检测或产品表面质量评定、传真和光学文字识别技术等方面；面阵 CCD 主要用于摄像领域。

(1) 线阵 CCD。

线阵 CCD 可以直接接收一维光信息，为了得到整个二维图像，就必须采取扫描的方法来实现。线阵 CCD 由线阵光敏区、转移栅、模拟移位寄存器、偏置电荷电路、输出栅和信号读出电路等组成。

线阵 CCD 有两种基本形式，即单沟道和双沟道线阵图像传感器，其结构如图 3-63 所示。

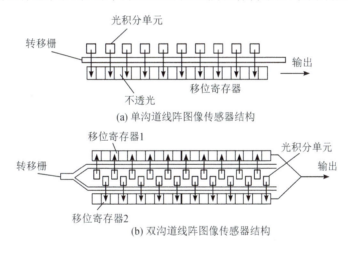

(a) 单沟道线阵图像传感器结构

(b) 双沟道线阵图像传感器结构

图 3-63 线阵 CCD 的两种结构

(2) 面阵 CCD。

面阵 CCD 的感光单元呈二维矩阵排列，能检测二维平面图像。面阵 CCD 按传输和读出方式不同，可分为行传输、帧传输和行间传输三种。

① 行传输(Line Transmission，LT)面阵 CCD 的结构如图 3-64(a)所示。它由行选址电路、感光区、输出寄存器组成。当感光区光积分结束后，由行选址电路一行一行地将信号电荷通过输出寄存器转移到输出端。行传输面阵 CCD 的特点是有效光敏面积大，转移速度快、效率高。但需要行选址电路，结构较复杂，且在电荷转移过程中，必须加脉冲电压并与光积分同时进行，会产生"拖影"，故采用较少。

② 帧传输(Frame Transmission，FT)面阵 CCD 的结构如图 3-64(b)所示。它由感光区、暂存区和输出寄存器三部分组成。感光区由并行排列的若干电荷耦合沟道组成，各沟道之间用沟阻隔开，水平电极条横贯各沟道。假设有 M 个电荷耦合沟道，每个沟道有 N 个光敏单元，则整个感光区共有 $M \times N$ 个光敏单元。当感光区完成光积分后，先将信号电荷迅速转移到暂存区，然后再从暂存区一行一行地将信号电荷通过输出寄存器转移到输出

端。设置暂存区是为了消除"拖影"，以提高图像的清晰度和与电视图像扫描制式相匹配。帧传输面阵 CCD 的特点是光敏单元密度高、电极简单，但增加了暂存区，器件面积相对于行传输面阵 CCD 增大了一倍。

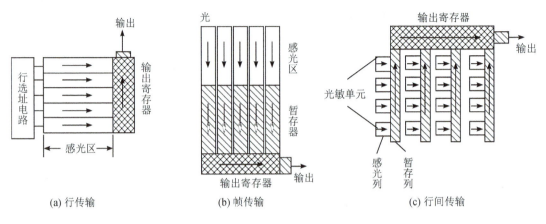

(a) 行传输   (b) 帧传输   (c) 行间传输

图 3 - 64　面阵 CCD 的结构

③ 行间传输(Inter-Line Transmission，ILT)面阵 CCD 的结构如图 3 - 64(c)所示。它的感光区和暂存区行与行相间排列，形成感光列和暂存列。当感光列结束光积分后，先将每列信号电荷转移到相邻的暂存列中，然后进行下一帧图像的光积分，并同时将暂存列中的信号电荷逐行通过输出寄存器转移到输出端。其优点是不存在"拖影"问题，但这种结构不适宜光从背面照射。行间传输面阵 CCD 的特点是光敏单元面积小，密度高，图像清晰，但单元结构复杂。行间传输面阵 CCD 是用得最多的一种结构形式。

综上所述，CCD 的特点如下：体积小、重量轻；功耗小，工作电压低，抗冲击与震动，性能稳定，寿命长；灵敏度高，噪声低，动态范围大；响应速度快，有自扫描功能，图像畸变小，无残像；应用超大规模集成电路工艺技术生产，像素集成度高，尺寸精确，商品化生产成本低。因此，许多采用光学方法测量外径的仪器把 CCD 作为光电接收器。

2) CMOS 图像传感器

CMOS 图像传感器是一种典型的固体成像传感器，与 CCD 有着共同的历史渊源。CMOS 图像传感器通常由像敏单元阵列、行驱动器、列驱动器、时序控制逻辑、A/D 转换器、数据总线输出接口、控制接口等部分组成，这些部分通常都被集成在同一块硅片上。其工作过程一般可分为复位、光电转换、积分、数据输出。图3 - 65 所示是 CMOS 图像传感器的外观图。

图 3 - 65　CMOS 图像传感器外观图

当外界光照射 CMOS 图像传感器的像素单元阵列时，发生光电效应，在像素单元阵列内产生相应的电荷。行选择逻辑单元根据需要，选通相应的行像素单元。行像素单元内的图像信号通过各自所在列的信号总线传输到对应的模拟信号处理单元以及 A/D 转换器，转换成数字图像信号输出。其中的行选择逻辑单元可以对像素单元阵列逐行扫描也可隔行扫描。行选择逻辑单元与列选择逻辑单元配合使用可以实现图像的窗口提取功能。模拟信号处理单元的主要功能是对信号进行放大处理，并提高信噪比。另外，为了获得质量合格的实用摄像头，CMOS 图像传感器中必须包含各种控制电路，如曝光时间控制、自动增益控制等电路。为了使 CMOS 图像传感器中各部分电路按规定的节拍动作，必须使用多个时序控制信号。为了便于摄像头的应用，还要求 CMOS 图像传感器能输出一些时序信号，如同步信号、行起始信号、场起始信号等。

4. 视觉传感器的结构

视觉传感器是指通过对摄像机拍摄到的图像进行图像处理，用来计算对象物的特征量(面积、重心、长度、位置等)，并输出数据和判断结果的传感器。智能视觉传感器一般由图像采集单元、图像处理单元(包括图像处理软件)、储存单元、通信接口单元等构成，如图 3-66 所示。

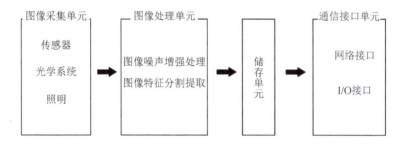

图 3-66 智能视觉传感器系统构成图

视觉传感器具有捕获数以千计像素图像的能力，其图像的清晰和细腻程度通常用分辨率来衡量，可用像素数量表示。比如现有许多视觉传感器的分辨率能够达到 130 万像素以上。

5. 视觉传感器的工作原理

视觉传感器的工作原理为：摄像机采集的图像信号先经过前处理、位置修正、特征量提取、运算判断，然后输出，如图 3-67 所示。

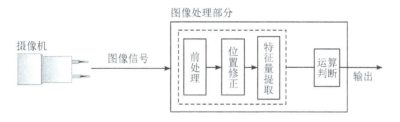

图 3-67 视觉传感器的工作原理

视觉传感器的主要部件就是照相机或者摄像机，首先通过镜头图像传感器(一般是 CCD 和 CMOS 图像传感器)采集图像，然后将该图像传送至处理单元进行数字化处理，并运用不同的算法来增强对结果有重要影响的图像要素，最后根据像素分布、亮度和颜色等信息进行尺寸、形状和颜色等的测量与判别，进而通过判别的结果来控制设备的动作。视觉传感器功能主要包括物体定位、特征检测、缺陷判断、目标识别、计数和运动跟踪。

6. 图像处理

图像处理是指用计算机对图像进行分析，以达到所需结果。图像处理一般指数字图像处理。图像处理过程一般包括图像变换、图像编码和压缩、图像增强和复原、图像分割、图像描述和图像分类(识别)。

(1)图像变换。由于图像阵列很大,直接在空间域中进行处理,涉及计算量很大,因此往往采用各种图像变换方法,如傅立叶变换、沃尔什变换、离散余弦变换等间接处理技术,将空间域的处理转换为变换域处理,不仅可减少计算量,而且可获得更有效的处理(如傅立叶变换可在频域中进行数字滤波处理)方法。目前新兴研究的小波变换在时域和频域中都具有良好的局部化特性,在图像处理中有着广泛而有效的应用。

(2)图像编码和压缩。图像编码压缩技术可减少描述图像的数据量(即比特数),以便节省图像传输、处理时间和减少所占用的存储器容量。图像压缩可以在不失真的前提下获得,也可以在允许的失真条件下进行。图像编码是图像压缩技术中最重要的方法,它在图像处理技术中是发展最早且比较成熟的技术。

(3)图像增强和复原。图像增强和复原的目的是为了提高图像的质量,如去除噪声,提高图像的清晰度等。图像增强不用考虑图像降质的原因,而是突出图像中所感兴趣的部分。如强化图像高频分量,可使图像中的物体轮廓清晰,细节明显;如强化低频分量可减少图像中噪声影响。图像复原要求对图像降质的原因要有一定的了解,一般讲应根据降质过程建立"降质模型",再采用某种滤波方法,恢复或重建原来的图像。

(4)图像分割。图像分割是数字图像处理中的关键技术之一。图像分割是将图像中有意义的特征部分提取出来,其有意义的特征有图像中的边缘、区域等。图像分割是进一步进行图像识别、分析和理解的基础。虽然目前已研究出不少边缘提取、区域分割的方法,但还没有一种普遍适用于各种图像分割的有效方法。因此,对图像分割的研究还在不断深入之中,是目前图像处理研究的热点之一。

(5)图像描述。图像描述是图像识别和理解的必要前提。作为最简单的二值图像可采用其几何特性来描述物体的特性。一般图像的描述方法采用二维形状描述,它有边界描述和区域描述两类方法。对于特殊的纹理图像可采用二维纹理特征描述。随着图像处理研究的深入发展,已经开始进行三维物体描述的研究,提出了体积描述、表面描述、广义圆柱体描述等方法。

(6)图像分类(识别)。图像分类(识别)属于模式识别的范畴,其主要内容是图像经过某些预处理(增强、复原、压缩)后,进行图像分割和特征提取,从而进行判决分类。图像分类(识别)常采用经典的模式识别方法,有统计模式分类和句法(结构)模式分类方法,近年来新发展起来的模糊模式识别方法和人工神经网络模式分类方法在图像识别中也越来越受到重视。

3.6.2　视觉传感器的选型标准及安装

1. 视觉传感器的选型标准

CCD 和 CMOS 视觉传感器的成像原理和主要参数对于产品的选型是非常重要的。同样,相同的视觉传感器经过不同的设计,制造出的相机性能也可能有所差别。

CCD 和 CMOS 视觉传感器的主要参数有以下几个:

(1)像元尺寸。像元尺寸是指视觉传感器的像元阵列上每个像元的实际物理尺寸,通常的尺寸包括 14 μm,10 μm,9 μm,7 μm,6.45 μm,3.75 μm 等。像元尺寸从某种程度上反映了视觉传感器对光的响应能力，像元尺寸越大，能够接收到的光子数量越多，在同样的光照条件和曝光时间内产生的电荷数量就越多。对于弱光成像而言，像元尺寸是视觉传感器芯片灵敏度的一种表征。

（2）灵敏度。灵敏度是视觉传感器的重要参数之一，具有两种物理意义。一种是指光电器件的光电转换能力，与响应率的意义相同，即在一定光谱范围内，单位曝光量的输出信号电压（电流），单位可以为纳安/勒克斯 nA/Lux、伏/瓦（V/W）、伏/勒克斯（V/Lux）、伏/流明（V/lm）。另一种是指器件所能传感的对地辐射功率（或照度），与探测率的意义相同，单位可用瓦（W）或勒克斯（Lux）表示。

（3）坏点数。由于受到制造工艺的限制，因此对于有几百万像素点的视觉传感器而言，所有的像元都是好的情况几乎不太可能。坏点数是指视觉传感器中坏点（不能有效成像的像元或相应不一致性大于参数允许范围的像元）的数量，坏点数是衡量视觉传感器质量的重要参数。

（4）光谱响应。光谱响应是指视觉传感器对于不同光波长光线的响应能力，通常用光谱响应曲线给出。

在指定的应用中，动态范围、速度和响应度三个关键的要素决定了视觉传感器的性能。动态范围决定系统能够抓取的图像的质量，也被称作对细节的体现能力。速度指的是每秒钟视觉传感器能够产生多少张图像和系统能够接收到的图像的输出量。响应度指的是视觉传感器将光子转换为电子的效率，它决定系统需要抓取有用的图像的亮度水平。视觉传感器的技术和设计共同决定上述性能，因此系统开发人员在选择视觉传感器时必须有自己的衡量标准，详细地研究这些性能，将有助于做出正确的选择。

以上提到的三个关键要素并不是构成视觉传感器选择的唯一参考量，另外还有两个重要的因素，即传感器的分辨率和像素间距，其中任何一项都能够影响图像的质量并且与上述三项关键要素相互作用。

2. 视觉传感器的安装注意事项

视觉传感器的安装注意事项如下：

（1）与被测物体的距离应合适，确保图像的分辨率可以达到要求。

（2）视觉传感器的各个引线应正确连接，供电电压应在使用手册规定范围之内；所有的线缆应远离高压电源。

（3）严禁将视觉传感器安装在危险环境中，如过热、灰尘，潮湿、冲击、震动、腐蚀、易燃易爆等环境。

（4）严格遵守视觉传感器的安装手册中描述的其他规定。

3.6.3　视觉传感器的应用

视觉传感器在多个领域中都有广泛的应用，包括工业生产、智能汽车、医疗诊断、交通安全等。这些应用不仅提高了工作效率，还提升了产品质量和安全性。下面主要介绍视觉传感器在工业生产中的应用。

1. 缺损、污渍检测

如图 3-68 所示，视觉传感器可以通过浓度的变化来检查被测产品是否有缺损和污渍。

视觉传感器进行可靠检测的前提条件是采集的图像"背景均匀"。对于有纹路的图像和标志上的破损和污渍，视觉传感器有时无法检测。

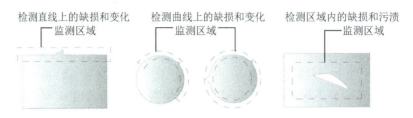

图 3 - 68　图像的缺损、污渍检测

视觉传感器通过测量处理可以将图像存在亮度变化的部分作为边缘提取，并求得亮度变化方向的算法称为"边缘代码（EC）"。通过 EC 进行的测量，是在边缘代码集中的条件下搜索圆形和长方形等形状，因此该算法是很少受变形和污渍影响的处理方法。

2. EC 缺陷检查

视觉传感器能对圆形或直线形状的被测物体的微小缺损和低对比度的伤痕等进行高精度检测，例如可以对橡胶垫等有弯曲形状的被测物体能稳定地进行检测。图 3 - 69 所示为O 型圈的缺损检测。

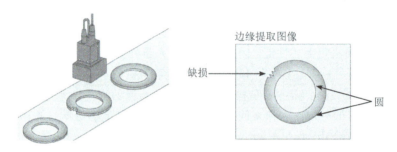

图 3 - 69　O 型圈的缺损检测

3. EC 定位

视觉传感器通过圆形、有角等形状上的信息来寻找定位标志，即使在这些形状变形或部分缺损的情况下，也能实现高精度的定位。对比度低的图像也能进行定位。EC 定位示意图如图 3 - 70 所示。

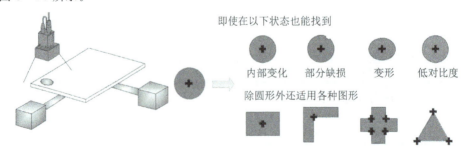

图 3 - 70　EC 定位示意图

4. 在生产线上的应用

视觉传感器的低成本和易用性，使工程师将其纳入各类曾经依赖人工或多个光电传感器的应用。视觉传感器的工业应用包括检验、计量、测量、定向、瑕疵检测和分拣。图 3 - 71 所示只是部分应用范例，包括典型的数量的测量、面积的测量、位置的检测、瑕疵的检测、宽度的测量、文字的检测等。

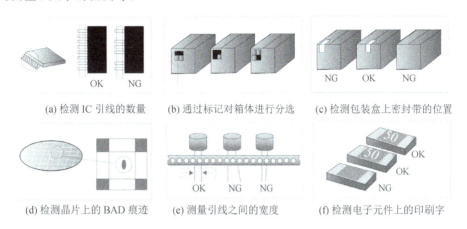

| (a) 检测 IC 引线的数量 | (b) 通过标记对箱体进行分选 | (c) 检测包装盒上密封带的位置 |
| (d) 检测晶片上的 BAD 痕迹 | (e) 测量引线之间的宽度 | (f) 检测电子元件上的印刷字 |

图 3 - 71　视觉传感器在各类生产线上的应用

3.7　学习拓展：光电编码器在分拣单元中的应用

分拣单元是一条自动化生产线中的最末端单元，主要是由整合了分拣功能的传送带装置构成，其主要实现对上一单元送来的成品工件进行分拣，将不同属性的工件从不同料槽分流的功能。分拣单元装置侧视图如图 3 - 72 所示。当输送单元送来的工件被放到分拣单元传送带上并被进料定位 U 形板处的光电传感器检测到时，驱动电动机启动，带动传送带运转，对工件进行传送和分拣。

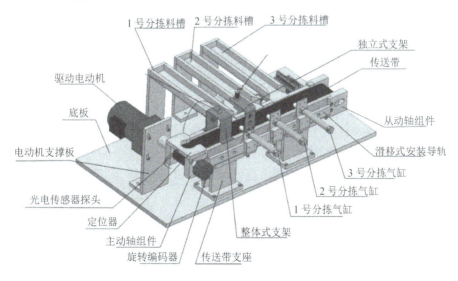

图 3 - 72　分拣单元装置侧视图

1. 分拣单元编码器的选型

分拣单元需使用光电编码器进行光电转换，将驱动电动机转动位移量转换成脉冲信号，最终实现对传送带引动速度的检测。光电编码器在选型时需要注意以下方面：

(1) 光电编码器的类型选择：增量型或绝对型。

(2) 分辨率的精确度选择。

(3) 外形尺寸(中空轴，杆轴)。

(4) 轴允许负载。

(5) 最大允许转速。

(6) 最高响应频率(最高响应频率＝转速/60×分辨率)，注意要留有余度。

(7) 防护结构(防水、防油、防灰尘等)。

(8) 轴的旋转启动转矩。

(9) 输出电路方式(长距离时，要选择线路激励器)。

根据分拣单元特点，在获得驱动电动机转速信息的同时，为了提供旋转方向的信息，这里选用的是三相增量式编码器，分辨率为 500 PPR(Pulse Per Revolution)。该三相增量式编码器利用光电转换原理输出三组方波脉冲 A、B 和 Z，如图 3-73 所示。A、B 两组脉冲相位差 90°，当 A 相脉冲超前 B 相时为正转方向，而当 B 相脉冲超前 A 相时则为反转方向，Z 相为每转一个脉冲，用于基准点定位。

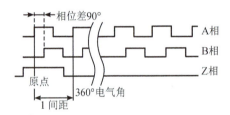

图 3-73 三相增量式编码器输出的三组方波脉冲

2. 分拣单元编码器的安装

分拣单元编码器的安装主要分为机械安装和电气安装两个部分。

1) 编码器的机械安装

图 3-74 所示为编码器的机械安装方式。在机械安装中应注意以下问题：

(1) 由于编码器属于高精度机电一体化设备，因此编码器轴与用户端输出轴之间需要采用弹性软连接，以避免因用户端输出轴的窜动、跳动而造成编码器轴系和码盘的损坏。

(2) 安装时注意允许的轴负载。

(3) 应保证编码器轴与用户端输出轴的不同轴度小于 0.20 mm，与轴线的偏角小于 1.5°。

(4) 安装时严禁敲击、摔打和碰撞，以免损坏轴系和码盘。

(a) 套式安装　　(b) 轴式安装

图 3-74 编码器机械安装方式图

(5) 长期使用时，定期检查固定编码器的螺钉是否松动(每季度一次)。

分拣单元的传送带装置由驱动电动机、主动轮、从动轮、紧套在两轮上的传动带和机架组成。主动轮通过弹性联轴器与驱动电动机连接而被驱动，通过传送带与带轮之间产生的摩擦力使从动轮一起转动，从而实现传送带运动和动力的传递。驱动电动机主要是一台带有减速齿轮机构的三相异步电动机。整个驱动电动机包括电动机支座、电动机弹性联轴器等。驱动电动机轴与主动轮轴间的连接质量直接影响传送带运行的平稳性，安装时务必注意确保两轴的同心度满足要求，如图 3 - 75 所示。另外编码器通过滚珠丝杠连接到传送带主动轴上。

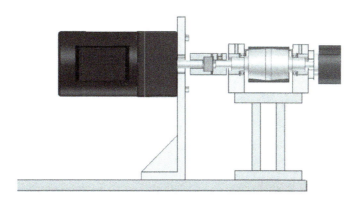

图 3 - 75　编码器的驱动电动机轴与主动轮轴的安装方式

2) 分拣单元编码器的电气安装

分拣单元编码器电气安装(见图 3 - 76)应注意以下问题：

(1) 接地线应尽量粗，截面积一般应大于 $1.5~\text{mm}^2$。

(2) 编码器的输出线彼此不要搭接，以免损坏输出电路。

(3) 编码器的信号线不要接到直流电压或交流电流上，以免损坏输出电路。

(4) 与编码器相连的电动机等设备应接地良好，不要有静电。

(5) 编码器的输出配线应采用屏蔽电缆。

(6) 开机前应仔细检查产品说明书与编码器型号是否相符，接线是否正确。

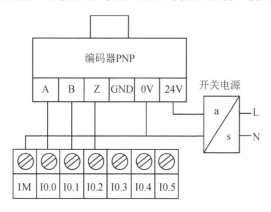

图 3 - 76　编码器电气安装图

（7）长距离传输时应考虑信号衰减因素，选用输出阻抗低、抗干扰能力强的型号。

（8）避免在强电磁波环境中使用。

该分拣单元使用的增量式编码器的三相脉冲采用 PNP 型集电极开路输出，分辨率为 500 PPR，工作电源为 DC12～24 V。由于该分拣单元没有使用 Z 相脉冲，因此 A、B 两相输出端直接连接到 PLC 的高速计数器输入端。

3. 脉冲当量的计算及 PLC 相关参数的设置

1）脉冲当量的计算

通过上面的介绍可知，该分拣单元的驱动电动机每转一周，编码器将产生 500 个脉冲信号，但由于实际最终需要控制的是传送带的移动距离，因此就需要引出脉冲当量的概念。对于该驱动电动机来说，脉冲当量是指当编码器输出一个脉冲时，传送带移动的距离。

当主动轴的直径 $d = 43$ mm 时，即驱动电动机每旋转一周，传送带上工件移动距离 $L = \pi \times d$，故脉冲当量 $\mu = L/500$ mm。根据图 3-77 所示的分拣单元安装尺寸图，当工件从下料口中心线移至检测传感器中心时，旋转编码器约输出 430 个脉冲；移至第一个推杆中心点时，约输出 614 个脉冲；移至第二个推杆中心点时，约输出 963 个脉冲；移至第三个推杆中心点时，约输出 1284 个脉冲。

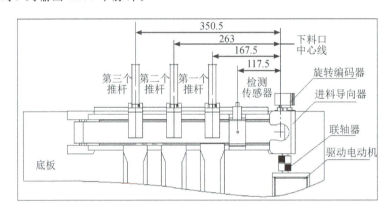

图 3-77　分拣单元安装尺寸图

应该指出的是，上述脉冲当量的计算只是理论上的。实际上各种误差因素不可避免，例如传送带主动轴直径（包括传送带厚度）的测量误差，传送带的安装偏差、张紧度，分拣单元整体在工作台面上定位偏差等，都将影响理论计算值。因此理论计算值只能作为估算值。脉冲当量的误差所引起的累积误差会随着工件在传送带上运动距离的增大而迅速增加，甚至达到不可容忍的地步。因而在进行分拣单元安装调试时，除了要仔细调整，尽量减少安装偏差外，还必须现场测试脉冲当量值。

2）PLC 相关参数的设置

分拣单元所配置的 PLC 是西门子的 S7-200SMART PLC，该 PLC 集成有 6 个高速计数器，编号为 HSC0～HSC5，每一编号的计数器均分配有固定地址的输入端。同时，高速计数器可以被配置为 12 种模式中的任意一种，如表 3-5 所示。

表 3 - 5　S7-200 SMART PLC 的 HSC0～HSC5 输入地址和计数模式

	中断描述	输　入　点			
模式	HSC0	I0.0	I0.1	I0.2	×
	HSC1	I0.6	I0.7	I1.0	I1.1
	HSC2	I1.2	I1.3	I1.4	I1.5
	HSC3	I0.1	×	×	×
	HSC4	I0.3	I0.4	I0.5	×
	HSC5	I0.4	×	×	×
0	带有内部方向控制的单相计数器	时钟	×	×	×
1		时钟	×	复位	×
2		时钟	×	复位	启动
3	带有外部方向控制的单相计数器	时钟	方向	×	×
4		时钟	方向	复位	×
5		时钟	方向	复位	启动
6	带有增减计数时钟的双相计数器	增时钟	减时钟	×	×
7		增时钟	减时钟	复位	×
8		增时钟	减时钟	复位	启动
9	A/B 相正交计数器	时钟 A	时钟 B	×	×
10		时钟 A	时钟 B	复位	×
11		时钟 A	时钟 B	复位	启动

　　根据分拣单元旋转编码器输出的脉冲信号形式（A/B 相正交脉冲，Z 相脉冲不使用，无外部复位和启动信号），由表 3-5 可确定，该分拣单元的 PLC 所采用的计数器是计数模式为 A/B 相正交的计数器。

4. 现场测试

现场测试的步骤如下：

（1）检查机械安装是否正确。仔细检查并调整驱动电动机与主动轴联轴器的同心度和传送皮带的张紧度。按实际情况调节张紧度的两个调节螺栓应平衡调节，避免传送带运行时跑偏。传送带张紧度以驱动电动机在输入频率为 1 Hz 时能顺利启动、低于 1 Hz 时难以启动为宜。

（2）在 PC 上用 STEP7-Micro/WIN 编程软件编写 PLC 程序，参考程序见图 3-78，编译后传输到 PLC。

（3）运行 PLC 程序，并置于监控方式。当传送带进料口中心处有工件放下时，按启动按钮启动 PLC 程序运行。工件被传送一段较长的距离后，按下停止按钮停止运行。首先观察 STEP7-Micro/WIN 软件监控界面上 VD0 的读数，并将此值填写到表 3-6 的"高速计数脉冲数"一栏中。然后在传送带上测量工件移动的距离，并把此测量值填写到表 3-6 的"工件移动距离"一栏中；再计算高速计数脉冲数四分之一的值，填写到表 3-6 的"编码器脉冲数"一栏中。最后按"脉冲当量 μ＝工件移动距离/编码器脉冲数"计算出脉冲当量 μ，并填写到表 3-6 的"脉冲当量 μ"一栏中。

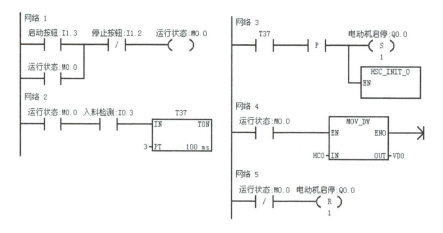

图 3-78　现场测试参考程序

表 3-6　脉冲当量现场测试数据表

内容　序号	工件移动距离（测量值）	高速计数脉冲数（测试值）	编码器脉冲数（计算值）	脉冲当量 μ（计算值）
第一次	357.8	5565	1391	0.2571
第二次	358	5568	1392	0.2571
第三次	360.5	5577	1394	0.2586

（4）重新把工件放到进料口中心处，按下启动按钮即进行第二次测试和第三次测试，最后求出脉冲当量 μ 平均值，即 $\mu=(0.2571+0.2571+0.2586)/3=0.2576$。

（5）按图 3-77 所示的安装尺寸重新计算旋转编码器到各位置应发出的脉冲数。例如：当工件从下料口中心线移至检测传感器中心时，旋转编码器输出 456 个脉冲；移至第一个推杆中心点时，输出 650 个脉冲；移至第二个推杆中心点时，约输出 1021 个脉冲；移至第三个推杆中心点时，约输出 1361 个脉冲。上述数据 4 倍频后，就是高速计数器 HC0 的计数值，将其输入控制程序中，就能够顺利地完成分拣任务。

3.8　应用与实践：光电开关的应用与调试

　　光电开关在工业自动化领域中扮演着至关重要的角色，其重要性主要体现在提高生产效率、保证生产安全以及促进工业自动化发展等方面。光电开关作为一种传感器，通过利用光电器件将光信号转换为电信号，实现对物体的检测和控制。其工作原理基于对光线的遮挡或反射，能够检测到所有能反射光线或对光线有遮挡作用的物体，从而广泛应用于计数、位置监测、速度监测等多种场景。

工业传感器
实验台简介

1. 实验设备

本实验采用的是工业传感器实训台(也可称为实验台),该实训台主要由控制器模块,光电传感器模块、光纤传感器模块、位移传感器模块、接近开关模块等传感器模块,物联网模块,电源模块等构成。下面只介绍控制器模块和光电传感器模块。

1) 控制器模块

控制器模块如图 3-79 所示,该模块使用的是欧姆龙 CP1H 可编程逻辑控制器作为控制器。可编程逻辑控制器(PLC)是一种可编程的存储器,用于存储其内部程序,执行逻辑运算、顺序控制、定时、计数与算术操作等面向用户的指令,并通过数字或模拟式输入/输出控制各种类型的机械或生产过程。

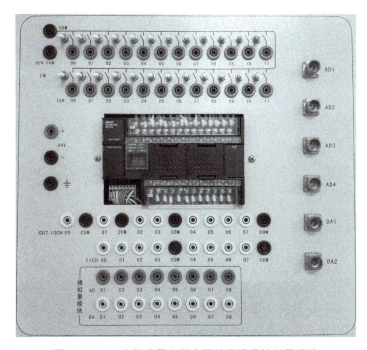

图 3-79 工业传感器实训台可编程逻辑控制器模块

欧姆龙 CP1H-PLC 虽然是一款小型 PLC,却具备了很多中型机的功能,如脉冲输出和模拟量输出等。CP1H-PLC 支持标准的 Device Net 现场总线,并扩展了多种 I/O 功能,如集成的高速脉冲输出功能;计数器功能可标准搭载 4 轴相位差方式;配备的通用 USB1.1 并联端口也可实现标准搭载。此外,CP1H-PLC 还具备串行通信功能,主要由两个端口实现,即可自由选择 RS-232C 和 RS-485 端口。CP1H-PLC 除了支持 2 通道数字输入、2 通道数字输出外,CP1H-PLC 还支持 4 通道输入/2 通道输出的模拟量输入/输出功能,这使得同一个 CPU 可以实现模拟量的监控,适合应用于各种装置的平面检查、元件生产中的小错误(如螺丝固定时疏松等)防止工具,以及成型机的油压控制等场合。I/O 功能允许用户根据具体的应用需要以及成本限制进行取舍,并可扩展其他多种应用,如以太网等。CP1H-PLC 集 CS/CJ 各种功能为一体,通过内置的多种功能充实、强化了应用能力,并且缩短了追加复杂程序的设计时间。拥有了诸多新增功能之后的 CP1H-PLC 可应用于纺织、包装、食品、印刷,以及一些需要驱动功能(如线缆)等多种工业控制场合。

2）光电传感器模块

光电传感器模块如图3-80所示，主要由对射式、镜反射式和漫反射式三种类型光电开关，步进电动机及驱动器，电动位移台，检测物夹具，按钮，指示灯和接线端子构成。该光电传感器模块中有以下四组光电开关，其详细信息见产品手册二维码。

① 欧姆龙光电传感器 E3T-FT13 2M。

② 欧姆龙光电传感器 ESZ-T61 2M。

③ 欧姆龙光电传感器 E3Z-B61 2M＋光电反光板 E39-R1S。

④ 欧姆龙光电传感器 E3Z-LS61 2M。

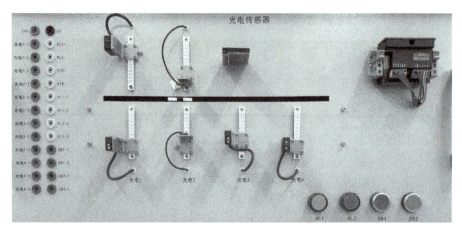

图 3-80　光电传感器模块

2. 实验目的

通过本实验，应熟练掌握光电开关的分类和结构，会熟练搭建以 PLC 为控制器的检测系统，并熟练完成不同类型光电开关的特性参数测试。本实验主要完成以下任务：

（1）通过两组对射式光电传感器对不同材质、不同大小不透明物体的检测，获取该传感器的检测距离、检测直径及指向角等性能参数。

（2）通过镜反射式光电传感器与光电反光板配合对不同材质不同大小物体的检测，获取该传感器的检测距离、检测直径及指向角等性能参数。

（3）通过漫反射式光电传感器对不同材质、不同大小不透明物体的检测，获取该传感器的检测距离、检测直径及指向角等性能参数。

通过以上实验，独立完成不同类型光电开关的安装、调试及选型工作，可进一步培养解决工业现场实际问题的能力。

3. 实验步骤和结果

实验按照以下步骤进行：

（1）分组，每个小组至少 4 人，分别扮演市场经理、客户、研发工程师和现场工程师的角色。

（2）市场经理与客户根据上述实验目的进行讨论，并由市场经理编写系统功能测试表（见表3-7），客户审核。

工业光电传感器
实验步骤

表 3 - 7　系统功能测试表

主标签号	01
副标签号	01
功能描述	（1）正常运转按下绿色正向启动按钮，电动机正转运行，生产线传送带正向运行； （2）按下红色反转启动按钮，电动机反转，生产线传送带反向运行； （3）按红色反转启动按钮 5 s 以上，电机停止运行； （4）当传送带上的物体经过光电开关，光电开关检测有物体通过时，PLC 上相应的 LED 亮起，否则熄灭
测试工具	欧姆龙主机单元一台； 亚龙传感器测试单元一台； 专用接线若干； 计算机和编程器一台
测试人员	
测试日期	
初始状态	系统整体电源断电； 所有的接线都已按照要求接好并检查确认无误； 传感器模块的卡槽处于初始位置
最终状态	系统整体电源断电
通过标准	所有测试步骤均通过

（3）研发工程师利用上述实验设备模拟生产线系统，画出 I/O 接线示意图（见图3-81）并提供技术方案。

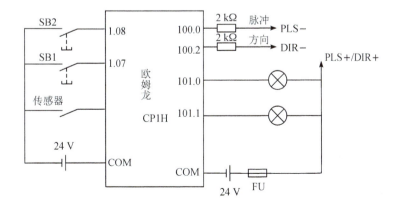

图 3 - 81　I/O 接线示意图

（4）研发工程师根据上述系统功能测试表、I/O 接线示意图和 I/O 分配表（见表 3-8）进行 PLC 编程，并进行内部调试。

表 3-8　I/O 分配表

I/O 口	说　明	I/O 口	说　明
1.7	正转开关	100.2	DIR
1.8	反转开关	101.0	启动指示
100.0	PLS	101.1	停止指示

　　（5）将电源开关拨到关状态，现场工程师根据研发工程师提供的技术方案，严格按光电开关检测系统接线表（见表 3-9）的要求进行接线和安装。安装时注意 24 V 电源的正负不要短接、不要接反，电路不要短路，否则会损坏 PLC 触点。

表 3-9　光电开关检测系统接线表

24V	步进驱动器供电正极			0V	步进驱动器供电负极		
欧姆龙光电传感器 ESZ-T61				PLS			
PS1-1	红	电源正	24V	PLS+	步进脉冲+	电源正	24V
PS1-2	绿	PLC 输入	0CH(00)	PLS-	步进脉冲-	PLC 输出	10CH(00)
PS1-3	蓝	电源负	0V	DIR			
欧姆龙光电传感器 E3T-FT13				DIR+	脉冲方向+	电源正	24V
PS2-1	红	电源正	24V	DIR-	脉冲方向-	PLC 输出	10CH(02)
PS2-2	绿	PLC 输入	0CH(01)	HL1			
PS2-3	蓝	电源负	0V	HL1-1	绿灯	电源正	24V
欧姆龙光电传感器 E3Z-B61				HL1-2	绿灯	PLC 输出	11CH(00)
PS3-1	红	电源正	24V	HL2			
PS3-2	绿	PLC 输入	0CH(02)	HL2-1	红灯	电源正	24V
PS3-3	蓝	电源负	0V	HL2-2	红灯	PLC 输出	11CH(01)
欧姆龙光电传感器 E3Z-LS61				SB1			
PS4-1	红	电源正	24V	SB1-1	启动按钮	电源负	0V
PS4-2	绿	PLC 输入	0CH(03)	SB1-2	启动按钮	PLC 输入	1CH(07)
PS4-3	蓝	电源负	0V	SB2			
—	—	—	—	SB2-1	停止按钮	电源负	0V
				SB2-2	停止按钮	PLC 输入	1CH(08)
PLC 输入端的 0CH COM 端需要接电源 24V 端（如果需要使用 PLC 拨码开关则需要 PLC 输入端 COM 接电源 0V 端），PLC 输出端的 COM 端需要并联后接到电源 0V 端							

　　（6）接线完成后现场工程师将研发工程师提供的 PLC 程序下载到 PLC 中，并将 PLC 置于 RUN 状态。程序下载步骤如下：

　　① 点开菜单栏中的"PLC"并选择"在线工作"选项，见图 3-82。

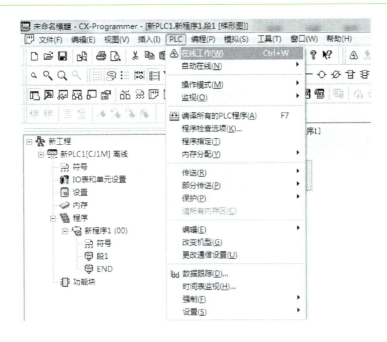

图 3 - 82　PLC 程序下载设置示意图

②下载程序之前需要设置 PLC 程序下载选项，如果有用到模拟量 AD/DA 通道则还需要将"设置"勾选中，见图（3 - 83）。

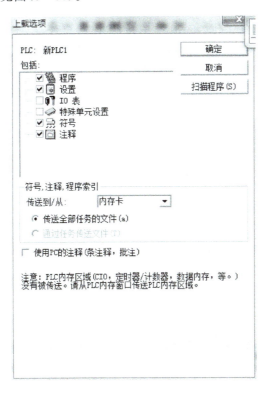

图 3 - 83　PLC 程序下载选项配置图

③ 按图 3-84 所示的 PLC 程序下载示意图下载执行程序。

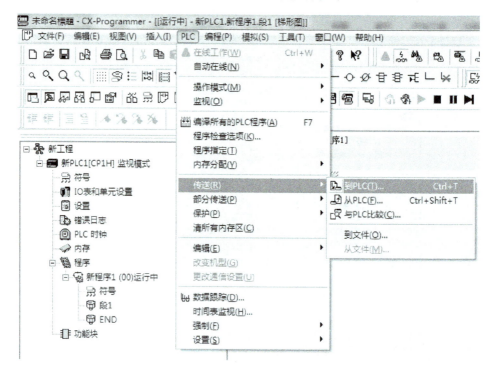

图 3-84   PLC 程序下载示意图

（7）系统测试。系统测试（System Testing）是指将已经确认的软件、计算机硬件、外设、网络等其他元素结合在一起，进行信息系统的各种组装测试和确认测试。系统测试是针对整个产品系统进行的测试，目的是验证系统是否满足需求规格的定义，找出与需求规格不符或与之矛盾的地方，从而提出更加完善的方案。系统测试发现问题之后要经过调试找出错误原因和位置，然后进行改正。系统测试是基于系统整体需求说明书的黑盒类测试，应覆盖系统所有联合的部件。测试对象不仅仅包括需测试的软件，还要包含软件所依赖的硬件、外设，甚至包括某些数据、某些支持软件及其接口等。

完成以上各步骤后，现场工程师需根据系统测试表（见表 3-10）进行逐项测试。

表 3-10   系统测试表

步骤	实际输入	期望输出	检测结果	实际输出
1	系统整体上电	实训台电源指示灯亮 PLC 电源指示灯亮		
2	在传感器模块的卡槽上放置被测物体	——		
3	按下光电传感器模块上的绿色按钮	被测物体从左向右移动		

续表

步骤	实际输入	期望输出	检测结果	实际输出
4	当被测物体还未经过光电开关时，观察 PLC 的 LED 灯状态	LED 灯状态为熄灭		
5	当被测物体经过光电开关时，观察 PLC 的 LED 灯状态	LED 灯状态为亮		
6	当被测物体依次通过三个光电开关后，按下红色按钮	被测物体从右向左移动		
7	当被测物体还未经过光电开关时，观察 PLC 的 LED 灯状态	LED 灯状态为熄灭		
8	当被测物体经过光电开关时，观察 PLC 的 LED 灯状态	LED 灯状态为亮		
9	长按红色按钮超过 5 s	被测物体停止移动		
10	系统整体断电	所有 LED 均熄灭		

完成测试后现场工程师需在实验结果表（表 3-11）中逐项记录测试结果。

表 3-11　光电开关测试结果表

传感器型号	类型 （NPN/PNP）	检测距离（铝）	动作模式	PLC 指示灯状态 （有遮挡）	PLC 指示灯状态 （无遮挡）

（8）现场工程师与客户审核测试结果，若客户无异议则签字，验收完成。

在实验过程中可参照光电开关实验评分表（扫描二维码）判断以上实验操作是否符合标准。

光电开关实验评分表

练　习　题

一、填空题

1. 根据外光电效应制作的光电器件有_____和_____。
2. 光电管有_____和_____两类。

3. 光电管的性能主要由 _____、_____、_____、_____、_____和_____等来描述。

4. 光电倍增管主要由 _____、_____以及_____三部分组成。阳极是最后用来收集电子的，它输出的是_____。

5. 基于光电导效应的光电器件有_____；基于光生伏特效应的光电器件典型的有_____，此外，_____、_____也是基于光生伏特效应的光电器件。

6. _____、_____和_____是光敏电阻的主要参数。

7. 光电开关可以分为 4 大类，分别为_____、_____、_____、_____。

8. 光栅一般由_____和_____组成。

9. 光电编码器按测量方式可以分为_____和_____。

10. 视觉传感器根据元件不同分为_____和_____。

11. 智能视觉传感器一般由 _____、_____、_____、_____等构成。

12. 图像处理主要包括 _____、_____、_____、_____和_____。

二、选择题

1. 一个光子在阴极上所能激发的平均电子数叫作光电阴极的(　　)。

A. 光照特性　　　　B. 灵敏度　　　　C. 光谱特性　　　　D. 伏安特性

2. 光敏电阻在未受到光照时的阻值称为(　　)。

A. 暗电阻　　　　B. 亮电阻　　　　C. 等效电阻　　　　D. 最小电阻

3. (　　)是将发光元件和光敏元件合并使用，以光为媒介实现信号传递的光电器件。

A. 光电池　　　　B. 光电耦合器件　　C. 光敏管　　　　D. 光敏电阻

4. 光电倍增管的光谱特性与相同材料的光电管的光谱特性相似，主要取决于(　　)。

A. 光阳极材料　　　B. 灵敏度　　　C. 光阴极材料　　　D. 光照特性

5. 亮电流与暗电流之差称为(　　)。

A. 最大电流　　　　B. 最小电流　　　C. 极限电流　　　D. 光电流

6. 光敏电阻产生的光电流有一定的惰性，这个惰性通常用(　　)来描述。

A. 时间常数　　　　B. 灵敏度　　　　C. 光照特性　　　　D. 光谱特性

7. 光敏电阻的光谱响应、灵敏度和暗电阻都要受到(　　)变化的影响。

A. 光照强度　　　　B. 压力　　　　C. 温度　　　　D. 湿度

8. 光电开关动作距离与复位距离之间的绝对值是(　　)。

A. 最大距离　　　　B. 最小距离　　　C. 平均距离　　　D. 回差距离

9. 像素是构成数码影像的基本单元，通常以(　　)为单位来表示影像分辨率的大小。

A. 像素每厘米　　　B. 像素每英寸　　C. 像素每英尺　　D. 像素每米

10. 设二进制循环码盘的电刷初始位置为"0000"，利用该循环码盘测得的结果为"0110"，其实际转过的角度是(　　)。

A. 90°　　　　　　B. 120°　　　　　C. 135°　　　　　D. 270°

11. 图 3 - 85 中(图中 1 为被检测物体；2 为光接收器；3 为光发射器)，合适做光洁度检测的图形是(　　)。

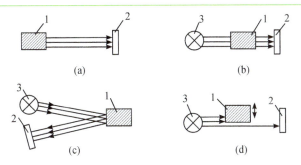

图 3 - 85　检测状态图

三、判断题

1. （　　）光电效应中产生的光电子的速度与光的频率有关，而与光强无关。

2. （　　）每一种金属在产生光电效应时都存在一极限频率（或称截止频率），即照射光的频率不能低于某一临界值。

3. （　　）外光电效应多发生于半导体内，可分为因光照引起半导体电阻率变化的光电导效应和因光照产生电动势的光生伏特效应两种。

4. （　　）随着半导体光电器件的发展，半导体光电器件已逐步被真空光电管所替代。

5. （　　）在一定照度下，光敏电阻两端所加的电压与光电流之间的关系称为伏安特性。

6. （　　）绝大多数光敏电阻光照特性曲线是线性的。

7. （　　）光敏电阻的相对灵敏度与入射波长的关系称为光谱特性。

8. （　　）不同材料的光敏电阻有不同的时间常数，与入射的辐射信号的强弱有关。

9. （　　）光电池实质上是一个电流源。

10. （　　）镜反射式光电开关的发射端和接收端在同一侧。

11. （　　）CMOS 图像传感器工作过程一般可分为复位、光电转换、积分、输出等部分。

12. （　　）图像增强和复原的目的是为了提高图像的质量，如去除噪声，提高图像的清晰度等。

四、简答题

1. 什么是内光电效应和外光电效应？

2. 根据外光电效应制作的光电器件都有哪些？

3. 什么是光电开关？可以分为哪几类？

4. 光电开关的安装都有哪些注意事项？

5. 什么是光栅？它可以分成哪几类？

6. 光电编码器根据刻度方法和输出形式可以分为哪几种？

7. 增量式光电编码器由哪些部件组成？

8. 若增量式光电编码器码盘上的窄缝条数共有 1200 条，求它的角度分辨率是多少？

9. 若绝对式光电编码器的码盘共有 5 圈，那么它的角度分辨率是多少？

10. 编码器的常用术语都有哪些？

11. 什么是视觉传感器？根据元件的不同可以分为哪几大类？

12. CCD 和 CMOS 视觉传感器主要的特性参数都有哪些？

13. 造纸工业中经常需要测量纸张的"白度"以提高产品质量，请设计一个自动检测纸张"白度"的测量仪。要求：根据图 3-86 说明其工作原理。

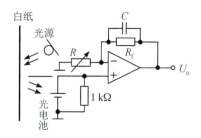

图 3-86　纸张"白度"测量仪电路简图

五、论述题

1. 某企业进行生产线改造，其中某些传感器采用光电开关，目前掌握信息如下：

① 该企业位于北方某城市，冬季最低温度 -20℃，夏天最高气温 40℃；

② 光电开关安装位置距离物料约 1 m；

③ 生产线生产产品的最快速度为 20 个/秒；

④ 为适应现场生产环境，客户提出该光电开关应该达到防腐等级 C3 级（级别越高防腐能力越强）；

⑤ 客户提出该光电开关单个成本不能高于 300 元。

工程师联系光电开关供应商后，供应商提供的光电开关清单如表 3-12 所示。

表 3-12　光电开关清单表

型　号	检测距离/米	响应频率（个/秒）	环境特性		成本/元
			工作温度范围	抗腐蚀能力/级	
型号 1	0.5	20	-30℃～50℃	C4	100
型号 2	1	10	-30℃～50℃	C4	100
型号 3	1	20	-30℃～50℃	C4	120
型号 4	1	30	-30℃～50℃	C4	120
型号 5	1.5	20	-20℃～40℃	C4	130
型号 6	1.5	30	-30℃～50℃	C4	120
型号 7	1.5	30	-30℃～50℃	C4	150

请根据选型要求及光电开关供应商提供的光电开关清单，完成光电开关的选型。

2. 有一与伺服电动机同轴安装的光电编码器，指标为 1024（脉冲/转），该伺服电动机与螺距为 6 mm 的滚珠丝杠通过联轴器直接相连，在位置控制伺服中断 4 ms 内，光电编输出脉冲信号经 4 倍频处理后，共计脉冲数为 2k（1 k=1024）。问：(1) 4 ms 内位移台移动了多少毫米？(2) 伺服电动机的转速为多少（单位 rad/min）？

第4章 接近式传感器的原理及应用

物位检测可以使用电容式传感器、电感式传感器、红外传感器或者超声波传感器实现检测目的，而这些传感器均属于接近式传感器。接近式传感器是一种无需接触即可检测物体是否存在的传感器。本章重点介绍不同类型接近式传感器在物位检测方面的应用，以及各种传感器的工作原理和架构组成。

知识目标

- ➤ 能够描述电容式传感器的结构工作原理和典型应用场景；
- ➤ 能够描述电感式传感器的工作原理和应用；
- ➤ 能够说出磁电感应式传感器和电涡流式传感器的原理及应用；
- ➤ 能够描述霍尔式传感器和超声波传感器的种类及安装调试方式；
- ➤ 能够列举接近式传感器的选型和指标检测方法。

能力目标

- ☆ 能够区分平板电容式传感器和圆筒电容式传感器的功能特性；
- ☆ 能够通过电感式传感器的输出信号分析输入物理量（如位移、振动及比重等）的大小；
- ☆ 能够通过磁电感应式传感器测量转速及振动等物理量；
- ☆ 能够使用电涡流式传感器、霍尔式传感器及超声波传感器设计工业现场监测设备（如汽轮机安全检测、通道安全检查等）。

4.1 电容式传感器

电容式传感器是指将非电量的变化转换为电容量的变化来实现对物理量测量的传感器，可以广泛应用于位移、振动、角度、加速度的测量，以及压力、差压、成分含量等的测量。

4.1.1 电容式传感器的结构

电容式传感器根据结构分为平板电容式传感器（简称平板电容）和圆筒电容式传感

器(简称圆筒电容)。

1. 平板电容式传感器的结构

平板电容式传感器的结构如图 4-1 所示。在不考虑边缘效应的情况下,其电容量的计算公式为

$$C = \frac{\varepsilon \cdot A}{d} = \frac{\varepsilon_0 \varepsilon_r A}{d} \qquad (4-1)$$

式中:A 为两平行板所覆盖的面积;ε 为电容极板间介质的介电常数;ε_0 为自由空间(真空)介电常数(等于 8.854×10^{-12} F/m);ε_r 为极板间介质相对介电常数;d 为两平行板间的距离。

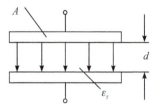

图 4-1　平板电容式传感器的结构

由式(4-1)可见,当被测参数变化引起 A、ε_r 或 d 变化时,平板电容式传感器的电容量 C 也发生变化。在实际使用中,通常保持其中两个参数不变,而只变其中一个参数,并把该参数的变化转换成电容量的变化,然后通过测量电路将其转换为电量输出。因此,平板电容式传感器可分为变极板覆盖面积的变面积型、变介质介电常数的变介质型和变极板间距离的变极距型三种。

2. 圆筒电容式传感器的结构

圆筒电容式传感器的结构如图 4-2 所示。在不考虑边缘效应的情况下,其电容量的计算公式为

$$C = \frac{2\pi \varepsilon_0 \varepsilon_r l}{\ln \frac{R}{r}} \qquad (4-2)$$

式中:l 为内外极板所覆盖的高度;R 为外极板的半径;r 为内极板的半径;ε_0 为自由空间(真空)介电常数(等于 8.854×10^{-12} F/m);ε_r 为极板间介质的相对介电常数。

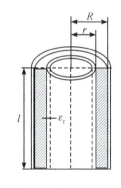

图 4-2　圆筒电容式传感器的结构

由式(4-2)可见,当被测参数变化引起 ε_r 或 l 变化时,将导致圆筒电容式传感器的电容量 C 也发生变化。在实际使用中,通常保持其中一个参数不变,而改变另一个参数,把该参数的变化转换成电容量的变化,再通过测量电路转换为电量输出。因此,圆筒电容式传感器可分为变介质介电常数的变介质型和变极板间覆盖高度的变面积型两种。

 ## 4.1.2　电容式传感器的工作原理

电容式传感器
工作原理

1. 变面积型电容式传感器的工作原理

变面积型电容式传感器又分为线位移变面积型和角位移变面积型。

1) 线位移变面积型电容式传感器的工作原理

常用的线位移变面积型电容式传感器有平板形和圆筒形两种结构,其原理分别如图 4-3 所示(a)和(b)所示。

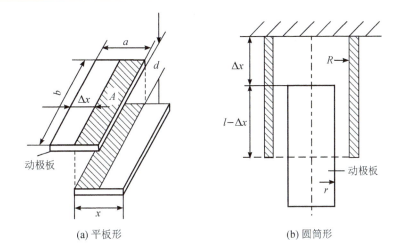

(a) 平板形　　　　　　　　(b) 圆筒形

图 4-3　线位移变面积型电容式传感器原理图

对于平板形结构线位移变面积型电容式传感器，当被测量通过移动动极板引起两极板有效覆盖面积 A 发生变化时，将导致电容量变化。设动极板相对于定极板的平移距离为 Δx，则电容的相对变化量为

$$\frac{\Delta x}{C_0} = -\frac{\Delta x}{a} \tag{4-3}$$

由此可见，此种电容式传感器的电容改变量 ΔC 与水平位移 Δx 呈线性关系。

对于圆筒形结构线位移变面积型电容式传感器，当动极板圆筒沿轴向移动 Δx 时，电容的相对变化量为

$$\frac{\Delta C}{C_0} = -\frac{\Delta x}{l} \tag{4-4}$$

由此可见，此种电容式传感器的电容改变量 ΔC 与轴向位移 Δx 呈线性关系。

2) 角位移变面积型电容式传感器的工作原理

角位移变面积型电容式传感器的原理如图 4-4 所示。当动极板有一个角位移 θ 时有

$$\frac{\Delta C}{C_0} = \frac{\theta}{\pi} \tag{4-5}$$

式中，$C_0 = \dfrac{\varepsilon_0 \varepsilon_r A_0}{d}$ 为初始电容量。

图 4-4　角位移变面积型电容式传感器原理图

由式(4-5)可见，传感器的电容改变量 ΔC 与角位移 θ 呈线性关系。变面积型电容式传

感器也可接成差动形式，其灵敏度会加倍。

2. 变介质型电容式传感器的工作原理

变介质型电容式传感器利用不同介质的介电常数各不相同，通过介质的改变来实现对被测量的检测，并通过其电容量的变化反映出来。该传感器也有平板形和圆筒形两种结构。

1) 平板形结构变介质型电容式传感器的工作原理

平板形结构变介质型电容式传感器的原理如图 4-5 所示。根据其两极板间所加介质(其介电常数为 ε_1)分布位置的不同，该传感器可分为串联型和并联型两种。

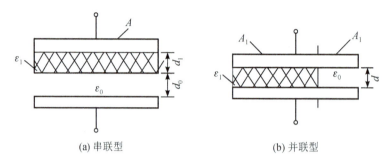

(a) 串联型　　　　　　　　　　(b) 并联型

图 4-5　平板形结构变介质型电容式传感器原理图

对于串联型，其总的电容值为

$$C = \frac{\varepsilon_0 \varepsilon_1 A}{\varepsilon_1 d_0 + d_1} \tag{4-6}$$

未加入介质 ε_1 时的初始电容为

$$C_0 = \frac{\varepsilon_0 A}{d_0 + d_1} \tag{4-7}$$

介质改变后的电容增量为

$$\Delta C = C - C_0 = C_0 \cdot \frac{\varepsilon_1 - 1}{\varepsilon_1 \dfrac{d_0}{d_1} + 1} \tag{4-8}$$

可见，介质改变后的电容增量与所加介质的介电常数 ε_1 呈非线性关系。

对于并联型，其总的电容值为

$$C = \frac{\varepsilon_0 \varepsilon_1 A_1 + \varepsilon_0 A_2}{d} \tag{4-9}$$

未加入介质 ε_1 时的初始电容为

$$C_0 = \frac{\varepsilon_0 (A_1 + A_2)}{d} \tag{4-10}$$

介质改变后的电容增量为

$$\Delta C = C - C_0 = \frac{\varepsilon_0 A_1 (\varepsilon_1 - 1)}{d} \tag{4-11}$$

可见，介质改变后的电容增量与所加介质的介电常数 ε_1 呈线性关系。

2) 圆筒形结构变介质型电容式传感器的工作原理

图 4-6 所示为圆筒形结构变介质型电容式传感器用于测量液位高低的原理图。设被测

介质的相对介电常数为 ε_1，液面高度为 h，变换器总高度为 H，内筒外径为 d，外筒内径为 D，对于圆筒形结构变介质型电容式传感器，相当于两个电容器的并联，如果不考虑端部的边缘效应，未注入液体时的初始电容为

$$C_0 = \frac{2\pi\varepsilon_0 H}{\ln \dfrac{D}{d}} \tag{4-12}$$

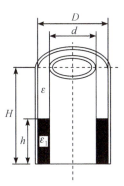

图 4-6　圆筒形结构变介质型电容式传感器液位测量原理图

总的电容值为

$$C_0 = \frac{2\pi\varepsilon_0 H}{\ln \dfrac{D}{d}} + \frac{2\pi\varepsilon_0 h(\varepsilon_1 - 1)}{\ln \dfrac{D}{d}} = C_0 + \frac{2\pi h\varepsilon_0(\varepsilon_1 - 1)}{\ln \dfrac{D}{d}} \tag{4-13}$$

电容的变化量为

$$\Delta C = C - C_0 = \frac{2\pi h\varepsilon_0(\varepsilon_1 - 1)}{\ln \dfrac{D}{d}} \tag{4-14}$$

由式(4-14)可见，电容增量 ΔC 与被测液位的高度 h 呈线性关系。

3. 变极距型电容式传感器的工作原理

1) 变极距型电容式传感器的工作原理分析

当平板形结构变极距型电容式传感器的介电常数和面积为常数，初始极板间距为 d_0 时，其初始电容量为

$$C_0 = \frac{\varepsilon_0\varepsilon_r A}{d_0} \tag{4-15}$$

测量时，一般将平板电容器的一个极板固定(称为定极板)、另一个极板与被测体相连(称为动极板)。如果动极板因被测参数改变而位移，导致平板电容器极板间距缩小 Δd，电容量增大 ΔC，则有

$$\frac{\Delta C}{C_0} = \frac{\Delta d}{d_0 - \Delta d} \tag{4-16}$$

如果极板间距改变很小，即 $\Delta d / d_0 \ll 1$，则式(4-16)可按泰勒级数展开为

$$C = C_0 + \Delta C = C_0 \left[1 + \frac{\Delta d}{d_0} + \left(\frac{\Delta d}{d_0}\right)^2 + \left(\frac{\Delta d}{d_0}\right)^3 + \cdots \right] \tag{4-17}$$

对式(4-17)进行线性化处理，忽略高次的非线性项，经整理可得

$$\Delta C = \frac{C_0}{d_0} \cdot \Delta d \qquad (4-18)$$

由此可见，ΔC 与 Δd 为近似线性关系。

由式(4-18)可知：对于同样的极板间距的变化 Δd，较小的 d_0 可获得更大的电容量变化，从而提高变极距型电容式传感器的灵敏度，但 d_0 过小，容易引起电容器击穿或短路，因此，可在极板间加入高介电常数的材料如云母。

2）差动变极距型电容式传感器的工作原理

在实际应用中，为了既提高灵敏度，又减小非线性误差，变极距型电容式传感器通常采用差动结构，如图4-7所示。

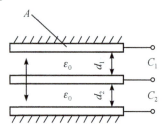

图4-7 变极距型电容式传感器的差动式结构

初始时两电容器极板间距均为 d_0，初始电容量为 C_0。当中间的动极板向上位移 Δd 时，电容器 C_1 的极板间距 d_1 变为 $d_0-\Delta d$，电容器 C_2 的极板间距 d_2 变为 $d_0+\Delta d$。因此有

$$C_1 = C_0 \frac{1}{1 - \dfrac{\Delta d}{d_0}} \qquad (4-19)$$

$$C_2 = C_0 \frac{1}{1 + \dfrac{\Delta d}{d_0}} \qquad (4-20)$$

在 $\Delta d/d_0 \ll 1$ 时，按泰勒级数展开，可取出两个电容量的差值，得到

$$\Delta C = C_1 - C_2 = C_0 \left[2\left(\frac{\Delta d}{d_0}\right) + 2\left(\frac{\Delta d}{d_0}\right)^3 + 2\left(\frac{\Delta d}{d_0}\right)^5 + \cdots \right] \qquad (4-21)$$

电容值的相对变化量为

$$\frac{\Delta C}{C_0} = 2\frac{\Delta d}{d_0} \left[1 + \left(\frac{\Delta d}{d_0}\right)^2 + \left(\frac{\Delta d}{d_0}\right)^4 + \left(\frac{\Delta d}{d_0}\right)^6 + \cdots \right] \qquad (4-22)$$

略去式(4-22)中的高次项(即非线性项)，可得到电容量的相对变化量与极板位移的相对变化量呈近似的线性关系，即有

$$\frac{\Delta C}{C_0} \approx 2\frac{\Delta d}{d_0} \qquad (4-23)$$

则灵敏度为

$$K = \frac{\Delta C/C_0}{\Delta d} = \frac{2}{d_0} \qquad (4-24)$$

如果只考虑(4-21)式中的前两项，即线性项和三次项(误差项)，忽略更高次非线性

项，则此时变极距型电容式传感器的相对非线性误差近似为

$$\delta = \frac{\left| 2\left(\frac{\Delta d}{d_0}\right)^3 \right|}{\left| 2\frac{\Delta d}{d_0} \right|} \times 100\% = \left| \frac{\Delta d}{d_0} \right|^2 \times 100\% \tag{4-25}$$

综上可知，变极距型电容式传感器做成差动结构后，灵敏度提高了一倍，同时非线性误差转化为平方关系而得以大大降低。

4.1.3　电容式传感器的典型应用

电容式传感器广泛用于压力、位移、加速度、厚度、振动、液位等的测量。

1. 电容式压力传感器

图 4-8 所示为差动电容式压力传感器的结构图，它由一个膜片（动极板）和两个在凹形玻璃上电镀成的金属镀层（定极板）组成差动电容器。差动结构的好处在于灵敏度更高，非线性得到改善。

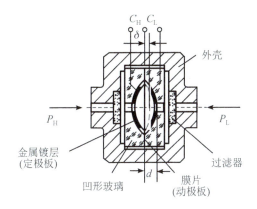

图 4-8　差动电容式压力传感器结构

当被测压力作用于膜片并使之产生位移时，使两个电容器的电容量一个增加，一个减小，该电容值的变化经测量电路转换成电压或电流输出，输出电压或电流就反映了压力的大小。因此可推导得出

$$\frac{C_L - C_H}{C_L + C_H} = K \cdot (P_H - P_L) = K \cdot \Delta P \tag{4-26}$$

式中 K 是与结构有关的常数。式(4-26)表明 $\frac{C_L - C_H}{C_L + C_H}$ 与差压成正比，且与介电常数无关，从而实现了差压-电容的转换。

2. 电容式位移传感器

图 4-9(a)所示是一种单电极的电容式振动位移传感器的结构图。它的平面测端作为电容器的一个极板，通过电极座由引线接入电路，另一个极板由被测物表面构成。金属壳体与平面测端电极间有绝缘衬垫使彼此绝缘。工作时金属壳体被夹持在标准台架或其他支承上，金属壳体接大地可起屏蔽作用。当被测物因振动发生位移时，将导致电容器的两个

极板间距发生变化，从而转化为电容器的电容量的改变来实现测量。图 4 - 9(b)是电容式振动位移传感器的一种应用示意图。

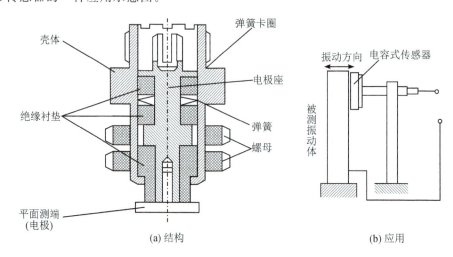

(a) 结构　　　　　　　　　　(b) 应用

图 4 - 9　电容式振动位移传感器结构及其应用

3. 电容式加速度传感器

图 4 - 10 所示为差动电容式加速度传感器的结构图。它有两个固定极板，中间的质量块的两个端面作为动极板。

当传感器壳体随被测对象在垂直方向进行直线加速运动时，质量块因惯性相对静止，因此将导致固定电极板与动极板间的距离发生变化，一个增加，另一个减小。于是经过推导可得到

$$\frac{\Delta C}{C_0} \approx 2\frac{\Delta d}{d_0} = \frac{at^2}{d_0} \qquad (4-27)$$

由此可见，此电容增量正比于被测加速度。

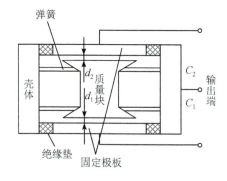

图 4 - 10　差动电容式加速度传感器结构

4. 电容式厚度传感器

电容式厚度传感器用于测量金属带材在轧制过程中的厚度，其原理如图 4 - 11 所示。在被测带材的上下两边各放一块面积相等、与金属带材中心等距离的极板，这样，极板与带材就构成两个电容器(金属带材也作为一个极板)。用导线将两个极板连接起来作为一个

极板，金属带材作为电容器的另一极，此时相当于两个电容并联，其总电容 $C=C_1+C_2$。

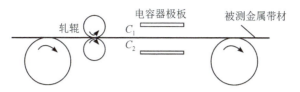

图 4-11　电容式传感器测量厚度原理图

　　金属带材在轧制过程中不断前行，如果带材厚度有变化，将导致它与上下两个极板间的距离发生变化，从而引起电容量的变化。将总电容量作为交流电桥的一个臂，电容的变化将使得电桥产生不平衡输出，从而实现对金属带材厚度的检测。

4.2　电感式传感器

　　电感式传感器是建立在电磁感应基础上的，它可以把输入的物理量（如位移、振动、压力、流量、比重）转换为线圈的自感系数 L 或互感系数 M 的变化，并通过测量电路将 L 或 M 的变化转换为电压或电流的变化，从而将非电量转换成电信号输出，实现对非电量的测量。

4.2.1　电感式传感器的工作原理

　　电感式传感器分为变磁阻电感式传感器和差动变气隙厚度电感式传感器。

电感式传感器

1. 变磁阻电感式传感器的工作原理

　　变磁阻电感式传感器的结构如图 4-12 所示。它由线圈、铁芯、衔铁三部分组成。在铁芯和衔铁间有气隙，气隙厚度为 δ，当衔铁移动时气隙厚度发生变化，引起磁路中磁阻变化，从而导致线圈的电感量变化。通过测量电感量的变化就能确定衔铁位移量的大小和方向。

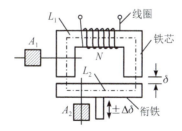

图 4-12　变磁阻电感式传感器的结构

线圈中电感量近似为

$$L=\frac{N^2}{R_m}=\frac{N^2\mu_0 A_0}{2\delta} \tag{4-28}$$

　　式（4-28）表明，当线圈匝数 N 为常数时，电感 L 只是磁阻 R_m 的函数。由于改变 δ 或

A_0 均可改变磁阻并最终引起电感量变化,因此变磁阻电感式传感器可分为变气隙厚度和变气隙面积两种情形,前者使用最为广泛。

由式(4-28)还可知,电感 L 与气隙厚度 δ 呈非线性关系。设变磁阻电感式传感器的初始气隙厚度为 δ_0,初始电感量为 L_0,则有

$$L_0 = \frac{N^2 \mu_0 A_0}{2\delta_0} \tag{4-29}$$

(1) 当衔铁上移 $\Delta\delta$ 时,传感器气隙厚度相应减小 $\Delta\delta$,即 $\delta = \delta_0 - \Delta\delta$,则此时输出电感为

$$L = L_0 + \Delta L = \frac{N^2 \mu_0 A_0}{2(\delta_0 - \Delta\delta)} = \frac{L_0}{1 - \Delta\delta/\delta_0} \tag{4-30}$$

当 $\Delta\delta/\delta_0 \ll 1$ 时,可将式(4-30)用泰勒(Tylor)级数展开得到

$$\frac{\Delta L}{L_0} = \frac{\Delta\delta}{\delta_0} \left[1 + \left(\frac{\Delta\delta}{\delta_0}\right) + \left(\frac{\Delta\delta}{\delta_0}\right)^2 + \cdots \right] \tag{4-31}$$

(2) 当衔铁下移 $\Delta\delta$ 时,按照前面同样的分析方法,此时,$\delta = \delta_0 + \Delta\delta$,可推得

$$\frac{\Delta L}{L_0} = \frac{\Delta\delta}{\delta_0} \left[1 - \left(\frac{\Delta\delta}{\delta_0}\right) + \left(\frac{\Delta\delta}{\delta_0}\right)^2 - \cdots \right] \tag{4-32}$$

对式(4-32)进行线性处理并忽略高次项,可得

$$\frac{\Delta L}{L_0} = \frac{\Delta\delta}{\delta_0} \tag{4-33}$$

灵敏度定义为单位气隙厚度变化引起的电感量相对变化,即

$$K = \frac{\Delta L / L_0}{\Delta\delta} \tag{4-34}$$

将式(4-33)代入式(4-34)可得

$$K = \frac{\Delta L / L_0}{\Delta\delta} = \frac{1}{\delta_0} \tag{4-35}$$

由式(4-35)可见,灵敏度的大小取决于气隙的初始厚度,是一个定值。但这是在做线性化处理后所得出的近似结果,实际上,变磁阻电感式传感器的灵敏度取决于传感器工作时气隙的当前厚度。

2. 差动变气隙厚度电感式传感器的工作原理

变磁阻电感式传感器主要用于测量微小位移,为了减小非线性误差,实际测量中广泛采用差动变气隙厚度电感式传感器。

差动变气隙厚度电感式传感器的结构如图4-13所示。它由两个相同的电感线圈和磁路组成。测量时,衔铁与被测物体相连,当被测物体上下移动时,带动衔铁以相同的位移上下移动,两个磁回路的磁阻发生大小相等、方向相反的变化,一个线圈的电感量增加,另一个线圈的电感量减小,形成差动结构。

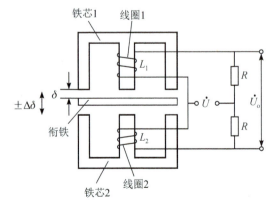

图4-13　差动变气隙厚度电感式传感器的结构

将两个电感线圈接入交流电桥的相邻桥臂,另两个桥臂由电阻组成,电桥的输出电压与电感变化量 ΔL 有关。当衔铁上移时有

$$\Delta L = \Delta L_1 + \Delta L_2 = 2L_0 \cdot \frac{\Delta \delta}{\delta_0} \left[1 + \left(\frac{\Delta \delta}{\delta_0} \right)^2 + \left(\frac{\Delta \delta}{\delta_0} \right)^4 + \cdots \right] \tag{4-36}$$

对上式进行线性处理并忽略高次项(非线性项)可得

$$\frac{\Delta L}{L_0} = 2 \cdot \frac{\Delta \delta}{\delta_0} \tag{4-37}$$

则灵敏度为

$$K = \frac{\frac{\Delta L}{L_0}}{\Delta \delta} = \frac{2}{\delta_0} \tag{4-38}$$

比较变磁阻电感式传感器和差动变气隙厚度电感式传感器的特性可知,差动变气隙厚度电感式传感器比变磁阻电感式传感器的灵敏度提高了一倍,且其线性度得到了明显改善。

4.2.2 电感式传感器的应用

差动变气隙厚度电感式压力传感器由线圈、铁芯、衔铁、膜盒组成,衔铁与膜盒上部粘贴在一起。其工作原理为:当有压力进入膜盒时,膜盒的顶端在压力 P 的作用下产生与压力 P 大小成正比的位移。于是衔铁也发生移动,使气隙厚度发生变化,流过线圈的电流也发生相应的变化,则电流表指示值将反映被测压力的大小。

图 4-14 所示为运用差动变气隙厚度电感式压力传感器构成的变压器式交流电桥测量电路,主要由 C 形弹簧管、衔铁、铁芯、线圈组成。它的工作原理是:当被测压力进入 C 形弹簧管时,使其发生变形,其自由端发生位移,带动与之相连的衔铁运动,使线圈 1 和 2 中的电感发生大小相等、符号相反的变化(即一个电感量增大,另一个减小)。电感的变化通过电桥转换成电压输出,只要检测出输出电压,就可确定被测压力的大小。

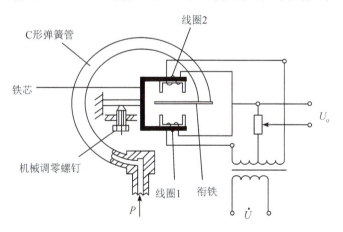

图 4-14 变压器式交流电桥测量电路

电感测微仪是一种普遍用于测量微小尺寸变化的工具,常用于测量位移、零件的尺寸等,也用于产品的分拣和自动检测。其测量杆与衔铁连接,被测物体的尺寸变化或微小位

移经测量杆带动衔铁移动，使两个线圈内的电感量发生差动变化，从而使其交流阻抗也发生相应的变化，电桥失去平衡，输出一个幅值与位移成正比、频率与振荡器频率相同、相位与位移方向对应的调制信号。如果再对该调制信号进行放大和相敏检波，将得到一个与衔铁位移相对应的直流电压信号。这种测微仪的动态测量范围为 ± 1 mm，分辨率为 $1\ \mu$m，精度可达到 3%。

▶▶▶ 4.3 磁电感应式传感器

磁电感应式传感器是建立在法拉第电磁感应定律基础上的，可以把输入的物理量（如振动、扭矩等）转换为感应电动势的输出，从而将非电量转换成电信号输出，实现对非电量的测量。

⚙ 4.3.1 磁电感应式传感器的工作原理

磁电感应式传感器是指利用法拉第电磁感应定律将被测物理量的变化转变为感应电动势输出的装置。它在工作时不需要外加电源，可直接将被测物体的机械能转换为电量输出，是典型的有源传感器。磁电感应式传感器的特点是输出功率大，稳定可靠，并可简化二次仪表，但其频率响应低，

磁电式传感器

通常在其频率为 $10\sim 100$ Hz 时适合进行机械振动测量和转速测量。一般这类传感器的尺寸和重量都比较大。

根据法拉第电磁感应定律可知，当运动导体在磁场中切割磁力线或线圈所在磁场的磁通变化时，导体中将产生感应电动势 e，当导体形成闭合回路就会出现感应电流。由于导体中感应电动势 e 的大小与回路所包围的磁通量的变化率成正比，因而 N 匝线圈在变化磁场中产生的感应电动势为

$$e = -N\frac{\mathrm{d}\varphi}{\mathrm{d}t} \tag{4-39}$$

当线圈垂直于磁场方向运动以速度 v 切割磁力线时，感应电动势为

$$e = -NBlv \tag{4-40}$$

式中，l 为每匝线圈的平均长度，B 为线圈所在磁场的磁感应强度。

若线圈以角速度 ω 转动，则感应电动势可写为

$$e = -NBS\omega \tag{4-41}$$

式中，S 为每匝线圈的平均截面积。

当磁感应式传感器的结构参数确定后，其中 B、l、N、S 均为定值，则感应电动势 e 与线圈相对于磁场的运动速度 v 或角速度 ω 成正比。所以，可用磁电感应式传感器测量线速度和角速度，对测得的速度进行积分或微分就可以求出位移和加速度。但由上述工作原理可知，磁电感应式传感器需要使磁通发生改变或者发生导体在磁场中切割磁力线的动作，才能感应出电动势，所以此类传感器只适用于动态测量。

4.3.2　磁电感应式传感器的应用

1. 磁电感应式转速传感器

磁电感应式转速传感器采用电磁感应原理实现测速。该传感器的线圈和磁铁固定在探头内,利用铁磁性物质制成齿轮与被测物体相连,随被测物体运动。在运动过程中,齿轮不断改变磁路的磁阻,从而改变通过线圈的磁通,在线圈中产生感应电动势。这类传感器的工作原理类似于霍尔元件,将产生的感应电动势的频率作为输出,经过数据计算得到转速,在结构上有开磁路式和闭磁路式两种。

开磁路磁电感应式转速传感器的结构原理图如图 4-15 所示,感应线圈 3 和永久磁铁 1 静止不动,测量齿轮 4 安装在被测旋转体 5 上,随之一起转动,每转过一个齿,测量齿轮 4 与软铁 2 之间构成的磁路磁阻变化一次,磁通也就变化一次,于是通过感应线圈 3 中产生的感应电动势的变化频率就可以求得被测旋转体的转速。开磁路磁电感应式转速传感器结构比较简单,但输出信号小,另外当被测轴振动比较大时,传感器的输出波形失真较大。在振动强的场合往往需采用闭磁路磁电感应式转速传感器。

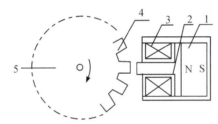

1—永久磁铁;2—软铁;3—感应线圈;4—测量齿轮;5—被测旋转体。

图 4-15　开磁路磁电感应式传感器结构原理图

闭磁路磁电感应式转速传感器的结构原理图如图 4-16 所示,被测旋转体连结在转轴上带动椭圆形外齿轮和内齿轮在磁场气隙中等速转动,使气隙平均长度周期性地变化,因而磁路磁阻也周期性地变化,则在感应线圈中产生变化的感应电动势,其频率 f 与转轴的转速 n 成正比。变磁通磁电感应式转速传感器对环境条件要求不高,能在 $-150 \sim +90 \,℃$ 的温度下工作,且不影响测量精度,也能在油、水雾、灰尘等条件下工作。

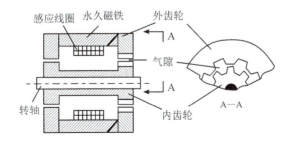

图 4-16　闭磁路变磁通式传感器结构原理图

磁电感应式转速传感器的输出信号强,抗干扰性能好,不需要供电,安装使用方便,可在烟雾、油气、水汽等恶劣环境中使用。例如 SZCB 型磁阻式转速传感器(结构如图 4-17 所示)外壳为 M16×1 不锈钢管,内装线圈等由环氧树脂封装,工作温度为-10～+120℃,配套使用的齿轮为 60 齿渐开线齿轮,由导磁率强的金属材料制成。

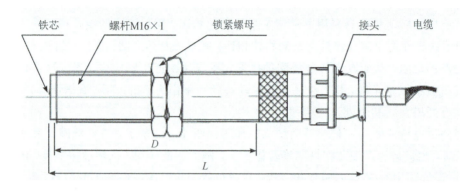

图 4-17 SZCB 型磁阻式转速传感器结构图

SZCB 型磁阻式转速传感器安装示意图如图 4-18 所示,将传感器安装在安装架上,径向对准被测齿轮,安装间隙在 0.5～1 mm 之间。该传感器的信号输出电缆为两芯屏蔽线,两根芯线分别与"信号地"和"IN+"相连,屏蔽层与仪表机壳相接。

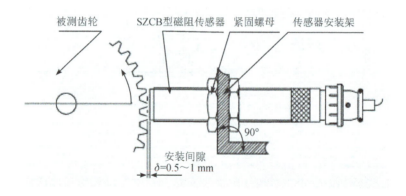

图 4-18 SZCB 型磁阻式转速传感器安装示意图

2. 恒定磁通磁电感应式传感器

恒定磁通磁电感应式传感器可用于振动的测量,由永久磁铁(磁钢)、线圈、金属骨架和壳体等组成。磁路系统产生恒定的磁场,磁路中的工作气隙是固定不变的,因而气隙中的磁通也是恒定不变的。此种传感器的运动部件可以是线圈也可以是磁铁,因此其又分为动圈式和动铁式两种类型。图 4-19 和图 4-20 所示分别是动圈式和动铁式恒定磁通磁电感应式传感器的结构图。在动圈式恒定磁通磁电感应式传感器中,永久磁铁与传感器壳体固定,线圈和金属骨架(合称线圈组件)用柔软弹簧支撑。在动铁式恒定磁通磁电感应式传感器中,线圈组件与壳体固定,永久磁铁用柔软弹簧支撑。这里动圈、动铁都是相对于传感器壳体而言。动圈式和动铁式恒定磁通磁电感应式传感器的工作原理是完全相同的,当壳体随被测物体一起振动时,由于弹簧较软,运动部件质量相对较大,因此当振动频率足够高(远高于传感器的固有频率)时,运动部件的惯性很大,来不及跟随振动体一起振动,近似于静止不动，而永久磁铁与线圈之间的相对运动速度接近于振动体的振动速度。永久磁铁与线圈相对运动使线圈切割磁力线，产生与运动速度 v 成正比的感应电动势。

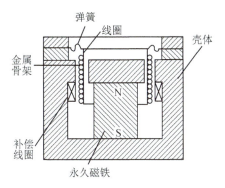 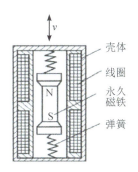

图 4 - 19 动圈式恒定磁通磁电感应式传感器结构图   图 4 - 20 动铁式恒定磁通磁电感应式传感器结构图

3. 磁电式扭矩传感器

磁电式扭矩传感器原理图如图 4 - 21 所示，在转轴上固定两个齿型转盘，它们的材质、尺寸、齿形和齿数均相同。永久磁铁和线圈组成的两个磁电传感器对着齿型转盘的齿顶安装。当转轴不受扭矩时，两个磁电传感器的线圈输出信号相同，且相位差为零。当扭矩作用在转轴上时，两个磁电传感器输出的感应电压 u_1、u_2 存在相位差，相位差与扭矩的扭转角成正比，从而传感器可以将扭矩引起的扭转角转换成相位差的电信号。这类传感器的优点是实现了转矩信号的非接触传递，且检测信号为数字信号，不足之处就是体积较大，不易安装，低转速时由于脉冲波的前后沿较缓不易比较，因此其低速性能不理想。

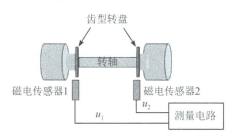

图 4 - 21 磁电式扭矩传感器原理图

4.4 电涡流式传感器

4.4.1 电涡流式传感器的基础知识

1. 电涡流式传感器的工作原理

电涡流式
传感器

电涡流式传感器的工作原理是电涡流效应。电涡流效应是指金属导体置于变化的磁场中或在磁场中切割磁力线运动时，导体内部会产生一圈一圈闭合的电流，这种电流称为电涡流，这种现象叫作电涡流效应。如图 4 - 22 所示，当线圈中通以激励交变电流(简称为激励源)I_1 时，线圈周围空间产生交变磁场 H_1，当金属导体靠近交变磁场时，该导体内部就会产生涡流 I_2，这个涡流同样产生反抗 H_1 的交变磁场 H_2，两个磁场相互作用会使线圈等效阻抗 Z 发生变化。

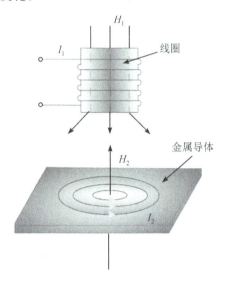

图 4 - 22　电涡流效应示意图

电涡流式传感器的线圈等效阻抗 Z 与激励源交变电流频率 f、金属导体电导率 σ、磁导率 μ、几何参数 r 以及金属导体到线圈的距离 x 有关。如果其他参数不变，则电涡流式传感器的线圈的等效阻抗 Z 就成为间距 x 的单值函数，于是就可以进行非接触式的位移检测。此外，将电涡流式传感器进一步引申，还可以测量振动、偏心、转速等运行学量，它们都是通过位移量体现出来的。如果控制电涡流式传感器的金属导体到线圈的距离和其他参数不变，就可以用它来检测与金属体导表面电导率 σ 有关的表面温度、表面裂纹等参数，或者用来检测与金属材料磁导率 μ 有关的材料型号、表面硬度等参数。

由于电涡流效应，金属导体置于变化的磁场中会产生电涡流，而经过研究发现电涡流在金属导体的纵深方向并不均匀，只集中在金属导体的表面，这种现象称为集肤效应。集肤效应与激励源交变电流的频率 f、金属导体的电导率 σ、磁导率 μ 等有关。频率 f 越高，电涡流渗透的深度就越浅，集肤效应就越严重。由于存在集肤效应，因此电涡流式传感器只能检测金属导体表面的各种物理参数。另外改变激励交变电流的频率 f 可以控制电涡式传感器的检测深度，激励交变电流的频率一般设定在 100 kHz～1 MHz，频率越低，检测深度越深。

2. 电涡流探头

人们应用电涡流效应制作出了各类电涡流探头(是电涡式传感器的一种)，常见的电涡流探头内部结构如图 4 - 23 所示。其中 1 为电涡流线圈，用于产生交变磁场；2 为探头壳体；3 为壳体上的位置调节螺纹；4 为印制线路板；5 为夹持螺母；6 为电源指示灯；7 为阈值指示灯；8 为输出屏蔽电缆线；9 为电缆插头。电涡流探头的敏感元件是一个固定在框架上的扁平线圈，其激励交变电流的频率较高，一般在数十千赫兹至数兆赫兹不等。电涡流探头的实物图如图 4 - 24 所示。

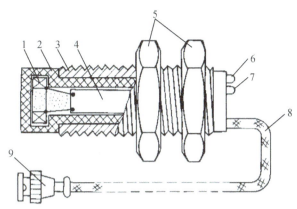

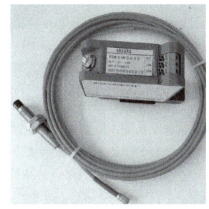

图 4 - 23　电涡流探头内部结构　　　　　图 4 - 24　电涡流探头实物图

电涡流探头的灵敏度受到被测物体材料和形状的影响。被测物体材料是非磁性材料时，被测物体的电导率越高，灵敏度越高。而被测物体材料是磁性材料时，磁导率影响电涡流线圈的感抗，磁滞损耗影响电涡流线圈的 Q 值，灵敏度视具体情况而定。这里的 Q 值是指电感器件在某一频率的交流电压下工作时所呈现的感抗与其等效损耗电阻之比，是衡量电感器件的主要参数。电感器件的 Q 值越高其损耗越小，从而效率就越高。此外，被测物体若是圆盘状物体，其直径应大于线圈直径的 2 倍以上，若是轴状圆柱体，其直径必须为线圈直径的 4 倍以上，否则灵敏度会降低。

4.4.2　电涡流式传感器的应用

电涡流式传感器线圈的阻抗受诸多因素影响，例如金属材料的厚度、尺寸、形状、电导率、磁导率、表面因素、距离等。只要固定其他影响因素就可以用电涡流传感器来测量剩下的一个影响因素。但这样同时也会带来许多不确定因素，例如一个或几个因素的微小变化就足以影响测量结果。所以电涡流式传感器多用于定性测量。即使要用作定量测量，也必须采用逐点标定、计算机线性纠正、温度补偿等措施。电涡流式传感器的应用领域十分广泛，这里具体介绍以下三方面的应用。

1. 汽轮机安全检测系统

随着汽轮机机组容量的增大，安全监视与保护装置已成为汽轮机的重要组成部分，同时，对汽轮机的各种安全装置动作的准确性和可靠性提出了更高的要求。汽轮机的安全检测系统对汽轮机的转速、轴承振动、轴向位移、高低压缸差胀、偏心、绝对膨胀等进行实时监测，并当某一参数越限时，监测系统及时发出报警或跳机信号，保护汽轮机设备运行安全。对于许多旋转机械，包括蒸汽轮机、燃气轮机、水轮机、离心式和轴流式压缩机、离心泵等，轴向位移是一个十分重要的信号，过大的轴向位移将会引起过大的机构损坏。对轴向位移的测量，可以监测旋转部件与固定部件之间的轴向间隙或相对瞬时的位移变化，用以防止对机器的破坏；通过测量径向振动可以看出轴承的工作状态，还可以发现转子的不平衡、不对中等机械故障；对于汽轮发电机组来说，在其启动和停机时，由于金属材料的不同、热膨胀系数的不同以及散热的不同，轴的热膨胀可能超过壳体膨胀，有可能导致透平机的旋转部件和静止部件(如机壳、喷嘴、台座等)相互接触致使机器破坏，因此胀差的测量是非常重要的；转速是衡量机器正常运转的一个重要指标，对于所有旋转机械而言都需要监测旋转机械轴的转速，在检测这些参数的传感器中，利用电涡流效应制成的探头占有很大一部分。使用电涡流式传感器测量转速的优越性是其他任何传感器测量没法比拟的，因为它既能响应零转速，也能响应高转速，抗干扰性能也非常强。

图 4-25 所示是在汽轮机主轴上安装振动、偏心和转速等探头进行相应参数测量。其中，转速探头的测速原理是在转动轴上安装齿轮盘，如图 4-26 所示，若齿轮盘上开 z 个槽(或齿)，当转动轴带动齿轮盘旋转时，探头到齿轮的距离周期变化，输出脉冲序列，然后根据频率计的读数 f 就可求得转动轴的转速 n(单位为 r/min)，其计算公式见式(4-42)。这种探头属于非接触测量，工作时不受灰尘等非金属因素的影响，寿命较长，可在各种恶劣条件下使用。

$$n = \frac{60f}{z} \tag{4-42}$$

图 4-25 汽轮机的振动、偏心和转速测量

图 4-26 测速探头原理示意图

电涡流式传感器在安装时是有要求的。首先是对工作温度的要求，一般电涡流式传感器的最高允许温度为 180℃，若工作温度过高，不仅传感器的灵敏度会显著降低，还会造成传感器的损坏。因此测量汽轮机高、中、低转轴振动时，传感器必须安装在轴瓦内，只有特制的高温电涡流式传感器才允许安装在汽轮机的汽封附近。其次是对被测物体的要求，为防止电涡流产生的磁场影响仪器的正常输出，安装时传感器头部四周必须留有一定范围的非导电介质空间。若在测试过程中某一部位需要同时安装两个或以上传感器，为避免交叉

干扰，两个传感器之间应保持一定的距离。另外，被测物体表面积应为探头直径的 3 倍以上，表面不应有伤痕、小孔和缝隙，且不允许表面电镀，被测物体材料应与探头、前置器标定的材料一致。还有就是对初始间隙的要求，电涡流式传感器应在一定的间隙电压(传感器顶部与被测物体之间的间隙，在仪表上指示为电压)值下，其读数才有较好的线性度，所以在安装传感器时必须调整好初始间隙。

2. 电涡流式通道安全检查门

在机场、车站等地方经常会见到使用安全检查门检查金属物品，其外形如图 4-27 所示。安全检查门的内部安装有发射线圈和接收线圈，当有金属物体通过安全门时，发射线圈产生的交变磁场就会在该金属物体表面产生电涡流，然后会在接收线圈中感应出电压，计算机根据感应电压的大小、相位就可判定金属物体的大小。一套安全检查门(简称安检门)系统的硬件组成如图 4-28 所示，其具体工作过程是：由晶振产生正弦振荡信号，经三极管进行功率放大后输入门板大线圈进行电磁波发射，由门内 1～6 区线圈分别进行接收(这一过程在线圈振荡电路中完成)；当探测线圈靠近金属物体时，交变磁场就会在该金属物体表面产生电涡流，从而

图 4-27　安全检查门

使其周围的磁场发生变化，电涡流式传感器感应到该变化的磁场，并将其线性地转变成电压信号(这一过程在电涡流式传感器中完成)；该变化的电压经放大电路、峰值检波电路后，得到相应的峰值输出电压，然后经 A/D 转换电路转换后输入到控制单元；控制单元完成峰值输出电压与基准电压的比较，得到一个差值，此差值与预设的灵敏度再进行比较(灵敏度由键盘输入，并在显示电路中显示)。若差值大于灵敏度，则可确定探测到金属物体，控制单元输出信号驱动报警电路的发光二极管发光报警，同时控制蜂鸣器发出声响，进行声音报警。

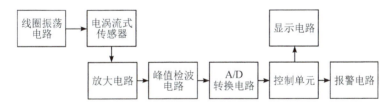

图 4-28　安全检查门的硬件组成

3. 电涡流表面探伤系统

利用电涡流式传感器可检查金属表面裂纹及焊接处缺陷。探伤时，传感器与被测金属导体保持一定距离不变，如出现裂纹等缺陷会引起导体电导率、磁导率的变化，即涡流损耗改变，从而引起输出电压突变。

电涡流表面探伤系统通过电涡流探头对油管表面进行逐点扫描得到输出信号来检测高压输油管道表面的裂纹，如图 4-29 所示。该系统工作过程为：当油管存在裂纹时，电涡流突然减小，输出信号通过带通滤波器滤去表面不平整、抖动等造成的输出异常信号后，得到尖峰信号；调节电压比较器的阈值电压，得到真正的缺陷信号；根据长期积累的探伤经验，从该系统复杂的阻抗图中判断出裂纹的长短、深浅、走向等参数。这种系统的最大特点

是非接触测量，不磨损探头。对该系统的机械部分稍做改造，还可以用于轴类、滚子类的缺陷检测，但只适用于能导电的材料。如图 4 - 30 所示为电涡流裂纹探伤仪的使用。

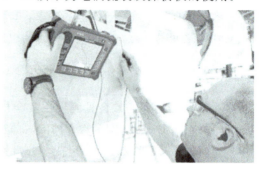

图 4 - 29　高压输油管道表面探伤　　　　图 4 - 30　电涡流裂纹探伤仪的使用

4.5　霍尔式传感器

霍尔式传感器是建立在霍尔效应基础上的，可以把几乎所有输入其中的物理量转换为霍尔电动势，实现对非电量的测量。

4.5.1　霍尔式传感器的基础知识

1. 霍尔式传感器的工作原理

霍尔式传感器

霍尔式传感器的工作原理是霍尔效应，如图 4 - 31 所示。霍尔效应是指将半导体薄片置于磁感应强度为 B 的磁场中，磁场方向垂直于薄片，当有电流 I 流过薄片时，在垂直于电流和磁场的方向上将产生电动势 E_H，这种电磁感应现象称为霍尔效应。霍尔电势 E_H 可用式（4 - 43）表示，即

$$E_H = K_H IB \tag{4-43}$$

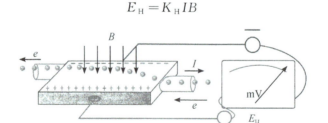

图 4 - 31　霍尔效应示意图

从式（4 - 43）可以看出霍尔电势的大小正比于控制电流和磁场强度，系数 K_H 与半导体薄片材质和尺寸有关。当 B 的方向改变时，霍尔电势的方向也随之改变。如果所施加的磁场为交变磁场，则霍尔电势为同频率的交变电势。若磁感应强度 B 不垂直于半导体薄片，而是与其法线成某一角度 θ 时，实际上作用于霍尔元件上的有效磁感应强度是其法线方向（与半导体薄片垂直的方向）的分量，即 $B\cos\theta$，这时的霍尔电势为

$$E_H = K_H IB\cos\theta \tag{4-44}$$

2. 霍尔元件

霍尔元件一般用 N 型半导体材料制成，厚度很薄，其外形结构示意图如图 4-32(a)所示，从矩形薄片半导体基片上的两个相互垂直方向侧面上引出一对电极，其中 1-1′电极用于加控制电流，称为控制电极，另一对 2-2′电极用于引出霍尔电势，称为霍尔电势输出极，在基片外面用金属或陶瓷、环氧树脂等封装作为外壳。图(b)所示是霍尔元件通用的图形符号。霍尔电极在基片上的位置及它的宽度对霍尔电势数值影响很大，通常霍尔电极位于基片长度方向的中间位置，其宽度远小于基片的长度，如图 4-32(b)所示。图(d)所示是霍尔元件的基本测量电路。

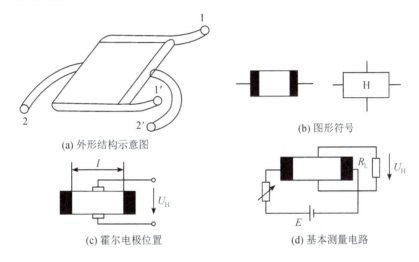

(a) 外形结构示意图　　　　　　　　　(b) 图形符号

(c) 霍尔电极位置　　　　　　　　　(d) 基本测量电路

图 4-32　霍尔元件的外形结构示意图、图形符号、霍尔电极位置和基本测量电路

霍尔元件的基片是半导体材料，因而对温度的变化很敏感。其载流子浓度和迁移率、电阻率以及霍尔系数都是温度的函数。当温度变化时，霍尔元件的一些特性参数，如霍尔电势、输入电阻和输出电阻等都要发生变化，从而使霍尔式传感器产生温度误差。常用的温度补偿方法有选用温度系数小的元件、采用恒温措施和采用恒流源供电。其中采用恒流源供电方法是因为大多数霍尔元件的输入电阻随温度的升高而增加，而且霍尔元件的灵敏系数也随温度的升高而增加，所以让控制电流 I 相应地减小，保持 $K_H I$ 不变就能抵消灵敏系数值增加的影响。恒流源温度补偿电路如图 4-33 所示，当霍尔

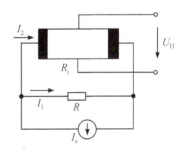

图 4-33　恒流源温度补偿电路图

元件的输入电阻 R_i 随温度升高而增加时，旁路分流电阻自动地加强分流，减少了霍尔元件的控制电流 I_2。

3. 霍尔集成电路

霍尔集成电路是利用硅集成电路工艺将霍尔元件和测量线路集成在一起的一种传感器，也称为集成霍尔传感器。它取消了传感器和测量电路之间的界限，实现了材料、元件、电路三位一体。集成霍尔传感器与分立形式传感器相比，由于减少了焊点，因此显著地提高了可靠性。此外，它具有体积小、重量轻、功耗低等优点，正越来越受到人们的重视。

霍尔集成电路可分为线性型和开关型两大类。线性型霍尔集成电路是将霍尔元件和恒流源、线性差动放大器等做在一个芯片上，输出电压为伏级，比直接使用霍尔元件方便得多。图 4-34 所示是具有双端差动输出特性的线性型霍尔集成电路的输出特性曲线，当磁场为零时，它的输出电压等于零；当感受的磁场为正向(例如磁钢的 S 极对准霍尔器件的正面)时输出为正；当感受的磁场反向时，输出为负。其典型实物图如图 4-35 所示。

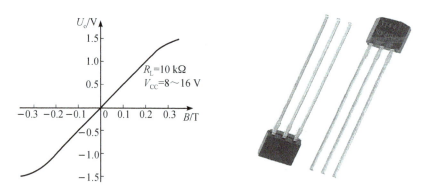

图 4-34 线性型霍尔集成电路的输出特性曲线　图 4-35 线性型霍尔集成电路实物图

开关型霍尔集成电路(外形如图 4-36(a)所示)是将霍尔元件、稳压电路、放大器、施密特触发器、OC 门(集电极开路输出门)等电路做在同一个芯片上，其内部电路如图 4-36(b)所示，其中 H 表示霍尔元件，A 表示放大器，三极管表示 OC 门。当外加磁场强度超过规定的工作点时，OC 门由高阻态变为导通状态，输出变为低电平；当外加磁场强度低于释放点时，OC 门重新变为高阻态，输出高电平。图 4-37 是开关型霍尔集成电路的输出特性，工作点和释放点之间存在回差，回差越大，抗振动干扰能力就越强。

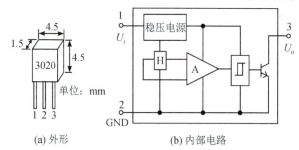

(a) 外形　(b) 内部电路

图 4-36 开关型霍尔集成电路外形和内部电路

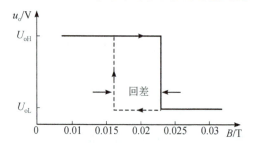

图 4-37 开关型霍尔集成电路输出特性

4. 霍尔式传感器使用注意事项

霍尔式传感器是一种敏感器件，除了对磁敏感外，对光、热、机械应力也均有不同程度的敏感性，所以经常会碰到霍尔式传感器被烧毁的问题。因此，为避免霍尔式传感器损坏，在使用过程中应注意以下几个方面：

(1) 采用合理的外围电路。适宜的电源电压和负载电路是霍尔式传感器正常工作的先决条件。霍尔式传感器的供电电压不得超过说明书规定的工作电压。大部分霍尔式传感器的开关均为 OC 输出，因此输出应接负载电阻，负载电阻的值取决于负载电流的大小，不得超负载使用。在电动机工作时，由于霍尔式传感器的周围存在有很强的电磁场，相关导线会将空间的电磁场能量耦合下来转换为电路中的电压并作用于霍尔式传感器；由于负载电路中的导线存在分布电感，当霍尔式传感器中的三极管导通及关断时，电路中也会由于电流瞬变而产生过冲电压。因此，必须在霍尔式传感器周边配有稳压及高频吸收等保护电路。

(2) 避免机械应力。由于机械应力会造成霍尔式传感器磁敏感度的漂移，因此在使用安装中应尽量减少施加到霍尔式传感器外壳和引线上的机械应力。

(3) 避免热应力。由于环境温度过高时会损坏霍尔式传感器内部的半导体材料，造成性能偏差或器件失效，因此焊接时必须严格规范焊接温度和时间，且使用霍尔式传感器的环境温度必须符合说明书的要求。

4.5.2　霍尔式传感器的应用

1. 霍尔式转速传感器

利用霍尔元件可以制造出霍尔式转速传感器，如图 4-38 所示，在被测转速的转轴上安装一个齿盘，也可选取机械结构中的一个齿轮，齿轮形式可以根据实际条件进行选择。将线性型霍尔集成电路及磁路系统靠近齿盘，中间留好间隙，齿盘的转动使磁路的磁阻随气隙的改变而周期性地变化。当齿轮对准线性型霍尔集成电路时，磁力线集中穿过线性型霍尔集成电路，可产生较大的霍尔电动势，放大、整形后输出高电平；反之，当齿轮的空当对准线性型霍尔集成电路时，输出低电平。高低电平信号经过处理得到脉冲序列进而得到频率信号，通过式(4-42)可以计算出转轴转速。图 4-39 所示为霍尔式转速传感器测速原理图。

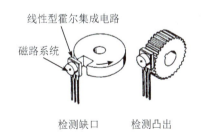

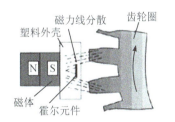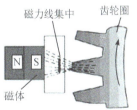

图 4-38　霍尔式转速传感器　　　　**图 4-39　霍尔式转速传感器测速原理图**

2. 霍尔式接近开关

接近开关又称无触点行程开关，能在一定的距离(几毫米至几十毫米)内检测有无物体靠近。当物体与其接近到设定距离时，就可以发出"动作"信号。接近开关的核心部分是"感辨头"，它对正在接近的物体有很高的感辨能力。常用的接近开关有电涡流式(俗称电感接近开关)、电容式、磁性干簧式、霍尔式、光电式、微波式、超声波式等。接近开关的优点很多，例如与被测物不接触、不会产生机械磨损和疲劳损伤、工作寿命长、响应快、无触点、无火花、无噪声、防潮防尘防爆性能较好、输出信号负载能力强、体积小、安装调整方便等，在实际应用中已经逐渐取代了传统的机械式行程开关。

用开关型霍尔元件可以完成接近开关的功能，即可构成霍尔式接近开关。当磁铁随运动部件移动到距霍尔式接近开关足够近距离时，磁场强度会增大，磁场强度超过规定的工作点时相应开关型霍尔元件的输出由高电平变为低电平，经驱动电路使继电器吸合或释放，控制运动部件停止移动，起到限位的作用。在使用时，一般会给霍尔式接近开关配一块磁铁，但是它只能用于铁磁材料的检测。其实物图如图4-40所示。

图 4-40 霍尔式接近开关实物图

为保证霍尔式接近开关的可靠工作，在应用中要考虑有效工作气隙的长度。工作磁体和霍尔元件间的运动方式有对移、侧移、旋转和遮断四种，如图4-41所示。在计算总有效工作气隙时，应从霍尔元件表面算起。

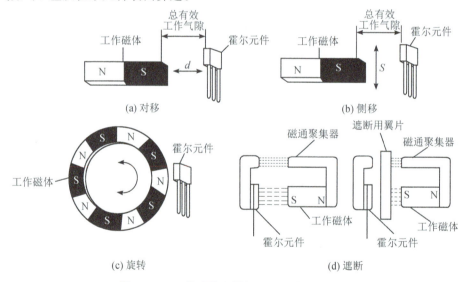

图 4-41 工作磁体和霍尔元件间的运动方式

3. 霍尔效应电流传感器

霍尔效应电流传感器分为霍尔效应开环电流传感器和霍尔效应闭环电流传感器。

如图4-42所示，霍尔效应开环电流传感器的工作原理是：当电流 I_P 通过一根长直导线时，导线周围即有磁场产生，磁场的大小与流过导线的电流成正比，且这一磁场可以通过软磁材料(磁芯)聚集；将霍尔元件垂直安装在磁芯开口处，可用来检测霍尔电势的大小。由于测得的信号大小可以直接反映出电流的大小，因此可利用霍尔元件测得的信号大小，来反映被测电流的大小。控制电流 I_C 由恒流源供给。这种测电流的方法又称为直测法。常见的霍尔效应电流传感器实物图如图4-43和4-44所示。其中，图4-44所示的霍尔效应电流传感器称为霍尔钳形电流表，它是将被测电流的导线穿入钳形表的环形磁芯，利用霍尔元件测得的霍尔电势大小来反映被测电流的大小。使用时手指按下突出的压舌，将钳形表的磁芯张开，将被测电流导线逐根夹到钳形表的环形磁芯中，即可测得电流值。

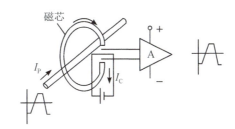

图 4 - 42　霍尔效应开环电流传感器工作原理示意图

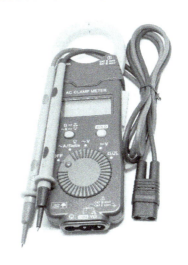

图 4 - 43　霍尔效应电流传感器　　　　　　　**图 4 - 44　霍尔钳形电流表**

　　霍尔效应电流传感器可用于测量直流、交流和其他复杂波形的电流，并且功耗低、尺寸小、重量轻，相对来说价格较低，抗干扰能力强，很适合应用于一般工业应用的智能仪表。但由于其随着电流的增大，磁芯有可能出现磁饱和和频率增高现象，以及磁芯中的涡流损耗、磁滞损耗等也会随之升高等，从而使其精度、线性度变差，响应时间较慢，温度漂移较大，同时它的测量范围、带宽等也会受到一定限制。

　　霍尔效应闭环电流传感器是在开环原理的基础上，加入了磁平衡原理，即将输出电压进行放大，再经功率放大后，让输出电流通过次级补偿线圈，使补偿线圈产生的磁场和被测电流产生的磁场方向相反，从而补偿原边磁场，使霍尔输出逐渐减小，这样，当原、次级磁场相等时，补偿电流不再增大。实际上，这个平衡过程是自动建立的，是一个动态平衡，且建立平衡所需的时间极短。如图 4 - 45 所示，霍尔效应闭环电流传感器的磁芯上绕有二次绕组，与负载电阻 R_S 串联；霍尔电动势经放大并转换成与被测电流 I_P 成正比的输出电流 I_S；I_S 经多匝的二次绕组后，在磁芯中所产生的磁通与一次电流 I_P 所产生的磁通相抵消，从而达到磁平衡。这种先进的原理模式优于直检原理模式，可使磁芯不易饱和，其突出的优点是响应时间快和测量精度高，特别适用于弱小电流的检测。

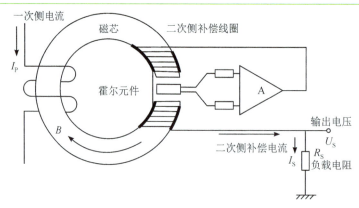

一次侧电流

磁芯　　　二次侧补偿线圈

I_P

霍尔元件

A

输出电压

B

二次侧补偿电流

U_s

I_s

R_s
负载电阻

图 4-45　霍尔效应闭环电流传感器工作原理示意图

4.6　超声波传感器

超声波传感器是一种以超声波作为检测手段的新型传感器。利用超声波的各种特性，可做成各种超声波传感器，再配上不同的测量电路，又可制成各种超声波仪器及装置，广泛地应用于冶金、船舶、机械、医疗、汽车等各个工业部门的超声探测、超声清洗、超声焊接、超声医疗和汽车的倒车雷达等方面。

4.6.1　超声波传感器的工作原理

超声波传感器

1. 超声波及其物理性质

1）超声波的概念

频率高于 2×10^4 Hz 的机械波称为超声波。超声波的特点是频率高、波长短、绕射小。它最显著的特性是方向性好，且在液体、固体中衰减很小，穿透力强，碰到介质分界面会产生明显的反射和折射，被广泛应用于工业检测中。

2）超声波的物理性质

（1）超声波的波型。由于声源在介质中施力方向与波在介质中传播方向的不同，声波的波型也有所不同。超声波的波型通常有：

① 纵波：质点振动方向与波的传播方向一致的波。它能在固体、液体和气体中传播。

② 横波：质点振动方向垂直于波的传播方向的波。它只能在固体中传播。

③ 表面波：质点的振动介于纵波与横波之间，沿着表面传播，且其振幅随深度增加而迅速衰减的波。它随深度增加衰减很快，只能沿着固体的表面传播。

为了测量各种状态下的物理量，多采用纵波。

（2）超声波的传播速度。纵波、横波及表面波的传播速度均取决于介质的弹性常数及介质密度。在气体和液体中只能传播纵波，气体中超声波的传播速度为 344 m/s，液体中超声波的传播速度为 900～1900 m/s。在固体中，纵波、横波和表面波三者的传播速度呈一定关系，通常可认为横波的传播速度为纵波的传播速度的一半，表面波的传播速度约为横波传播速度的 90%。值得指出的是，超声波在介质中的传播速度受温度变化影响较大，在实际使用中应注意采取温度补偿措施。

（3）超声波的反射和折射。超声波从一种介质传播到另一种介质时，在两介质的分界面上一部分超声波会被反射，另一部分则透过分界面在另一种介质内继续传播。这两种情况分别称为超声波的反射和折射。

2. 超声波传感器的工作原理

要以超声波作为检测手段，必须能产生超声波和接收超声波。完成这种功能的装置就是超声波传感器，习惯上也称为超声波换能器，或超声波探头。

超声波传感器按其工作原理，可分为压电式、磁致伸缩式、电磁式等，以压电式最为常用。下面以压电式和磁致伸缩式超声波传感器为例介绍其工作原理。

1）压电式超声波传感器的工作原理

压电式超声波传感器是利用压电材料的压电效应来工作的。常用的压电材料主要有压电晶体和压电陶瓷。根据正、逆压电效应的不同，压电式超声波传感器分为发射器（发射探头，也称送波器）和接收器（接收探头，也称受波器）两种。

压电式超声波发射器利用逆压电效应将高频电振动转换成高频机械振动，从而产生超声波。当外加交变电压的频率等于压电材料的固有频率时会产生共振，此时产生的超声波最强。压电式超声波传感器可以产生几十千赫兹到几十兆赫兹的高频超声波，其声强可达几十瓦/平方厘米。

压电式超声波接收器是利用正压电效应进行工作的。当超声波作用到压电晶片上时会引起晶片伸缩，在晶片的两个表面上便产生极性相反的电荷，这些电荷被转换成电压并经放大后送到测量电路，最后记录下来或显示出来。压电式超声波接收器的结构和发射器的结构基本相同，因此有时就用同一个传感器兼作发射器和接收器。

通用型和高频型压电式超声波传感器结构分别如图 4 - 46(a)、(b)所示。通用型压电式超声波传感器的中心频率一般为几十千赫兹，该传感器主要由压电晶体、圆锥谐振器、栅孔等组成；高频型压电式超声波传感器的频率一般在 100 kHz 以上，主要由压电晶片、吸

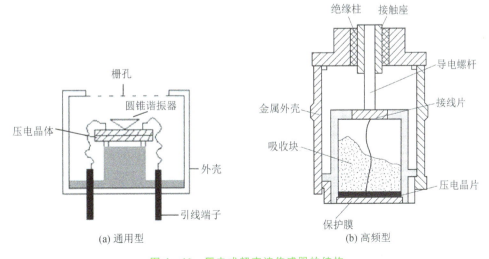

(a) 通用型　　　　　　　　　　　(b) 高频型

图 4 - 46　压电式超声波传感器的结构

收块(阻尼块)、保护膜等组成。压电晶片多为圆板形,超声波频率 f 与其厚度δ成反比。压电晶片的两面镀有银层,作为导电的极板,底面接地,上面接至引出线。为了避免传感器与被测件直接接触而磨损压电晶片,在压电晶片下黏合了一层保护膜(0.3 mm 厚的塑料膜或不锈钢片或陶瓷片)。阻尼块的作用是降低压电晶片的机械品质,吸收超声波的能量。如果没有阻尼块,当激励的电脉冲信号停止时,压电晶片将会继续振荡,加长超声波的脉冲宽度,使分辨率变差。

2)磁致伸缩式超声波传感器的工作原理

铁磁材料在交变的磁场中沿着磁场方向产生伸缩的现象称为磁致伸缩效应。磁致伸缩效应的强弱即材料伸长缩短的程度,因铁磁材料的不同而各异。镍的磁致伸缩效应最大,如果先加一定的直流磁场,再通以交变电流时,它可以工作在特性最好的区域。磁致伸缩式超声波传感器的材料除镍外,还有铁钴钒合金和含锌、镍的铁氧体。它们的工作频率范围均较窄,仅在几万赫兹以内,但功率可达十万瓦,声强可达几千瓦/平方毫米,且能耐较高的温度。

磁致伸缩式超声波发射器是把铁磁材料置于交变磁场中,使它产生机械尺寸的交替变化即机械振动,从而产生出超声波。它是用几个厚为 0.1~0.4 mm 的镍片叠加而成的,片间绝缘以减少涡流损失,其结构形状有矩形、窗形等。

磁致伸缩式超声波接收器的结构与发射器的结构基本相同。其原理是:当超声波作用在磁致伸缩材料上时,引起材料伸缩,从而导致它的内部磁场(即导磁特性)发生改变;根据电磁感应,磁致伸缩材料上所绕的线圈里便获得感应电动势;此电动势被送入测量电路,最后被记录下来或显示出来。

超声波传感器有许多优点,对于普通的传感器而言,透明物体(例如玻璃杯和胶片)的检测是一个难题,其原因在于玻璃杯中装的是带颜色而又透明的液体。但这难不倒超声波传感器,因为几乎所有的物体均受超声波的影响,并且会反射超声波。

即使被测物体的颜色不同,只要具有反射性,超声波传感器就能检测,而且检测结果不受影响,也不需要重新调整超声波传感器。无论被测物体表面粗糙还是光滑,以及被测物体的形状规则还是不规则,超声波传感器均能正常工作。

无论是尘埃和污物,还是水汽、喷雾以及强光照射,在工作环境异常恶劣的场所,超声波传感器的性能指标所受的影响也微乎其微。

4.6.2 超声波传感器的分类及安装调试

1. 超声波传感器的分类

超声波传感器按检测方式可分为对射型和反射型,反射型又可以分为限定距离型和限定区域型,限定区域型也可分为回归反射型和限定区域型,如表 4-1 所示。

表 4-1 不同类型的超声波传感器

名　称	检　测　方　式	示　意　图
对射型	对通过发射器和接收器间的可检测物体产生的超声波光束的衰减或遮断进行检测的方式	可检测物体 发射器　　　　接收器

续表

名　　称		检测方式	示　意　图
反射型	限定距离型	只对存在于距离调整旋钮设定的检测距离范围内的可检测物体发出的反射波进行检测的方式	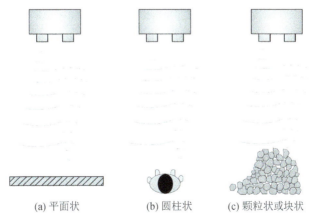
	限定区域型（回归反射型）	通过可检测物体来遮断反射板发出的正常反射波进行检测的方式	
	限定区域型（限定区域型）	只对通过距离切换开关选择设定的检测区域内存在的可检测物体发出的反射波进行检测的方式	

反射型超声波传感器可检测的物体有平面状、圆柱状、颗粒体或块状，如图 4 - 47 所示。图 4 - 47(a)中被测物为平面状，如液体、箱子、塑料片、纸、玻璃等；图 4 - 47(b)中被测物为圆柱状，如罐、瓶和人体(人体保护用途除外)等；图 4 - 47(c)中被测物为颗粒体或块状，如矿物、岩石、煤炭、焦炭和塑料球等。

超声波的反射效率随这些可检测物体的形状而有所差异，在图 4 - 47(a)所示的情况下，反射波最多，但受可检测物体倾斜的影响会变大；在图 4 - 47(b)、(c)所示的情况下，会有漫反射，反射波的多少随可检物体表面不同而不一样，但受可检测物体倾斜的影响少，应用时需注意。

(a) 平面状　　　　(b) 圆柱状　　　　(c) 颗粒状或块状

图 4 - 47　超声波传感器可检测物体的形状

2. 超声波传感器的安装调试

在安装超声波传感器时，应注意传感器与被测物体之间的角度。如图 4 - 48 所示，一个垂直于超声波轴的平直的目标物体将把大部分的超声波的能量反射回传感器，随着移动角度的变大，传感器接收到的能量将减少。在某些点上，传感器将不能"看到"目标物体。

    超声波的传递与其介质有很大的关系，其在空气中传递时，会受气流的影响。由于风、鼓风机、气动设备或其他来源的气流可以使超声波的传播方向偏转或扰乱其路径，如图4-49所示，这样超声波传感器将不能识别目标物体的正确位置，从而引起误动作，因此，应避免在有空气送风机等场所使用。在某些情况下，可以加装防风挡板以减小影响。另外，还可以选择光学传感器来避免这个问题。

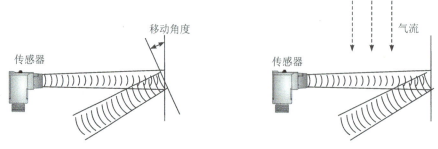

图4-48 超声波传感器与被测物的角度   图4-49 气流对超声波传感器的影响示意图

    在调整超声波传感器检测距离的过程中，对最大检测距离和最小检测距离应都能连动调整或单独调整。超声波传感器的可检测范围称为限定区域（区域限定），传感器探头面和最小检测距离间无法检测的区域称为不感应区域，如图4-50所示。

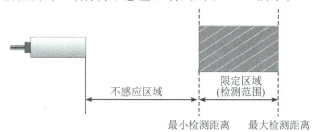

图4-50 超声波传感器的限定区域和不感应区域

    对于对射型超声波传感器，安装时应注意其周围的障碍物以避免因超声波束的扩大或边波瓣引起的漫反射等而引起误动作。因为对射型超声波传感器会受地面反射的影响，所以这种情况下，应在地面上粘贴布或海绵等易吸收超声波的材料，或设置遮音壁，如图4-51所示。

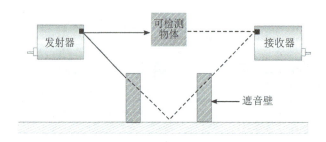

图4-51 对射型超声波传感器消除安装环境影响的方法示意图

由于超声波式传感器将空气作为传播媒介，因此若局部空气有温差，则会在临界面发生反射、折射，在有风的地方则会使限定区域发生变化，引起误动作。因此，超声波传感器应避免在空气屏障、送风机等场所使用。另外，空气喷嘴发出的喷射声包含多种频率成分，对超声波传感器的影响也很大，因此也不要在这类物体附近使用。若超声波传感器的表面(送波、受波部)附有水滴，则会降低其检测距离。气流对超声波传感器的影响示意图如图 4－52 所示。

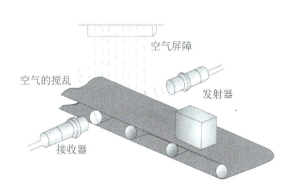

图 4－52　气流对超声波传感器的影响示意图　　　图 4－53　影响超声波传感器的因素

如图 4－53 所示，对于对射型超声波传感器，安装调试时还需注意以下几个方面：

(1) 被测物体具有直角(非圆角)。

(2) 传感器处于对准状态。

(3) 被测物体通过发射器和接收器的中间区域(即在 $D/2$ 处，其中 D 为发射器与接收器的间距)。

(4) 工作环境稳定、最小的气流扰动。

(5) 注意被测物体的运动速度、可测的最小物体宽度和相邻被测物体的最小物体间距满足要求。

一般来说，当被测物体距离接收器或发射器较近时，物体最小的检测宽度和相邻的间距将减小。基于超声波传感器周围的环境，受对准情况和被检测物体的几何形状变化等因素影响，其检测结果可能会不一致。

4.6.3　超声波传感器的应用

1. 超声波测厚度

超声波测量厚度常采用脉冲回波法。图 4－54 所示为脉冲回波法检测厚度的工作原理。

在用脉冲回波法测量试件厚度时，超声波探头与被测物体某一表面相接触，由主控制器产生一定频率的脉冲信号，送往发射电路，经电流放大后加在超声波探头上，从而激励超声波探头产生重复的超声波脉冲；超声波脉冲传到被测物体另一表面后反射回来，被同一超声波探头接收；若已知超声波在被测物体中的传播速度 v，设被测物体厚度为 d，超声波脉冲从发射到接收的时间间隔 Δt 可以测量得到，则可求出被测物体厚度为

$$d = \frac{v\Delta t}{2} \tag{4-45}$$

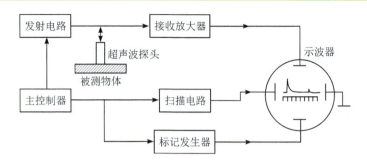

图 4 - 54　脉冲回波法检测厚度工作原理

为了测量时间间隔 Δt，可采用图 4 - 54 所示的方法，将发射电路输出的脉冲和被测物体的回波反射脉冲同时加至示波器的垂直偏转板上，将标记发生器所输出的已知时间间隔的脉冲也加在示波器的垂直偏转板上，将线性扫描电路输出的电压加在水平偏转板上，于是可以直接从示波器屏幕上观察到发射脉冲和回波反射脉冲，从而求出两者的时间间隔 Δt。当然，也可用稳频晶振产生的时间标准信号来测量时间间隔 Δt，从而做成厚度数字显示仪表。

2. 超声波测物位

存于各种容器内的液体表面高度及所在的位置称为液位；固体颗粒、粉料、块料的高度或表面所在位置称为料位。两者统称为物位。

超声波测量物位是根据超声波在两种介质的分界面上的反射特性而完成的。图 4 - 55 为几种超声波检测物位的工作原理图。

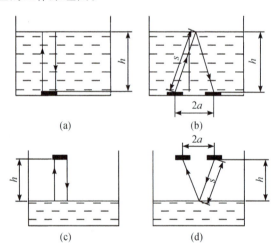

图 4 - 55　超声波检测物位的工作原理图

根据发射和接收换能器(习惯上将超声波物位传感器的发射器和接收器分别称为发射换能器与接收换能器，也称为探头)的功能，超声波物位传感器可分为单换能器和双换能器两种。单换能器在发射和接收超声波时均使用一个换能器(如图 4 - 55 (a)、(c)所示)，而双换能器对超声波的发射和接收各由一个换能器担任(如图 4 - 55(b)、(d)所示)。超声波物位传感器可放置于水中(如图 4 - 55(a)、(b)所示)，让超声波在液体中传播。由于超声波在液体中衰减比较小，因此即使产生的超声波脉冲幅度较小也可以传播。超声波物位传感器也可以安装在液面的上方(如图 4 - 55(c)、(d)所示)，让超声波在空气中传播。这种方式便于安装和维修，但超声波在空气中的衰减比较大。超声波物位传感器还可安装在容器的外壁，此时超声波需要穿透容器壁，遇到液面后再反射。需要注意的是：为了使超声波最大限度地穿过容器壁，需满足的条件是容器壁厚度应为四分之一波长的奇数倍。如果已知从发射换能器发射超声波脉冲开始，到接收换能器接收到反射波为止的这个时间间隔，则就可以求出分界面的位置。于是利用这种方法就可以实现对物位的测量。

对于单换能器来说，超声波从发射到液面，又从液面反射回换能器的时间间隔为

$$\Delta t = \frac{2h}{v} \qquad (4-46)$$

则

$$h = \frac{v \Delta t}{2} \qquad (4-47)$$

式中：h 为换能器距液面的距离；v 为超声波在介质中的传播速度。

对于双换能器来说，超声波从发射到被接收经过的路程为 2 s，而

$$s = \frac{v \Delta t}{2} \qquad (4-48)$$

因此，液位高度为

$$h = \sqrt{s^2 - a^2} \qquad (4-49)$$

式中：s 为超声波反射点到换能器的距离；a 为两个换能器间距的一半。

从以上公式中可以看出，只要测得从发射到接收超声波脉冲的时间间隔 Δt，便可以求得待测的物位。图 4 - 56～图 4 - 63 所示为超声波传感器在物位检测方面的一些典型应用。

图 4 - 56　物件放置错误检测　　　　　　图 4 - 57　叠放高度测量

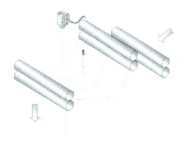

图 4 - 58　透明塑料张力控制　　　　　　图 4 - 59　机械手定位

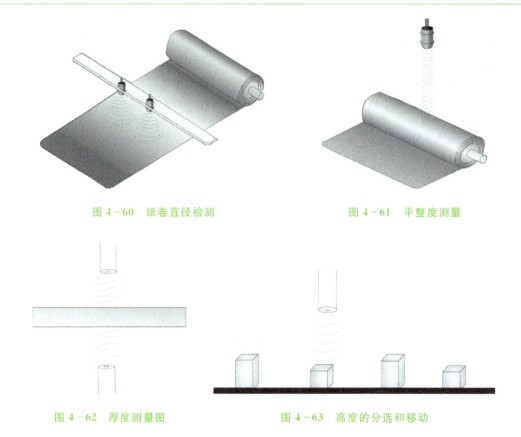

图 4－60　纸卷直径检测　　　　　　　　图 4－61　平整度测量

图 4－62　厚度测量图　　　　　　图 4－63　高度的分选和移动

3. 超声波测流体流量

超声波测量流体流量是利用超声波在流体中传输时，在静止流体和流动流体中的传播速度不同的特点，从而求得流体的流速和流量的。

图 4－64 所示为超声波测流体流量的工作原理图。图中 v 为被测流体的平均流速，c 为超声波在静止流体中的传播速度，θ 为超声波传播方向与流体流动方向的夹角（θ 不能等于 $90°$），A、B 为两个超声波换能器，L 为两者之间的距离。以下以时差法为例介绍如何测量流体流量。

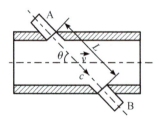

图 4－64　超声波测流体流量工作原理

当 A 为发射换能器，B 为接收换能器时，超声波以顺流方向传播，传播速度为 $c+v\cos\theta$，所以顺流传播时间 t_1 为

$$t_1=\frac{L}{c+v\cos\theta} \qquad\qquad (4-50)$$

当 B 为发射换能器，A 为接收换能器时，超声波以逆流方向传播，传播速度为 $c-v\cos\theta$，所以逆流传播时间 t_2 为

$$t_2 = \frac{L}{c-v\cos\theta} \qquad (4-51)$$

因此超声波顺、逆流传播时间差为

$$\Delta t = t_2 - t_1 = \frac{L}{c-v\cos\theta} - \frac{L}{c+v\cos\theta} = \frac{2Lv\cos\theta}{c^2-v^2\cos^2\theta} \qquad (4-52)$$

一般来说，超声波在流体中的传播速度远大于流体的流速，即 $c \gg v$，所以式(4-52)可近似为

$$\Delta t \approx \frac{2Lv\cos\theta}{c^2} \qquad (4-53)$$

因此被测流体的平均流速为

$$v \approx \frac{c^2}{2L\cos\theta}\Delta t \qquad (4-54)$$

测得流体流速 v 后，再根据管道内流体的截面积，即可求得被测流体的流量。

4. 超声波探伤

超声波探伤的方法很多，按其原理可分为以下两大类。

1) 穿透法探伤

穿透法探伤是根据超声波穿透工件后能量的变化情况来判断工件内部质量的。该方法采用两个超声波换能器，分别置于被测工件相对的两个表面，其中一个发射超声波，另一个接收超声波。发射的超声波可以是连续波，也可以是脉冲信号。

当被测工件内无缺陷时，接收到的超声波能量大，显示仪表指示值大；当工件内有缺陷时，因部分能量被反射，故接收到的超声波能量小，显示仪表指示值小。根据这个变化，即可检测出工件内部有无缺陷。

该方法的优点是：指示简单，适用于自动探伤；可避免盲区，适宜探测薄板。其缺点是：探测灵敏度较低，不能发现小缺陷；根据能量的变化可判断有无缺陷，但不能定位；对两个换能器的相对位置要求较高。

2) 反射法探伤

反射法探伤是根据超声波在工件中反射情况的不同来探测工件内部是否有缺陷的。它可分为一次脉冲反射法和多次脉冲反射法两种。

(1) 一次脉冲反射法。采用一次脉冲反射法进行探伤时，将超声波探头放于被测工件上，并在工件上来回移动进行检测。由高频脉冲发生器发出脉冲(发射脉冲 T)加在超声波探头上，激励其产生超声波。探头发出的超声波以一定速度向工件内部传播。其中，一部分超声波遇到缺陷时被反射回来，产生缺陷脉冲 F，另一部分超声波继续传播至工件底面后也反射回来，产生底脉冲 B。缺陷脉冲 F 和底脉冲 B 被探头接收后变为电脉冲，并与发射脉冲 T 一起经放大后，最终在显示器荧光屏上显示出来。通过荧光屏即可探知工件内是否存在缺陷、缺陷大小及位置。若工件内没有缺陷，则荧光屏上只出现发射脉冲 T 和底脉冲 B，而没有缺陷脉冲 F；若工件中有缺陷，则荧光屏上除出现发射脉冲 T 和底脉冲 B 之外，还会出现缺陷脉冲 F。荧光屏上的水平亮线为扫描线(时间基准)，其长度与时间成正比。由

发射脉冲、缺陷脉冲及底脉冲在扫描线上的位置，可求出缺陷位置。由缺陷脉冲的幅度可判断缺陷大小。当缺陷面积大于超声波波束截面面积时，超声波全部由缺陷处反射回来，荧光屏上只出现发射脉冲 T 和缺陷脉冲 F，而没有底脉冲 B。

（2）多次脉冲反射法。多次脉冲反射法是以多次底波为依据而进行探伤的方法。超声波探头发出的超声波由被测工件底部反射回超声波探头时，其中一部分超声波被探头接收，而剩下部分又反射回工件底部，如此往复反射，直至超声波能量全部衰减完为止。因此，若工件内无缺陷，则荧光屏上会出现呈指数函数曲线形式递减的多次反射底波；若工件内有吸收性缺陷时，声波在缺陷处的衰减很大，底波反射的次数减少；当缺陷严重时，底波甚至完全消失。据此可判断出工件内部有无缺陷及缺陷的严重程度。当被测工件为板材时，为了观察方便，一般常采用多次脉冲反射法进行探伤。

5. 超声波传感器的其他应用

图 4-65 和图 4-66 所示为超声波传感器在计数等方面的应用。

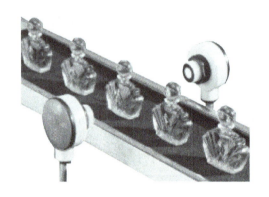 

图 4-65　香水生产线上计数　　　　图 4-66　光盘生产线上计数控制

4.7　学习拓展：汽车倒车预警系统设计

小张是一名刚进入汽车公司的员工，上级领导安排的第一项工作任务是设计汽车倒车预警系统。这项工作在大学期间没有老师讲授过，应该如何完成呢？

在思考后，小张觉得要设计的汽车倒车预警系统主要涉及倒车时汽车尾部与后面障碍物体距离的测量，而这可以使用超声波传感器完成。除此外，使用模拟电路和数字电路中学习到的滤波电路、放大电路和整形电路，就可以完成整个系统的设计。

1. 超声波传感器在汽车倒车预警系统中的应用

与激光、红外、雷达等传感器相比，超声波传感器的价格相对较低，使得它在汽车上得到了广泛应用。超声波传感器因为以下特点在汽车行业应用广泛。

（1）易于安装和维护。超声波传感器通常安装在汽车的保险杠或后备箱上，结构简单，安装方便，同时，因为其内部没有移动部件，所以维护起来相对容易。

（2）穿透力强。超声波的频率较高，具有较好的穿透力，能够有效地穿过尘土、雨水等障碍物，从而提高测量的准确性。

（3）测量精度高。超声波传感器可以产生较高的超声波频率，使得其测量精度较高，能够满足汽车倒车的精确度要求。

（4）安全性好。由于超声波的能量较小，不会对周围环境造成破坏，因此在汽车倒车过程中，可以有效避免对周围物体的损坏。

2. 工作任务书

汽车倒车预警系统设计工作任务书如表 4-2 所示。

表 4-2　工作任务书

小组成员名单		成绩	
自我评价		组间互评情况	
任务	设计汽车倒车预警系统		
信息获取	课本、上网查询、小组讨论以及请教老师		
选型过程	第一项内容：对汽车倒车情景进行分析 第二项内容：倒车预警系统架构设计（尽量用图表的形式表述） 第三项内容：该预警系统使用传感器类型以及该传感器的工作原理（可用文字和图结合进行说明）		
小组分工			

4.8　应用与实践：工业接近式传感器的选型

工业接近式传感器通过更换铝制旋转圆盘上的检测片（不同材质、不同形状、不同大小）以及调整检测片与传感器感应面之间的距离，来得出不同型号接近式传感器的检测对象类型及检测距离等技术指标，并且达到节约成本并对不同的检测物体进行检测的目的。要深入了解工业接近式传感器，就要深入了解每种类型接近式传感器的特点和需要对这些传感器进行逐一检测。

1. 实验设备

(1) 欧姆龙主机单元一台。

(2) 亚龙接近式传感器模块测试单元一台。

(3) 计算机或编程器一台。

(4) 不同大小不同材质检测片若干。

2. 实验目的

对于企业现场的工程技术人员，工作中面临着多种接近式传感器的选型问题。对于不同材质的检测物体和不同的检测距离，应选用不同类型的接近式传感器，以使其在系统中具有高的性能价格比。为此在选型时应遵循以下原则：

(1) 当检测物体为金属材料时，应选用高频振荡型（电感式）接近式传感器，该类型接近式传感器对铁镍、A3 钢类检测物体的检测灵敏度最高，对铝、黄铜和不锈钢类检测物体的检测灵敏度则较低。

(2) 当检测物体为非金属材料时，如木材、纸张、塑料、玻璃和水等，应选用电容型接近式传感器。

(3) 对金属和非金属物体要进行远距离检测和控制时，应选用光电型接近式传感器或超声波型接近式传感器。

(4) 当检测物体为金属时，若检测灵敏度要求不高，可选用价格低廉的磁性接近式传感器或霍尔式接近传感器。

3. 实验准备

接近式传感器是代替限位开关等接触式检测方式，以无需接触检测对象进行检测为目的的传感器的总称，它能将检测对象的移动信息和存在信息转换为电气信号。常见的接近式传感器有电感式、电容式和霍尔式。下面首先简要介绍前面讲到的电感式传感器、电容式传感器和霍尔式传感器（也称为霍尔开关）这三种传感器作为工业接近式传感器的原理。

1) 电感式接近传感器的工作原理

顾名思义，电感式接近传感器属于电感式传感器的一种，属于一种有开关量输出的位置传感器。它由 LC 高频振荡器和放大处理电路组成，利用金属物体在接近能产生电磁场的振荡感应头时，使物体内部产生涡流。这个涡流反作用于接近开关，使接近开关振荡能力衰减，内部电路的参数发生变化，由此识别出有无金属物体接近，进而控制开关的通或断。这种电感式接近传感器所能检测的物体必须是金属物体。其工作原理如图 4 - 67 所示。

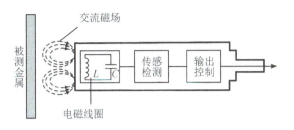

图 4 - 67　电感式接近传感器的工作原理图

2）电容式接近传感器

电容式接近传感器亦属于一种具有开关量输出的位置传感器，它的测量头通常是构成电容器的一个极板，而另一个极板则是被测物体的本身，当物体移向电容式接近传感器时，物体和该接近传感器的介电常数发生变化，使得和测量头相连的电路状态也随之发生变化，由此便可控制开关的接通和关断。这种电容式接近传感器的被测物体并不限于金属物体，也可以是绝缘的液体或粉状物体。在检测较低介电常数 ε 的物体时，可以顺时针调节该接近传感器的多圈电位器（位于开关后部）来增加感应灵敏度，一般调节电位器使电容式接近传感器在 0.7～0.8 SN 的位置动作。其工作原理图如图 4 - 68 所示。

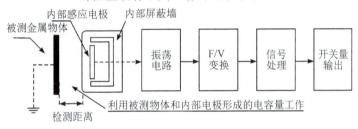

图 4 - 68　电容式接近传感器的工作原理图

3）霍尔式接近传感器

霍尔式接近传感器的输入端是以磁感应强度 B 来表征的，当 B 值达到一定的程度（如 B_1）时，其内部的触发器翻转，输出电平状态也随之翻转。输出端一般采用晶体管输出，和接近开关类似，这种传感器也有 NPN、PNP、常开型、常闭型、锁存型（双极性）、双信号输出之分。

各种接近式传感器的技术指标检测都应遵循以下原则：

（1）检测距离（动作距离）测定。当检测片由正面靠近接近式传感器的感应面时，使接近式传感器动作的距离为接近式传感器的最大动作距离，测得的数据应在产品的参数范围内。

（2）释放距离的测定。当检测片由正面离开接近式传感器的感应面，开关由动作转为释放时，检测片离开感应面的最大距离。

（3）回差 H 的测定。最大动作距离和释放距离之差的绝对值即为回差。

（4）动作频率测定。用调速电动机连接铝制圆盘，并在圆盘上固定若干检测片；调整开关感应面和检测片间的距离，约为开关动作距离的 80% 左右时转动圆盘，依次使检测片靠近接近式传感器；在圆盘主轴上装有测速装置，开关输出信号经整形后接至数字频率计；此时启动电动机，逐步提高转速，在转速与检测片的乘积与频率计数相等的条件下，可由频率计直接读出开关的动作频率。

（5）重复精度测定。将检测片固定在量具上，在开关动作距离的 120％以外，从开关感应面正面靠近开关的动作区，运动速度控制在 0.1 mm/s 上；当开关动作时，读出量具上的读数，然后退出动作区，使开关断开；如此重复 10 次，最后计算 10 次测量值的最大值和最小值与 10 次平均值之差，差值最大者为重复精度误差。

另外需注意：PLC 输入端的 0CH COM 端需要接电源的 24 V 端（如果需要使用 PLC 拨码开关则需要 PLC 输出端 COM 接电源的 0 V 端（地）；PLC 输出端的 COM 端需要并联后接到电源的 0 V 端（地）。

本测试单元一共由 6 组不同欧姆龙接近式传感器（具体参数见电子版使用说明及产品 PPT 资料二维码）组成，如图 4-69 所示。具体型号为：

（1）欧姆龙接近式传感器 E2E-X2F1 2M。

（2）欧姆龙接近式传感器 E2EV-X2C1。

（3）欧姆龙接近式传感器 E2EY-X4C1。

（4）欧姆龙接近式传感器 E2K-F10CM1。

（5）欧姆龙接近式传感器 E2B-M12KS02-M1-C1。

（6）欧姆龙接近式传感器 E2B-M30LN30-M1-C1。

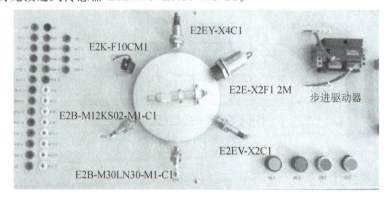

图 4-69　欧姆龙接近式传感器选型模块

4．实验步骤

（1）分组，每个小组 4～6 人，分别扮演市场经理、客户、研发工程师和现场工程师的角色。

（2）市场经理与客户根据系统测试功能进行讨论，并由市场经理编写系统安装调试指导手册（样例见表 4-3），由客户审核。

表 4-3　系统安装调试样例表

主标签号	01
副标签号	01
功能描述	正常运转按下绿色正向启动按钮，电动机正转运行，安装了被测物体的转盘顺时针运行； 　　按下红色反转启动按钮，电动机反转，安装了被测物体的转盘逆时针运行； 　　按红色反转启动按钮 5 s 以上，电动机停止运行； 　　当转盘上安装的被测物体接近接近式传感器，传感器检测到被测物体时，传感器自身和 PLC 上相应通道的 LED 信号灯状态改变，否则没有变化

续表

测试工具	亚龙工业传感器主实验单元一台； 亚龙接近式传感器测试单元一台； 专用接线若干； 计算机或编程器一台
测试人员	
测试日期	
初始状态	系统整体电源断电； 所有的接线都已按照要求接好并检查确认无误； 传感器模块的卡槽处于初始位置
最终状态	系统整体电源断电
通过标准	所有测试步骤均通过

（3）研发工程师根据实训设备模拟生产线系统，提供技术方案。

（4）研发工程师根据系统测试功能描述、I/O 接线图（见图 4 - 70）和分配表（见表 4 - 4）进行 PLC 编程，并进行内部调试。

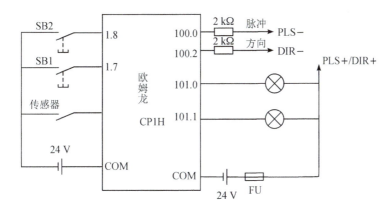

图 4 - 70　步进电动机控制转盘的 I/O 接线图

表 4 - 4　I/O 分配表

I/O 口	说　明	I/O 口	说　明
1.7	正转开关	100.0	PLS
1.8	反转开关	100.2	DIR
		101.0	启动指示
		101.1	停止指示

（5）现场工程师根据研发工程师提供的技术方案进行系统安装，即将电源开关拨到关状态，严格按图 4 - 71 的要求进行接线，注意 24 V 电源的正负不要短接不要接反，电路不要短路，否则会损坏 PLC 触点。

24V	步进驱动器供电正极			0V	步进驱动器供电负极						
欧姆龙接近式传感器E2EY-X4C1				PS6-1	红	电源正	24V	SB1-1	启动按钮	电源负	0V
PS1-1	红	电源正	24V	PS6-2	绿	PLC输入	0CH(05)	SB1-2	启动按钮	PLC输入	1CH(07)
PS1-2	绿	PLC输入	0CH(00)	PS6-3	蓝	电源负	0V				
PS1-3	蓝	电源负	0V					SB2-1	停止按钮	电源负	0V
欧姆龙接近式传感器E2E-X2F1				PLS+	步进脉冲+	电源正	24V	SB2-2	停止按钮	PLC输入	1CH(08)
PS2-1	红	电源正	24V	PLS-	步进脉冲-	PLC输出	10CH(00)				
PS2-2	绿	PLC输入	0CH(01)								
PS2-3	蓝	电源负	0V	DIR+	脉冲方向+	电源正	24V				
欧姆龙接近式传感器E2EV-X2F1				DIR-	脉冲方向-	PLC输出	10CH(02)				
PS3-1	红	电源正	24V								
PS3-2	绿	PLC输入	0CH(02)	HL1-1	绿灯	电源正	24V				
PS3-3	蓝	电源负	0V	HL1-2	绿灯	PLC输出	11CH(00)				
欧姆龙接近式传感器E2B-M30LN30-M1-C1											
PS4-1	红	电源正	24V	HL2-1	红灯	电源正	24V				
PS4-2	绿	PLC输入	0CH(03)	HL2-2	红灯	PLC输出	11CH(01)				
PS4-3	蓝	电源负	0V								
欧姆龙接近式传感器E2B-M12KSO2-M1-C1											
PS5-1	红	电源正	24V								
PS5-2	绿	PLC输入	0CH(04)								
PS5-3	蓝	电源负	0V								

图 4-71 挂板连线图

（6）现场工程师下载研发工程师提供的 PLC 程序，并将 PLC 置于 RUN 状态。

（7）现场工程师根据系统安装调试指导手册进行测试，即针对不同类型接近式传感器分别进行测试，并记录测试结果于表 4-5 中。

表 4-5 测试结果记录表

步骤	实际输入	期望输出	结果	实际输出
1	系统整体上电	实训台电源指示灯亮；PLC 电源指示灯亮		
2	在接近式传感器模块的安装架上安装被测物体			
3	按下接近式传感器模块上的绿色按钮	转盘顺时针转动		
4	当被测物体还未经过接近式传感器时，观察 PLC 的 LED 灯状态	LED 灯状态不变		
5	当被测物体经过接近式传感器时，观察 PLC 的 LED 灯状态	LED 灯状态改变		
6	当被测物体依次通过接近式传感器后，按下红色按钮	转盘逆时针方向旋转		
7	长按红色按钮超过 5 秒	被测物体停止移动		
8	系统整体断电	所有 LED 均熄灭		

（8）现场工程师与客户审核测试结果，若客户无异议则签字，完成验收。

5. 实验结果

实验结果填入表 4-6 中。

表 4-6　实验数据统计表

传感器	输出类型 （NPN/PNP）	动作距离 （测量值）	释放距离 （测量值）	回差 （测量值）	动作模式
1					
2					
3					
4					
5					
6					

练 习 题

一、填空题

1. 在两片间隙为 1 mm 的两块平行极板的间隙中插入_____，可测得最大的电容量。

　A. 塑料薄膜　　　　　B. 干的纸　　　　　C. 湿的纸　　　　　D. 玻璃薄片

2. 电子卡尺的分辨率可达 0.01 mm，行程可达 200 mm，它的内部所采用的电容式传感器是_____。

　A. 变极距型　　　　　B. 变面积型　　　　　C. 变介电常数型

3. 在电容式传感器中，若采用调频法测量转换电路，则电路中_____。

　A. 电容和电感均为变量　　　　　B. 电容是变量，电感保持不变

　C. 电容保持常数，电感为变量　　　D. 电容和电感均保持不变

4. 电容式接近开关对_____的灵敏度最高。

　A. 玻璃　　　　　B. 塑料　　　　　C. 纸　　　　　D. 鸡饲料

5. 下列传感器中可以测量磁场强度的是（　　）。

　A. 压电式传感器　　　　　　　　B. 电容式传感器

　C. 自感式传感器　　　　　　　　D. 压阻式传感器

6. 下列传感器中可以测量磁场强度的是（　　）。

　A. 压电式传感器　　　　　　　　B. 电容式传感器

　C. 自感式传感器　　　　　　　　D. 压阻式传感器

二、填空题

1. 电感式传感器是利用被测量的变化引起线圈_____或_____的变化，从而导致线圈电感量改变这一物理现象来实现测量的。

2. 电容式传感器的测量转换电路有三种，分别是_____、_____、_____。

3. 电容式传感器根据结构可分为_____、_____、_____。

4. 电容式传感器的最大特点是_____测量。

5. 电容式传感器采用_____作为传感元件，将不同的_____变化转换为_____的变化。

6. 根据工作原理，电容式传感器可分为_____型、_____型、_____型三种。

7. 压电材料可以分为_____和_____两种。

8. 电容式扭矩测量仪是将轴受扭矩作用后的两端面相对_____的变化量变换成电容器两极板之间的相对有效面积的变化量，从而引起电容量的变化来测量扭矩的。

三、简答题

1. 电容式传感器可分为哪几类？各自的主要用途是什么？

2. 磁感应式传感器基于什么定律制成？请阐述该定律。

3. 图 4－72 所示为利用超声波测量流体流量的原理图，设超声波在静止流体中的流速为 c，试完成下列各题：

（1）简要分析其工作原理；

（2）求流体的流速 v；

（3）求流体的流量 Q。

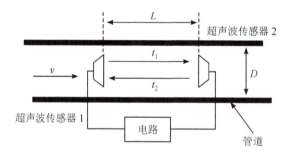

图 4－72 超声波传感器工作原理图

4. 根据图 4－73，试分析低频透射式电涡流厚度传感器的工作原理。

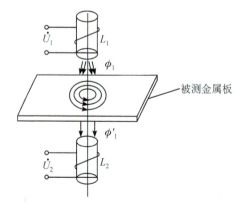

图 4－73 低频透射式电涡流厚度传感器工作原理图

5. 根据图 4 - 74 试说明自感式测厚仪的工作原理。

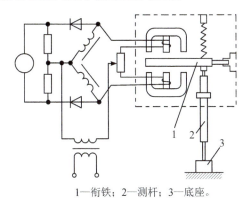

1—衔铁；2—测杆；3—底座。

图 4 - 74　自感式测厚仪的工作原理图

四、论述题

1. 图 4 - 75 所示是利用分段电容式传感器构成的光柱显示编码式液位计原理示意图。玻璃连通器 3 的外圆壁上等间隔地套着 n 个不锈钢圆环，显示器采用 101 线 LED 光柱（第一线常亮，作为电源指示）。

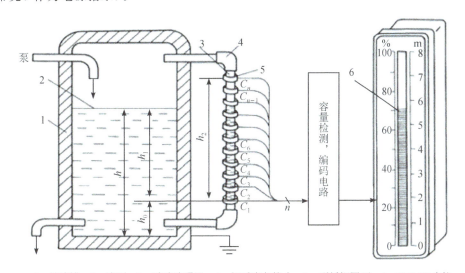

1—储液罐；2—液面；3—玻璃连通器；4—钢质直角接头；5—不锈钢圆环；6—101LED光柱。

图 4 - 75　光柱显示编码式液位计原理示意图

（1）该方法采用了电容式传感器中变极距型、变面积型、变介电常数型三种原理中的哪一种？并说明此电容传感器的构成。

（2）被测液体应该是导电液体还是绝缘体？

（3）分别写出该液位计的分辨率（%）及分辨力（几分之一米）的计算公式，并说明如何提高此类液位计的分辨率。

（4）设当液体上升到第 n 个不锈钢圆环的高度时，101 线 LED 光柱全亮（第一线常亮是电源指示，故 101 线 LED 光柱全亮时即有效的 100 线全亮）。若 $n=32$，则当液体上升到第 8 个不锈钢圆环的高度时，共有多少线 LED 亮？

第5章 压力传感器的原理及应用

知识目标

▶ 能够描述压电式传感器的结构、工作原理和典型应用场景；

▶ 能够描述应变式传感器的工作原理和应用；

▶ 能够说出压阻式传感器的原理及应用；

▶ 能够描述压力变送器、多维力传感器及成像传感器和 TIR 触觉传感器的安装调试方式；

▶ 能够列举玻璃破碎报警系统使用传感器的型号。

能力目标

☆ 能够区分正压电效应和逆压电效应的原理；

☆ 能够通过应变式传感器的输出信号区分应变式荷重传感器和应变式加速度传感器；

☆ 能够列举其他压力传感器的使用场景；

☆ 能够使用压电式传感器设计玻璃破碎报警器。

压力传感器是工业实践、仪器仪表控制中最为常用的一种传感器，广泛应用于各种工业自控场合。压电式传感器和压阻式传感器是两种常用的压力传感器。本章主要介绍这两种压力传感器的工作原理和它们在一些领域的典型应用，并通过应用与实践环节总结出加速度传感器的使用和压力传感器的选型方法。

5.1 压电式传感器

在我们的工作和生活当中，压力有很多的应用。比如我们打开水龙头时，水的压力越大，水流出的速度就越快。而当我们给轮胎充气时，气体分子占据更多的空间，也增大了气体的压力。前者是液体的压力，利用液体传递力量，而后者是气体的压力，利用气体产生一定的冲击力。我们熟悉的气球和水泵都是利用压力来工作的。除此以外，固体也能产生压力，帮助我们生活和工业生产。

5.1.1 压力的概念

垂直作用在单位面积上的力称为压力。压力基本单位为"帕斯卡"，简称"帕"，符号为

"Pa",常用的单位还有 kPa、MPa 以及 Bar(巴),1 Bar ＝100 kPa。

常见的压力类型包括大气压力、绝对压力、表压和差压等。大气压力是指地球表面上的空气柱重量所产生的压力,1 个标准大气压等于 101.325 kPa;绝对压力的零点以绝对真空为基准,又称总压力或全压力;表压的零点是以当地大气压为参考点,当绝对压力小于当地大气压力时,表压为负压,可以用真空度来表示;差压是指任意两个压力之差,差压式液位计和差压式流量计就是利用测量差压的大小来确定液位和流量大小的。

5.1.2 压电式传感器的工作原理

压电式传感器的
工作原理及
压电材料

1. 正压电效应和逆压电效应

压电式传感器是一种典型的发电型传感器,以电介质的压电效应为基础。当给某些电介质沿着一定方向施加力使其变形时,其内部会产生极化现象,同时在其表面会产生符号相反的电荷;当外力去掉后,其又重新恢复不带电状态;当作用力方向改变后,电荷的极性也随之改变。这种现象称为正压电效应,如图 5-1 所示。此外,压电效应是可逆的,在电介质极化的方向施加电场时,电介质会产生形变,将电能转化成机械能,这种现象称为逆压电效应,也称为"电致伸缩"。压电元件可以将机械能转化成电能,也可以将电能转化成机械能,如图 5-2 所示为压电元件的能量转换示意图。

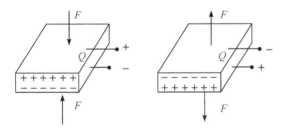 

图 5-1 正压电效应示意图 　　　　　图 5-2 压电元件的能量转换示意图

2. 常见的压电材料

在自然界中,大多数晶体都具有压电效应,但多数晶体的压电效应很微弱。具有实用价值的压电材料基本上可分为压电晶体、压电陶瓷和新型压电材料三大类。压电晶体是一种单晶体,例如石英晶体等;压电陶瓷是一种人工制造的多晶体,例如钛酸钡、锆钛酸铅等;新型压电材料属于新一代的压电材料,其中较为重要的有压电半导体和高分子压电材料。在传感器技术中,目前国内外普遍应用的是压电单晶中的石英晶体和压电多晶中的钛酸钡与锆钛酸铅系列压电陶瓷。

1) 石英晶体

理想石英晶体的外形是一个正六面体,在晶体学中它可用三根互相垂直的轴来表示,如图 5-3 所示。图中纵向轴 Z-Z 称为光轴;经过正六面体棱线并垂直于光轴的 X-X 轴称为电轴;与 X-X 轴和 Z-Z 轴同时垂直的 Y-Y 轴(垂直于正六面体的棱面)称为机械轴。实验发现:当晶体受到沿 X(即电轴)方向的力作用时,它在 X 方向产生正压电效应,而 Y、Z 方向则不产生压电效应;当晶体受到 Y(即机械轴)方向的力作用时,它在 X 方向产生正压电效应，在 Y、Z 方向则不产生压电效应；当晶体受到 Z（即光轴）方向的作用力时，晶体不产生压电效应。因此，通常把沿电轴 X-X 方向的力作用下产生电荷的压电效应称为"纵向压电效应"，而把沿机械轴 Y-Y 方向的力作用下产生电荷的压电效应称为"横向压电效应"，沿光轴 Z-Z 方向受力则不产生压电效应。

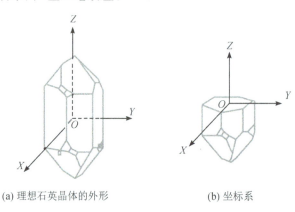

(a) 理想石英晶体的外形   (b) 坐标系

图 5-3 石英晶体结构

石英是一种具有良好压电特性的压电晶体，其介电常数和压电系数的温度稳定性好，在 $20 \sim 200 \, ℃$ 范围内，温度每升高 $1 \, ℃$，压电系数仅减少 0.016%。但是当其温度为 $573 \, ℃$ 时，压电特性完全消失，这个温度就是居里点温度。石英晶体的突出优点是性能非常稳定、机械强度高、绝缘性能好，但价格昂贵且压电系数低。因此一般仅用于标准仪器或要求较高的传感器中。

2）压电陶瓷

压电陶瓷也是一种常用的压电材料。石英晶体是单晶体，压电陶瓷则是人工制造的多晶体压电材料。压电陶瓷具有类似铁磁材料磁畴结构的电畴结构，每个单晶形成一单个电畴，无数单晶电畴的无规则排列使极化效应互相抵消，所以没有压电效应。为了使压电陶瓷具有压电效应，必须做极化处理，即在一定温度下，在其极化面上加高压电场，使电畴方向与外电场方向相同，即可出现压电效应，如图 5-4 所示。

 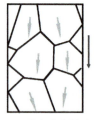 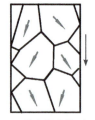

(a) 无外电场作用时   (b) 施加外电场时   (c) 外电场去掉后

图 5-4 压电陶瓷的极化处理

压电陶瓷中应用最为广泛的是钛酸钡与锆钛酸铅。其中钛酸钡（$BaTiO_3$）是由碳酸钡（$BaCO_3$）和二氧化钛（TiO_2）按 $1:1$ 分子比例在高温下合成的压电陶瓷，它具有很高的介电常数和较大的压电系数（约为石英晶体的 50 倍），不足之处是居里温度低（$120 \, ℃$），温度稳定性和机械强度不如石英晶体。锆钛酸铅是由 $PbTiO_3$ 和 $PbZrO_3$ 组成的固溶体，与钛酸钡

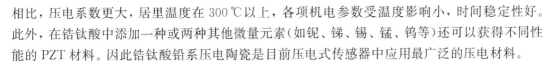

相比，压电系数更大，居里温度在 300℃以上，各项机电参数受温度影响小，时间稳定性好。此外，在锆钛酸中添加一种或两种其他微量元素(如铌、锑、锡、锰、钨等)还可以获得不同性能的 PZT 材料。因此锆钛酸铅系压电陶瓷是目前压电式传感器中应用最广泛的压电材料。

3）新型压电材料

新型压电材料中较为重要的有压电半导体和高分子压电材料。自 1968 年新型压电材料诞生以来出现了多种压电半导体材料，如硫化锌、碲化镉、氧化锌、硫化镉、碲化锌和砷化镓等。新型压电材料既有压电特性，又有半导体性质，因此，可制作成压电式传感器，也可制作成半导体电子器件，还可将二者结合，研制出新型集成压电式传感器。这种材料具有灵敏度高、响应时间短等优点。

高分子压电材料主要分为高分子压电薄膜和高分子压电陶瓷薄膜。高分子压电薄膜是某些高分子聚合物经延展和拉伸以及电场极化后具有压电性能的材料，如聚二氟乙烯，它的优点是耐冲击、不易破碎、稳定性好、频带宽。高分子压电陶瓷薄膜是在高分子化合物中加入压电陶瓷粉末制成的，这种复合材料保持了高分子压电陶瓷薄膜的柔软性，又具有较高的压电系数。

3. 压电式传感器的等效电路

当压电式传感器中的压电晶体承受被测机械应力的作用时，在它的两个极面上会出现极性相反但电量相等的电荷。可把压电式传感器看成一个静电发生器，也可把它视为两极板上聚集有异性电荷、中间为绝缘体的电容器，其电容量为 $C_a = \varepsilon S / d$。当两极板聚集有异性电荷时，则两极板呈现一定的电压，其大小为 $U_a = q / C_a$。压电式传感器的等效电路如图 5-5 所示。

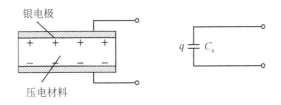

图 5-5　压电式传感器的等效电路

如果施加于压电晶片上的外力不变，积聚在极板上的电荷又无泄漏，那么当外力继续作用时，电荷量将保持不变。这时在极板上积聚的电荷与力的关系为

$$q = DF \qquad\qquad (5-1)$$

式中：q 为电荷量；F 为作用力(N)；D 为压电常数(C/N)，与材质及切片的方向有关。

式(5-1)表明，电荷量 q 与作用力 F 成正比。当然，在作用力终止时，电荷就随之消失。

需要注意的是，当利用压电式传感器测量静态或准静态值时，必须采取一定的措施，使电荷从压电晶片上经测量电路的漏失减小到足够小。因压电晶片在交变力的作用下，电荷可以不断补充，可给测量回路供给一定的电流，故压电式传感器只适用于动态测量。

4. 压电材料的主要参数

压电材料的主要参数包括压电常数、弹性常数、介电常数、电阻和居里点(也称为居里温度)。其中,压电常数是单位作用力在压电材料上产生的电荷,是压电材料把机械能转变成电能或把电能转变成机械能的转变系数,它反映了压电材料弹性性能与介电性能之间的耦合关系,体现了该压电材料的灵敏度。压电常数与材料本身的性质和极化处理条件有关,其越高,压电材料的能量转换的效率越高。弹性常数也称刚度,它决定着压电式传感器的固有频率和动态特性。对于一定形状、尺寸的压电元件,其固有电容与介电常数有关,而固有电容又影响着压电式传感器的频率下限。压电材料的电阻会减少电荷泄漏,从而改善压电式传感器的低频特性。居里点是压电材料开始丧失压电特性的温度。

5. 压电元件的连接

单片压电元件产生的电荷量甚微,为了提高压电式传感器的输出灵敏度,在实际应用中常采用两片(或两片以上)同型号的压电元件黏结在一起,如图 5-6 所示。从作用力看,压电元件是串接的,因而每片受到的作用力相同,产生的变形和电荷数量大小都与单片时相同。图 5-6(a)从电路上看,这是并联接法,类似两个电容的并联,所以外力作用下正负电极上的电荷量增加了 1 倍,电容量也增加了 1 倍,输出电压与单片时相同。图 5-6(b)从电路上看是串联的,两压电片中间黏接处正负电荷中和,上、下极板的电荷量与单片时相同,总电容量为单片的一半,输出电压增大了 1 倍。

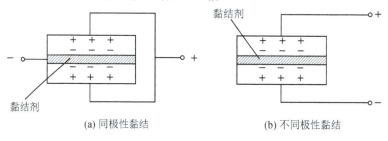

(a) 同极性黏结　　　　　　　　(b) 不同极性黏结

图 5-6　压电元件的连接

5.1.3　压电式传感器的应用

1. 智能交通检测

将高分子压电电缆或者压电薄膜埋在公路上,可以获取车型分类信息(包括轴数、轴距、轮距、单双轮胎),或者完成车速监测、收费站称重、闯红灯拍照、停车区域监控、交通数据信息采集等任务。压电电缆和压电薄膜的实物图如图 5-7 所示。

压电式传感器的应用

(a) 压电电缆　　　　　　　　(b) 压电薄膜

图 5-7　压电电缆和压电薄膜实物图

压电薄膜通常很薄，不但柔软、密度低、灵敏度极好，而且还具有很强的机械韧性，其柔顺性比压电陶瓷高出 10 倍，可制成较大面积和多种厚度。此外，可以直接黏附在机件表面，而不会影响机件的机械运动，非常适用于需要大带宽和高灵敏度的应变传递。

可以利用压电式传感器对行驶中的车辆进行称重，判断正在高速行驶中的车辆，尤其是驶过桥梁的车辆是否超载，然后由视频系统拍下车牌号记录在案。这项技术在很多国家得到了应用。在车速检测系统中使用压电式传感器可以得到良好的效果，通常在每条车道上安装两个压电式传感器，当轮胎经过传感器 A 时，启动电子时钟，当轮胎经过传感器 B 时，时钟停止。传感器之间的距离已知，将两个传感器之间的距离除以两个传感器信号的时间周期，就可得出车速。另外，压电式传感器也可作为闯红灯照相机的触发器，照相机控制器与红绿灯控制器相连便可在红灯时完成动作。即用两个压电式传感器测量车辆到达停车线前的车速，如果红灯已亮并且车速大于预置值，就会自动拍下第一张照片。第一张照片可证明红灯已亮而且车辆在红灯亮时未超越停车线，并可显示车速及已亮红灯的时间。第二张照片根据车速在第一次拍照后一定的时间内拍出，一般来说为 1～2 s。第二张照片可证明事实上车辆越了停车线进入交叉路口并闯了红灯。

2. 压电式测振传感器

振动可分为机械振动，土木结构振动，运输工具振动，武器、爆炸引起的冲击振动等。

从振动的频率范围来分，有高频振动、低频振动和超低频振动等。从振动信号的统计特征来看，可将振动分为周期振动、非周期振动以及随机振动等。测振用的传感器又称拾振器，它有接触式和非接触式之分。接触式又可分为磁电式、电感式、压电式等；非接触式又可分为电涡流式、电容式、霍尔式、光电式等。下面通过桥墩水下缺陷的探测来介绍压电式测振传感器。

图 5-8(a)所示为用压电式加速度传感器探测桥墩水下部位裂纹的示意图。首先通过放电炮的方式使水箱振动(激振器)，桥墩将承受垂直方向的激励，然后用压电式加速度传感器测量桥墩的响应，并将信号经电荷放大器进行放大后送入数据记录仪，最后将记录下的信号输入频谱分析仪，经频谱分析后就可判定桥墩有无缺陷。没有缺陷的桥墩为一坚固整体，加速度响应曲线为单峰，如图 5-8(b)所示。若桥墩有缺陷，其力学系统变得更为复杂，激励后的加速度响应曲线将显示出双峰或多峰，如图 5-8(c)所示。

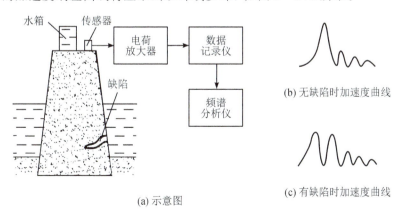

(a) 示意图

(b) 无缺陷时加速度曲线

(c) 有缺陷时加速度曲线

图 5-8　压电式测振传感器探测桥墩水下部位裂纹示意图及加速度曲线

3. 制成压电式加速度传感器

加速度传感器作为测量物体运动状态的一种重要的传感器主要分为压阻式、电容式、压电式、振弦式等类型。压电式加速度传感器是以压电材料为转换元件，将加速度输入转化成与之成正比的电荷或电压输出的装置，具有结构简单、重量轻、体积小、耐高温、固有频率高、输出线性好、测量的动态范围大、安装简单的特点。

压电式加速度传感器又称为压电加速度计，属于惯性式传感器。它是一种典型的有源传感器，利用了某些物质如石英晶体、人造压电陶瓷的压电效应，在加速度计受振时，质量块加在压电元件上的力也随之变化。压电敏感元件是力敏元件，在外力作用下，压电敏感元件的表面上产生电荷，从而实现非电量电测量的目的。

如图 5-9 所示，压电式加速度传感器由基座、压电片、质量块、弹簧和外壳组成。实际测量时，将图 5-9 中的基座与待测物体刚性地固定在一起。当待测物体运动时，基座与待测物体以同一加速度运动，压电片受到质量块与加速度相反方向的惯性力的作用，在晶体的两个表面上产生交变电荷(电压)。当待测物体运动引起的振动频率远低于传感器的固有频率时，传感器的输出电荷(电压)与作用力成正比。电信号经前置放大器放大，即可由一般测量仪器测试出电荷(电压)大小，从而得出物体的加速度。压电式加速度传感器的压电敏感元件采用具有压电效应的压电片。弹簧是压电式加速度传感器的核心，其结构决定着该传感器的各种性能和测量精度，因此弹簧结构设计的优劣对压电式加速度传感器性能的好坏起着至关重要的作用。

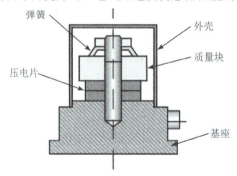

图 5-9 压电式加速度传感器结构图

4. 超声波传感器

使用压电式超声波传感器可以进行医学超声波检测、超声波探伤、超声波液位检测、厚度检测、流量检测和频谱分析等。可见，超声波传感器为人类带来了更多的检测方法，各种超声波传感器产品如图 5-10 所示，本书将在后续章节中对超声波传感器进行详细介绍，这里不再赘述。

图 5-10 各种超声波传感器产品

5.2　应变式传感器

应变式传感器属于电阻式传感器中的一种，基本工作原理是将被测量的变化转化为传感器电阻值的变化，再经一定的测量电路实现对测量结果的输出，即主要通过弹性元件的传递，将被测量引起的形变转换为传感器敏感元件的电阻值变化。

5.2.1　金属的应变效应

应变式传感器的核心元件是金属电阻应变片，它可将试件上的应力变化转换成电阻变化。因此，金属在受到外界力的作用时，产生机械变形，机械变形导致其阻值变化，这种因形变而使金属阻值发生变化的现象称为金属的应变效应。

金属的应变效应和应变式传感器工作原理

5.2.2　应变式传感器的工作原理

对于长为 L、横截面积为 S、电阻率为 ρ 的金属丝，其电阻值 R 为

$$R = \rho \frac{l}{S} \tag{5-2}$$

当电阻丝受到轴向拉力 F 作用时，伸长量为 ΔL，横截面积相应减少 ΔS，电阻率变化为 $\Delta \rho$，则电阻的相对变化为

$$\frac{\Delta R}{R} = \frac{\Delta L}{L} - \frac{\Delta S}{S} + \frac{\Delta \rho}{\rho} \tag{5-3}$$

由材料力学可知，在弹性范围内，$\dfrac{\Delta l}{l} = \varepsilon$，$\dfrac{\Delta r}{r} = -\mu\varepsilon$，$\dfrac{\Delta \rho}{\rho} = \lambda\sigma = \lambda E\varepsilon$。其中：$\varepsilon$ 表示应变大小，即物体在受到外力作用下产生变形的程度；μ 为金属材料的泊松系数。

因此可以推导得到以下结果：

$$\frac{\Delta R}{R} = (1 + 2\mu + \lambda E)\varepsilon \tag{5-4}$$

其中：ε 为导体的纵向应变，其数值一般很小，常以微应变度量；μ 为电阻丝材料的泊松比，一般金属泊松比为 $0.3 \sim 0.5$；λ 为压阻系数，与材质有关；σ 为应力值；E 为电阻丝材料的弹性模量。

通常把单位应变所引起的电阻值相对变化称为电阻丝的灵敏系数，并用 K 表示，即有

$$K = \frac{\dfrac{\Delta R}{R}}{\varepsilon} = 1 + 2\mu + \lambda E = 1 + 2\mu + \frac{\dfrac{\Delta \rho}{\rho}}{\varepsilon} \tag{5-5}$$

其中，$1 + 2\mu$ 部分由材料的几何尺寸变化引起，$\dfrac{\dfrac{\Delta \rho}{\rho}}{\varepsilon}$ 部分由材料的电阻率应变产生，即压阻效应。金属材料的 K 以前者（即 $1 + 2\mu$）为主，而半导体材料的 K 主要取决于其电阻率的相对变化。

因为 $\dfrac{\Delta R}{R} = K\varepsilon$，所以通过弹性元件可将位移、压力、振动等物理量应力转换为应变进行测量，这是应变式传感器测量应变的基本原理。

导电材料的电阻与其电阻率、几何尺寸(长度与截面积)有关，在外力作用下发生机械变形，可引起该导电材料的电阻值发生变化。

人们通过黏结在弹性元件上的应变片的阻值变化来测量压力值，常用于测量力、扭矩、张力、位移、转角、速度、加速度和振幅等。应变式传感器就是将被测量的变化转换成传感器元件电阻值的变化，再经过转换电路变成电信号输出。

金属应变片一般由应变敏感栅、基片、覆盖层、引出线组成，如图 5-11 所示。应变敏感栅一般由金属丝、金属箔等组成，它把机械应变转化成电阻的变化。基片和覆盖层起固定和保护敏感元件、传递应变和电气绝缘作用。

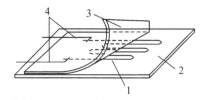

1—应变敏感栅；2—基片；3—覆盖层；4—引出线。

图 5-11 金属应变片结构

 5.2.3 金属电阻应变片

1. 金属电阻应变片的分类

由金属材料制成的金属电阻应变片主要分为金属丝式、金属箔式以及金属薄膜式三种。

金属电阻应
变片的特性

金属丝式应变片采用金属合金电阻丝制成，电阻率高，直径约 0.02 mm，需要粘贴在绝缘基片上，上面覆盖一层薄膜，形成一个整体。这种应变片制作简单、性能稳定、成本低。金属丝式应变片的电阻值为 60 Ω、120 Ω、200 Ω 等多种规格，以 120 Ω 最为常用。

金属箔式应变片是利用光刻、腐蚀等工艺制成的一种很薄的金属箔栅，厚度一般在 0.003~0.010 mm，粘贴在基片上，上面再覆盖一层薄膜而制成。这样制成的应变片优点包括：金属箔栅很薄，能更好地和试件共同工作；箔材表面积大，散热条件好，提高了测量灵敏度；箔栅的尺寸准确、均匀，且能制成任意形状，扩大了使用范围；便于成批生产。金属箔式应变片也具有一些缺点，主要包括：电阻值分散性大，有的相差几十欧姆，故需进行阻值调整；生产工序较为复杂，由于引出线的焊点采用锡焊，因此不适于高温环境下测量；价格较贵。

金属薄膜式应变片是采用真空蒸镀或溅射式阴极扩散等方法，在薄的基底材料上制成一层金属电阻材料薄膜构成的。这种应变片有较高的灵敏度系数，允许电流密度大，工作温度范围较广。在常温下，金属箔式应变片已逐步取代了金属丝式应变片。

以上三种金属电阻应变片中，金属箔式和金属薄膜式应变片的应用最为广泛。

金属电阻应变片的基本测量电路如图 5－12 所示，当 $R_L \to \infty$ 时，电桥输出电压为

$$U_o = E\left(\frac{R_2}{R_1 + R_2} - \frac{R_4}{R_3 + R_4}\right)$$

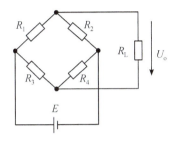

图 5－12　金属电阻应变片的基本测量电路　　　　金属应变片的基本测量电路

当 $R_1 R_4 = R_2 R_3$ 时电桥平衡，输出电压 $U_o = 0$，若 R_1 由应变片替代，则当电桥开路时，不平衡电桥输出电压为

$$U_o = E\left(\frac{R_2}{R_1 + \Delta R + R_2} - \frac{R_4}{R_3 + R_4}\right)$$

在此基础上，桥臂电阻 R_1 和 R_2 都由应变片替代，一个受拉应变，一个受压应变，接入电桥相邻桥臂，如图 5－13 所示，这种接法称为半桥差动电桥。此时，不平衡电桥输出的电压为

$$U_o = E\left(\frac{R_2 - \Delta R_2}{R_1 + \Delta R_1 + R_2 - \Delta R_2} - \frac{R_4}{R_3 + R_4}\right)$$

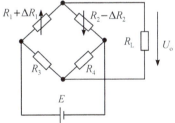

图 5－13　金属电阻应变片半桥差动电桥

假设 $R_1 = R_2 = R_3 = R_4$ 且 $\Delta R_1 = \Delta R_2$，可以得出

$$U_o = -\frac{\Delta R_1 E}{2 R_1}$$

由上式可知，U_o 与 $\dfrac{\Delta R_1}{R_1}$ 呈线性关系，半桥差动电桥无非线性误差，电压灵敏度比使用单只应变片提高了一倍。如果想继续提高金属电阻应变片电压灵敏度可以使用全桥差动电桥，如图 5－14 所示，电桥四臂接入四片应变片，两个受拉应变，两个受压应变，两个应变符号相同的接入相对桥臂上。若满足平衡的条件，则输出电压为

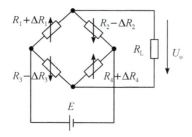

图 5 - 14 金属电阻应变片全桥差动电桥

$$U_{\mathrm{o}} = -\frac{\Delta R_1 E}{R_1}$$

可见，全桥差动电桥也无非线性误差，电压灵敏度是使用单只应变片的 4 倍，比半桥差动又提高了一倍。

根据金属电阻应变片的电桥电路，可以推导得到下述结果。

（1）电压灵敏度。

设桥臂比为 $R_2/R_1 = n$，如果 $\Delta R_1 \ll R_1$，则 $\Delta R_1/R_1$ 可忽略，结合电桥平衡条件 $R_1/R_2 = R_3/R_4$ 可得电桥输出为

$$U_{\mathrm{o}} = E \frac{n}{(1+n)^2} \frac{\Delta R_1}{R_1} \tag{5-6}$$

定义电桥的电压灵敏度为

$$K_{\mathrm{U}} = \frac{U_{\mathrm{o}}}{\dfrac{\Delta R_1}{R_1}} = E \cdot \frac{n}{(1+n)^2} \tag{5-7}$$

可见，电压灵敏度越大，说明金属电阻应变片在电阻相对变化相同的情况下，电桥输出电压越大，电桥越灵敏。这就是电压灵敏度的物理意义。

金属电阻应变片电桥的电压灵敏度正比于电桥的供电电压，要提高电桥的灵敏度，可以提高电源电压，但要受到金属电阻应变片允许的功耗限制。金属电阻应变片电桥的电压灵敏度是桥臂电阻比值 n 的函数，恰当地选取 n 值有助于取得较高的灵敏度。

在 E 确定的情况下，$n=1$（$R_1=R_2=R_3=R_4$）时，K_{U} 的值最大，电桥的电压灵敏度最高。此时有

$$U_{\mathrm{o}} = \frac{E}{4} \cdot \frac{\Delta R_1}{R_1} \tag{5-8}$$

则 $K_{\mathrm{U}} = E/4$。由此可知：当电源的电压 E 和电阻相对变化量 $\Delta R_1/R_1$ 不变时，电桥的输出电压及其灵敏度也不变，且与各桥臂电阻阻值大小无关。

（2）非线性误差及其补偿。

式（5-6）是在略去分母中的较小量 $\Delta R_1/R_1$ 得到的理想值，实际值应为

$$U'_{\mathrm{o}} = E \cdot \frac{n \cdot \dfrac{\Delta R_1}{R_1}}{\left(1 + \dfrac{\Delta R_1}{R_1} + n\right)(1+n)} \tag{5-9}$$

非线性误差为

$$\gamma_{\mathrm{L}} = \frac{U_{\mathrm{o}} - U_{\mathrm{o}}'}{U_{\mathrm{o}}} = \frac{\dfrac{\Delta R_1}{R_1}}{1 + n + \dfrac{\Delta R_1}{R_1}} \qquad (5-10)$$

如果是四等臂电桥，即 $R_1 = R_2 = R_3 = R_4$，$n = 1$，则有

$$\gamma_{\mathrm{L}} = \frac{\dfrac{\Delta R_1}{R_1}}{2 + \dfrac{\Delta R_1}{R_1}} \qquad (5-11)$$

因此要减小或消除非线性误差，可采用的方法包括：

① 提高桥臂比。由式(5-11)可知，提高桥臂比，非线性误差将减小，但电桥的电压灵敏度将降低。为了保持灵敏度不降低，必须相应地提高供电电压。

② 测量电路采用差动电桥。

2. 金属电阻应变片的主要特性

金属电阻应变片有横向效应和温度误差两种特性。

横向效应是因为金属电阻应变片的应变敏感栅除了有纵向丝栅外，还有圆弧形或直线形的横栅，如图 5-15 所示。沿横向拉应变 ε_x 是电阻直线段产生的，沿轴向压应变 ε_y 是电阻的圆弧段产生的，如图 5-15(b) 所示。应变片的这种既受轴向应变影响，又受横向应变影响而引起电阻变化的现象称为横向效应。应变敏感栅的纵栅愈窄、愈长，而横栅愈宽、愈短，则横向效应的影响愈小。

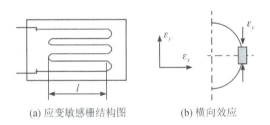

(a) 应变敏感栅结构图　　　　(b) 横向效应

图 5-15　金属电阻应变片的应变敏感栅结构图和横向效应

用作测量应变的金属应变片，人们希望其阻值仅随应变变化，而不受其他因素的影响。但是由于环境温度变化引起的应变片电阻变化，与试件应变所造成的电阻变化几乎有相同的数量级，从而产生很大的测量误差，这种误差称为金属电阻应变片的温度误差，又称热输出。

消除金属电阻应变片的温度误差的方法有单丝自补偿、双丝组合式自补偿和电路补偿三种。其中单丝自补偿和双丝组合式自补偿都要求制作金属电阻应变片的材料符合一定要求，即在制作完成后应具有温度补偿功能。但是其阻值可选范围较小，因此使用范围较窄。一般使用较多的是电路补偿，即通过电路达到输出补偿的目的。

图 5-16 所示为补偿应变片粘贴示意图及补偿电路，其中 R_1 为工作应变片，R_2 为补偿应变片。在工作过程中，R_2 不承受应变，仅随温度发生变形。当没有形变时，R_1 和 R_2 在温度升高或降低时，电阻值变化一致，即可在电压输出 U_{o} 端达到补偿的目的。

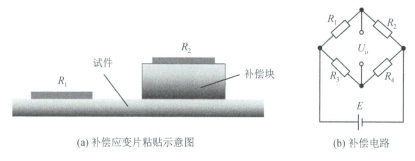

(a) 补偿应变片粘贴示意图　　　　　(b) 补偿电路

图 5 - 16　补偿应变片粘贴示意图及补偿电路

5.2.4　应变式传感器的应用

应变式传感器的应变片将应变的变化转换成电阻相对变化 $\Delta R/R$，在应用过程中，还要把电阻的变化转换成电压或电流的变化才能用电测仪表进行测量。应变式传感器应用领域主要包括电子秤、汽车重量检测系统和发动机推力检测系统等，分别如图 5 - 17～图 5 - 19 所示。

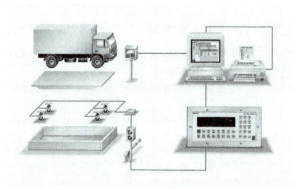

图 5 - 17　电子秤　　　　　　　　**图 5 - 18　汽车重量检测系统**

图 5 - 19　发动机推力检测系统

5.3　压阻式传感器

压阻式传感器是利用单晶硅材料的压阻效应原理制成的传感器。单晶硅材料在受到力的作用后，电阻率会发生变化，从而测量电路就可得到正比于力变化的电压信号或者电流信号。压阻式传感器可用于压力、拉力、压力差和可以转变为力的变化的其他物理量，如液位、加速度、重量等物理量的测量和控制。

5.3.1　压阻式传感器的工作原理

压阻式传感器的工作原理主要基于半导体材料的压阻效应，即单晶半导体材料沿某一轴向受到外力作用时，其电阻率发生变化的现象。半导体敏感元件产生压阻效应时其电阻率的相对变化与应力间的关系为

$$\frac{\Delta\rho}{\rho} = \pi\sigma = \pi E\varepsilon \tag{5-12}$$

式中：ρ 为电阻率；π 为半导体材料在受力方向的压阻系数；σ 为作用于材料的轴向应力。

因此，对于半导体电阻应变片来说，其灵敏度系数为

$$K \approx \frac{\Delta\rho}{\rho\varepsilon} = \pi E \tag{5-13}$$

压阻式传感器的结构简图如图 5-20(a)所示，其硅膜片两边有两个压力腔，一个是和被测压力相连接的高压腔，另一个是低压腔，通常和大气相通。硅膜片(如图 5-20(b)所示)两边存在压力差时，硅膜片产生变形，硅膜片上各点产生应力。四个扩散在硅膜片上的电阻(如图 5-20(c)所示)在应力作用下，阻值发生变化，电桥失去平衡，输出相应的电压，电压与硅膜片两边的压力差成正比，经过放大输出。需要注意的是这四个应变电阻按照全桥差动电桥方式进行连接，既提高了灵敏度，又消除了非线性误差。

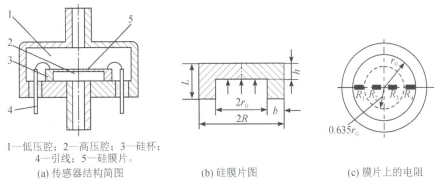

1—低压腔；2—高压腔；3—硅杯；
4—引线；5—硅膜片。
(a) 传感器结构简图　　　　(b) 硅膜片图　　　　(c) 膜片上的电阻

图 5-20　压阻式传感器结构简图

压阻式传感器具有体积小、结构比较简单、动态响应好、灵敏度高(能测出十几帕的微压)、长期稳定性好、频率响应高、便于生产、成本低的特点。但是，其测量准确度受到非线性和温度的影响，一般需要利用微处理器对非线性和温度进行补偿。对非线性和温度进行补偿的措施包括：

（1）恒流源供电电桥。使用恒流源为电桥供电可以有效减小温度带来的误差。图 5 - 21 所示为恒流源供电的全桥差动电路，假设 ΔR_{T} 为温度引起的电阻变化，$I_{\mathrm{ABC}}=I_{\mathrm{ADC}}=\dfrac{I}{2}$，电桥的输出为 $U_{\mathrm{o}}=\dfrac{1}{2}I(R+\Delta R+\Delta R_{\mathrm{T}})-\dfrac{1}{2}I(R-\Delta R+\Delta R_{\mathrm{T}})=I\Delta R$，可见，电桥的输出电压与电阻变化成正比，与恒流源电流也成正比，但与温度无关，因此测量不受温度的影响。

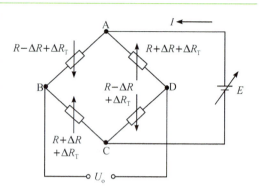

图 5 - 21　恒流源供电的全桥差动电路

（2）温度补偿。压阻式传感器受到温度影响后，会产生零点温度漂移和灵敏度温度漂移，因此必须采用温度补偿措施。零点温度漂移是由于四个扩散电阻的阻值及其温度系数的不一致引起的，一般用串、并联电阻法补偿。如图 5 - 22 所示，R_{S} 为串联电阻，R_{P} 是并联电阻。串联电阻主要起调零作用，并联电阻主要起补偿作用。由于零点温度漂移，导致 B、D 两点电位不等，如当温度升高时，R_{2} 增加比较大，使 D 点的电位低于 B 点，B、D 两点的电位差即为零点温度漂移。可在 R_{2} 上串联一个温度系数为负、阻值较大的电阻 R_{P} 用

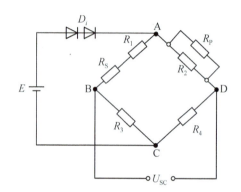

图 5 - 22　零点温度补偿示意图

来约束 R_{2} 的变化，当温度变化时，可减少或消除 B、D 点之间的电位差，达到补偿的目的。

灵敏度温度漂移是由于压阻系数随温度变化而引起的。温度升高时，压阻系数变小；温度降低时，压阻系数变大。补偿灵敏度温度漂移可采用在电源回路中串联二极管的方法。温度升高时，灵敏度降低，这时如果提高电桥的电源电压，使电桥的输出适当增大，便可以达到补偿的目的。反之，温度降低时，灵敏度升高，这时如果使电源电压降低，则电桥的输出会适当减小，同样可达到补偿的目的。图 5 - 22 中，二极管 PN 结的温度特性为负值，温度每升高 1℃时，正向压降约减小 1.9～2.5 mV。将适当数量的二极管串联在电桥的电源回路中，电源采用恒压源，当温度升高时，二极管的正向压降减小，于是电桥的桥压增加，使其输出增大。只要计算出所需二极管的个数，将其串入电桥电源回路，便可以达到灵敏度温度漂移补偿的目的。

5.3.2　压阻式传感器的选型

在传感器的选型方法方面，有时可以通过排除法将不符合条件的型号排除掉，剩下的就是最佳选择（如 3.2.2 光电传感器选型及安装中的例子）。但是许多时候，情况很复杂，例如大部分型号的传感器所有性能参数都符合要求，如果没有一个方法去选择，会让人眼花缭乱，无从下手。

在实际应用中下面的方法可以针对这种情况"好中选优"，具体步骤如下：

（1）在表格中列出所有型号。

（2）在表格中列出所有的性能参数，形成一个性能参数/型号矩阵，如表 5 - 1 所示。

表 5 - 1　性能参数/型号矩阵示意

性能参数	重要性	型号 1	型号 2	型号 3	型号 4
性能参数 1					
性能参数 2					
性能参数 3					
性能参数 4					

（3）不同的应用场合，对每个性能参数要求是不一样的。因此要根据实际需求，给每一个型号性能参数的重要性打分，分数可以从 1～9 分，如表 5 - 2 所示。

表 5 - 2　性能参数重要性打分示意

性能参数	重要性	型号 1	型号 2	型号 3	型号 4
性能参数 1	5				
性能参数 2	6				
性能参数 3	7				
性能参数 4	8				

（4）给每个型号的性能参数打分，如表 5 - 3 所示。

表 5 - 3　性能参数打分示意

性能参数	重要性	型号 1	型号 2	型号 3	型号 4
性能参数 1	5	5	6	7	8
性能参数 2	6	8	7	6	5
性能参数 3	7	6	7	5	5
性能参数 4	8	6	4	6	7

（5）统计每个型号的总得分。算法为：总得分＝（性能参数 1 重要性×性能参数 1 分数）＋（性能参数 2 重要性×性能参数 2 分数）＋…＋（性能参数 N 重要性×性能参数 N 分数）。分数最高者为最佳选择，如表 5 - 4 所示。

表 5 - 4　总得分算法示意

性能参数	重要性	型号 1	型号 2	型号 3	型号 4
性能参数 1	5	5	6	7	8
性能参数 2	6	8	7	6	5
性能参数 3	7	6	7	5	5
性能参数 4	8	6	4	6	7
总得分		163	152	143	153

5.3.3　压阻式传感器的应用

压阻式传感器广泛应用于称重和测力领域。它在实际应用时，一是作为敏感元件，直接用于被测试件的应变测量；二是作为转换元件，通过弹性元件构成传感器，用以对任何能转变成弹性元件应变的其他物理量进行间接测量。

1. 应变式荷重传感器

应变式荷重传感器常见的形式包括柱(筒)式力传感器和悬臂梁式力传感器。其中柱(筒)式力传感器的应变片粘贴在弹性体外壁应力分布均匀的中间部分，如图5-23(实物图及示意图)和5-24(展开图及桥路连接)所示，应变片对称地粘贴多片，横向贴片可提高灵敏度并作为温度补偿用。这种力传感器抗干扰能力强、测量精度高、性能稳定可靠、安装方便，广泛用于各种电子衡量器和各种力值测量方面，如汽车衡、轨道衡、吊勾秤、料斗秤等领域。

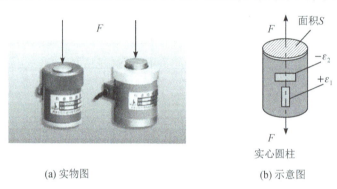

(a) 实物图　　　　　　　　　　(b) 示意图

图 5-23　柱(筒)式力传感器实物图及示意图

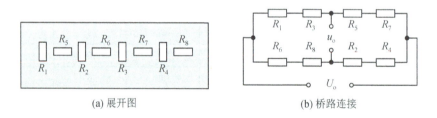

(a) 展开图　　　　　　　　　　(b) 桥路连接

图 5-24　柱(筒)式力传感器圆柱面展开图及桥路连接

悬臂梁式力传感器广泛应用在电子秤、电子天平和吊钩秤等称重场合，其悬臂梁的形式较多，如平行双孔梁和S型拉力梁等。图5-25所示为悬臂梁式传感器实物图。

图 5-25　悬臂梁式力传感器实物图

2. 应变式加速度传感器

如图 5-26 所示，应变式加速度传感器由悬臂梁、应变片、质量块、机座、壳体组成。悬臂梁自由端固定质量块，壳体内充满硅油，产生必要的阻尼。当壳体与被测物体一起进行加速度运动时，悬臂梁在质量块的惯性作用下进行反方向运动，使梁体发生形变，粘贴在梁上的应变片阻值发生变化。通过测量阻值的变化就可求出待测物体的加速度。

应变式加速度传感器不适用于频率较高的振动和冲击场合，一般适用频率为 10～60 Hz 范围。它的实物图如图 5-27 所示。

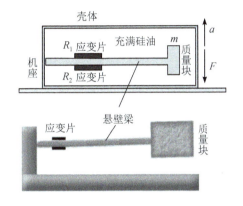

图 5-26　应变式加速度传感器结构示意图　　　图 5-27　应变式加速度传感器实物图

3. 应变式压力传感器

应变式压力传感器主要用来测量流动介质的动态或静态压力，如动力管道设备的进出口气体或液体的压力、发动机内部的压力、枪管及炮管内部的压力、内燃机管道的压力等。压力传感器大多采用膜片式或筒式弹性元件，其结构示意图如图 5-28(a)所示。薄壁筒上贴有两片工作应变片，实心部分贴有两片温度补偿片，如图 5-28(b)和(c)所示。实心部分在筒内有压力时不产生形变。当无压力时，四片应变片组成的全桥平衡；当被测压力 P 进入应变筒的腔内时，圆筒发生形变，电桥失衡。

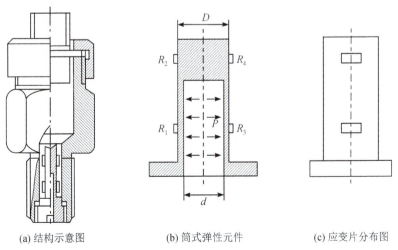

(a) 结构示意图　　　　　(b) 筒式弹性元件　　　　　(c) 应变片分布图

图 5-28　应变式压力传感器结构示意图

5.4　其他压力传感器

前面两节详细介绍了压电式传感器和压阻式传感器的原理及其应用。除了这两种传感器，还有多种传感器可以用于压力的测量。本节将继续介绍以下四种可以测量压力的传感器。

5.4.1　压力变送器

压力变送器将一个非标准的传感器信号，经过电路处理后，转换成标准的电信号（电流、电压、频率等）输出。常用的标准信号有标准电流输出（二线制 $4\sim20$ mA）和标准电压输出（三线制 $0\sim5$ V、三线制 $1\sim5$ V、三线制 $0.5\sim4.5$ V）。

根据液体产生的压力和深度成正比，压力变送器可以转换成液位变送器用于液位测量。压力变送器分为投入式、法兰式、螺纹式和插入式。在敞开式容器的液位测量中，经常采用投入式压力变送器来进行液位的测量，如图 5-29 所示，电缆线直接从探头部分引出。这种压力变送器适合在测量现场较稳定的环境中使用，一般直接将传感器探头投入到被测液位的底部，尽量远离泵、阀位置。此外，它的灵敏度高，长期稳定性好，直接感测被测液位压力，不受介质起泡、沉积的影响，测量膜片与介质大面积接触，不易堵塞，便于清洗。另外其无机械传动部件，因而无机械磨损，无机械故障，可靠性强。但应注意，投入式压力变送器的引出电缆不宜浸泡在腐蚀性液体中。投入式压力变送器实物如图 5-30 所示。

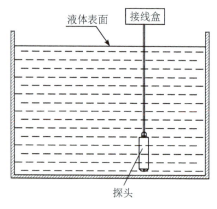

图 5-29　投入式压力变送器测量液位　　图 5-30　投入式压力变送器实物图

法兰式压力变送器采用较大内孔和法兰连接方式，适用于非密封场合，尤其是在黏稠、浆状或颗粒状介质的液体中，不易堵塞，便于清洗，其外观如图 5-31 所示。

螺纹式压力变送器一般用于封闭式压力容器中，采用差压测量方式进行液位的测量，其外观图如图 5-32 所示。螺纹式压力变送器的高压侧接密闭容器底端，低压侧接密闭容器顶端，通过对差压的检测计算出液位。

图 5-31　法兰式压力变送器的外观

配套安装的还有截止阀、高低压连通阀和排污阀等，有的环境需要安装平衡罐以减少压力的波动，安装图如图 5 - 33 所示。

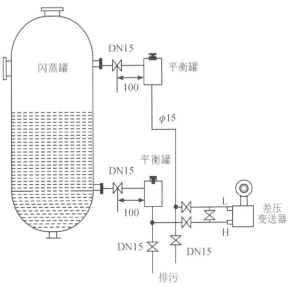

图 5 - 32　螺纹式压力变送器的外观　　　　　图 5 - 33　螺纹式压力变送器的安装图

　　插入式压力变送器分为直杆式和软管式两种。直杆式压力变送器与接线盒之间的线缆采用不锈钢管封装防护，具有较强的硬度，可以直接插入到被测液体底部。软管式压力变送器与接线盒之间的线缆采用不锈钢柔性软管封装防护，使其既具有一定的强度，又具有一定的柔软性，适于安装，其外观如图 5 - 34 所示。

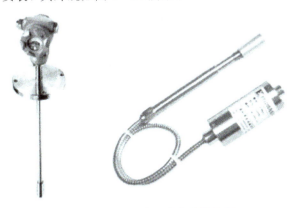

图 5 - 34　插入式压力变送器外观

　　压力变送器在工业管道上正确的安装位置与被测介质有关，为获得最佳的测量效果，应注意考虑以下几点：

　　(1) 防止压力变送器与腐蚀性或过热的介质接触。

　　(2) 防止渣滓在导管内沉积。

　　(3) 测量液体压力时，取压口应开在流程管道侧面，以避免沉淀积渣。

　　(4) 测量气体压力时，取压口应开在流程管道顶端，并且压力变送器也应安装在流程管道上部，以便积累的液体容易注入流程管道中。

（5）导压管应安装在温度波动小的地方。

（6）测量蒸汽或其他高温介质时，需加接缓冲管等冷凝器，使压力变送器的工作温度不超过极限。

（7）冬季发生冰冻时，安装在室外的压力变送器必须采取防冻措施，避免引压口内的液体因结冰体积膨胀，导致压力变送器损坏。

（8）测量液体压力时，安装位置应避免液体的冲击，以免压力变送器过压损坏。

（9）接线时，应将电缆穿过防水接头或绕性管并拧紧密封螺帽，以防雨水等通过电缆渗漏进压力变送器壳体内。

5.4.2　多维力传感器

机器人力控制系统由多维力传感器、计算机、工业机器人、控制器等组成，用来完成预定工作任务。常见的多维力传感器主要分为三维力传感器和六维力传感器。

三维力传感器能同时检测三维空间的三个力信息，在使用时不但能检测和控制机器人抓取物体的握力，还能检测物体的重量，其外观如图 5-35 所示。三维力传感器中的三维指力传感器有侧装和顶装两种，侧装式一般用于二指机器人夹持器，顶装式一般用于多手指的灵巧手。

六维力传感器能同时检测三维空间的全力信息，包括三个力分量和三个力矩分量，可以用来检测方向、大小不断变化的力和力矩以及检测接触力的作用点。该传感器一般还包括解耦单元和数据处理单元。六维力传感器是智能机器人重要的传感器，广泛应用于精密装配、自动磨削、双手协调等作业中，例如机器人上的腕力传感器、指间力传感器和关节力传感器。其在航空、航天、机械加工、汽车等行业中也得到了广泛的应用。例如图 5-36 所示国产 Smart300 系列传感器，其弹性体灵敏度高、刚性好、维间耦合小、有机械过载保护功能；综合解耦桥路信号输出为三维空间的六个分量，可直接用于力控制；采用标准串口和并口输入输出；产品既可与控制计算机组成两级计算机系统，也可连接终端，构成独立的测试装置。

图 5-35　三维力传感器的外观

图 5-36　Smart300 系列六维力传感器

5.4.3　成像触觉传感器

成像触觉传感器用于感知接触物体的形状，通过若干感知单元组成的阵列实现。当其表面弹性材料触头受到法向压力作用时，触杆下伸，使发光二极管射向光敏二极管的光被遮挡，光敏二极管输出随压力大小变化的电信号。将若干这样的感知单元组成阵列，通过 A/D 转换成数字信号，就可以得到接触物体的形状。这种触觉传感器属于光电式成像触觉传感器。

电容式成像触觉传感器的工作原理是其表面的受力使极板间的相对位移发生变化，因为极板间电容 $C = \dfrac{\varepsilon S}{d}$（其中 ε 表示极板间的介电常数，S 表示极板的面积，d 表示极板间距离），所以可以看出当极板的介电常数和面积为定值时，电容大小和极板距离呈比例关系，从而反映出其受力情况。为了使分辨率更高，可采用垂直交叉电极的形式将电容式成像触觉传感器排列成阵列。这种电容式成像触觉传感器采用三层结构，顶层带有条形导电橡胶电极，具有柔性，底层是带有条形电容器的印制电路板。由于上、下两层电极垂直排列，构成多个触觉单元，因此当电容式成像触觉传感器表面受力后会导致相应位置的电容量发生变化。通常人们采用运算放大器测量电路将电容信号转化成电压信号，从而得到接触物体的形状。

5.4.4　TIR 触觉传感器

TIR 触觉传感器是基于全反射现象设计出来的，由白色弹性膜、玻璃波导板、光源、传光光缆、传像光缆、透镜、三棱镜和 CCD 成像装置组成，如图 5-37 所示。光源从传光光缆中发出，入射进玻璃波导板，白色弹性膜未受到力时，玻璃波导板与白色弹性膜之间存在空气间隙，进入玻璃波导板的绝大部分光线发生全反射，CCD 成像装置检测不到光线；当白色弹性膜受到力时，在贴近玻璃波导板的地方排掉了空气，波导板内的光线不再是从光密介质射向光疏介质，同时玻璃波导板表面发生不同程度的变形，有光线从其紧贴部位泄露出来，在白色弹性膜上产生漫反射；漫反射光经玻璃波导板与三棱镜射出来，进入传像光缆，最终通过透镜进入 CCD 成像装置。随着受力的增大，白色弹性膜和玻璃波导板的接触面积增大，漫反射出的光线就越强，从而 CCD 成像装置可以得到更清晰的图像。传统的波导板由玻璃制成，要求接触面必须十分平整才能得到清晰图像。随着研究的深入，透明柔软橡胶板作为波导板得到应用，它具有柔性强、分辨力高等特点，特别适用于机器人领域中。

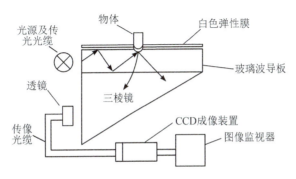

图 5-37　TIR 触觉传感器结构示意图

5.5　学习拓展：玻璃破碎报警器的设计

玻璃破碎报警器是在玻璃破碎时发出警报的安保器件，它在人们的日常生活中有着重要的应用，多数防盗系统中都有它的身影，比较常见的是在博物馆、珠宝店等。利用压电陶瓷片可以制成玻璃破碎入侵探测器，对高频的玻璃破碎声音进行有效检测可以达到同样目的。玻璃破碎探测器按照工作原理的不同可以大致分为两类：一类是声控型的单技术玻璃破碎探测器，另一类是双技术玻璃破碎探测器，其中包括声控-震动型和次声波-玻璃破碎高频声响型。声控-震动型双技术玻璃破碎探测器是将声控与震动探测两种技术组合在一起，只有同时探测到玻璃破碎时发出的高频声音信号和敲击玻璃引起的震动，才输出报警信号。次声波-玻璃破碎高频声响型双技术玻璃探测器是将次声波探测技术和玻璃破碎高频声响探测技术组合到一起，只有同时探测敲击玻璃和玻璃破碎时发出的高频声响信号以及引起的次声波信号才触发报警。

玻璃破碎探测器要尽量靠近所要保护的玻璃，尽量远离噪声干扰源，如尖锐的金属撞击声、铃声、汽笛的啸叫声等，减少误报警。

1. 压电式玻璃破碎传感器

压电陶瓷片具有正压电效应，即压电陶瓷片在外力作用下产生扭曲、变形时将会在其表面产生电荷，且产生的电荷量 Q 与作用力成正比。用压电陶瓷片制成的压电式玻璃破碎传感器具有一个重要特点，即只能用于测量动态变化的信号，高频响应较好。

玻璃破碎时会产生 $10\sim15$ kHz 的高频声音信号，该信号可使压电式玻璃破碎传感器的压电元件产生正压电效应。因而压电陶瓷片可对玻璃破碎信号进行有效检测，并对 10 kHz 以下的声音有较强的抑制作用，从而检测玻璃是否发生破碎。玻璃破碎声发射频率的高低、强度的大小同玻璃的厚度及材料有关。例如石英玻璃在 25℃、湿度 25％时的破碎频率为 12 kHz。

2. 玻璃破碎报警器设计

收集有关压力传感器信息，用其中一种压力传感器设计玻璃破碎报警器并完成表 5-5。

表 5-5　玻璃破碎报警器的设计

小组成员名单			成绩	
自我评价		组间互评情况		
任务	使用一种压力传感器设计玻璃破碎报警器			
信息获取	课本、网上查询，小组讨论以及请教老师			
过程问题				
设计过程	1. 分析玻璃破碎时声音信号特点			

续表

小组成员名单		成绩	
设计过程	2. 系统架构设计 3. 玻璃破碎报警传感器的选型、报警器工作原理		
本设计过程中 遇到的问题			
小组成员在本设计中 承担的任务			

5.6　应用与实践：应变式传感器实验

　　在学习金属应变片工作原理的基础上，在规定时间内，完成电桥性能实验。通过本次实验，实现以下学习目标：

　　(1) 了解传感器基础实验台的整体结构。

　　(2) 了解金属箔式应变片的结构与粘贴方法。

　　(3) 掌握三种直流金属箔式应变片电桥的组成、测量方法并计算精度。

1. 实验设备

　　(1) 传感器基础实验台。传感器基础实验台(如图 5 - 38 所示)主要用于传感器与检测技术、自动检测技术等课程的实验教学。该实验台由传感器母板、测量仪表、激励源、气动源、温度源、振动源、虚拟数据采集器、传感器二次电路和实验导线等组成，其中激励源、测量仪表、传感器二次线路等均采用固定结构。另外该实验台采用标准模块，方便更换和功能的扩展。

金属箔式应变片
实验背景及介绍

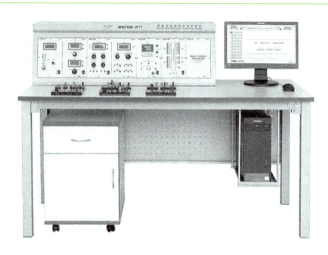

图 5-38　传感器基础实验台实物图

（2）数字万用表。数字万用表是一种多用途电子测量仪器，一般包含安培计、电压表、欧姆计等功能，有时也称为万用计、多用计、多用电表或三用电表。用数字万用表测量数据前需要明白其测量的原理，方法，从而减少错误和误差。

2. 实验目的

在实验过程中能够掌握实验方法和验证实验原理并掌握下列基本技能。

（1）组建基本测量桥路，正确操作实验设备，分析、处理实验数据并写出实验报告。

（2）解决实验过程中出现的非仪器故障，解释一般实验现象，并独立完成表 5-1 中所提的问题。

3. 实验准备

（1）回顾电阻丝的应变效应。电阻丝在外力作用下发生机械变形时，其电阻值会发生变化，这就是电阻应变效应，描述电阻应变效应的关系式为 $\Delta R/R = K\varepsilon$，式中 $\Delta R/R$ 为电阻丝电阻的相对变化，K 为应变灵敏系数，$\varepsilon = \Delta l/l$ 为电阻丝长度相对变化。金属箔式应变片就是通过光刻、腐蚀等工艺制成的应变敏感元件，通过它感受被测部位的受力状态变化。电桥的作用是完成电阻值到电压的比例变化，电桥的输出电压反映了应变敏感元件相应的受力状态。单臂电桥输出电压 $U_{o1} = EK\varepsilon/4$。

（2）进行万用表调整。用万用表测量电路或元件电阻时，红表笔插入 V_Ω 孔，黑表笔插入 COM 孔，量程旋钮打到 Ω 挡，然后读出显示屏上显示的电阻值。在此过程中，要注意应先把旋钮打到比估计值大的量程挡，然后两表笔接待测电路或元件两端，保持接触稳定。从显示屏上读取测量值时，若显示为"1."，则表明量程太小，那么就要加大量程后再测量。

单臂桥实验操作

4. 实验内容和步骤

1）金属箔式应变片的单臂电桥性能实验

金属箔式应变片的单臂电桥性能实验步骤如下：

（1）测量应变片状态。根据图 5-39 所示，应变式传感器已装在 CGQ-DB-01 的实验模块上。传感器中四组应变片的阻值 $R_a = R_b = R_c = R_d = 350\ \Omega$。实验开始前用万用表对每个应变片阻值进行测量，并记录实际测量值于表 5 - 6 中。

表 5 - 6　电阻值记录表

电阻	阻 值	电阻	阻 值
R_a		R_c	
R_b		R_d	

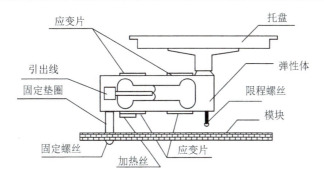

图 5 - 39　应变式传感器安装示意图

(2) 差动放大器调零。首先将差动放大器实验模块 CGQ-CD-01 上的增益调节旋钮，先顺时针调到头再逆时针调到头，最终调节到大概中间位置；然后将差动放大器上＋15、－15、GND 分别与 CGQ-02 模块上的电源＋15、－15 和 GND 相连接；最后将差动放大器实验模块 CGQ-CD-01 中的输入端 Vi1 和 Vi2 与地短接，模块 CGQ-CD-01 输出端 V_o 和地与试验台上的测量模块 CGQ-01 面板上的电压表输入端连接，电压表模块上电，调节 CGQ-CD-01 模块上的调零旋钮，使电压表显示为 0（电压表的切换开关打到 2 V 挡）。

(3) 接线。首先将 CGQ-DB-01 实验模块上应变式传感器的应变片 R_a 接入 CGQ-YD-04 实验模块的电桥上，作为一个桥臂与 R_1、R_2、R_4 接成直流电桥；然后接好电桥调零电位器 RW1，并接上桥路电源±6 V（从面板 CGQ-02 引入），如图 5 - 40、图 5 - 41 所示；接着检查接线无误后，合上电源开关；最后调节 CGQ-YD-04 实验模块电桥 RW1，使电压表显示为零（电压表的切换开关打到 2 V 挡）。

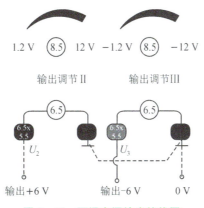

图 5 - 40　可调电源输出接线图

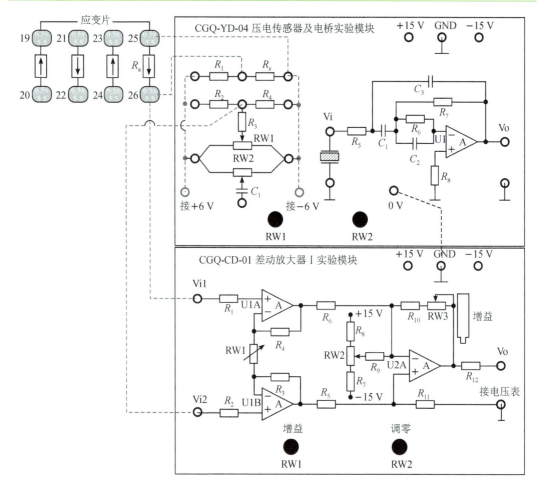

图 5-41　单臂电桥实验接线图

（4）测量并记录实验数据。首先用手轻轻地按一下应变式传感器上的托盘，松开手后观察电压表示数是否为 0，如果不是，需要继续调节 RW1，使输出为 0。反复操作这个步骤 2~3 遍即可。然后将砝码逐个轻轻地放在应变式传感器的托盘上，注意放置砝码的时候不能碰到导线以及实验台的其他部位，每放一个砝码（$\Delta m = 20$ g）记下一个数据，依次增加砝码和读取相应的电压表数值，直到 200 g 砝码加完。接着记下实验结果填入表 5-7，关闭电源，并绘制出传感器的特性曲线。最后使用表 5-7 记录的数据计算系统灵敏度 S，计算公式为 $S = \Delta u / \Delta W$（Δu 为输出电压变化量；ΔW 为重量变化量）。

表 5-7　单臂电桥输出电压与加砝码重量值对应关系表（20 g/个）

重量/g	0	20	40	60	80	100	120	140	160	180	200
电压/mV											

问题思考：单臂电桥时，作为桥臂电阻的应变片应选用：① 正（受拉）应变片；② 负（受压）应变片；③ 正、负应变片均可。

2）金属箔式应变片的半桥性能实验

金属箔式应变片的半桥性能实验步骤如下：

（1）差动放大器调零。首先将差动放大器实验模块 CGQ-CD-01 上的
增益调节旋钮，调节到大概中间位置；然后将差动放大器上＋15、－15、
GND 分别与 CGQ-02 模块上的电源＋15、－15 和 GND 相连接；最后将
差动放大器实验模块 CGQ-CD-01 中的输入端 Vi1 和 Vi2 与地短接，模块

半桥性能
实验操作

CGQ-CD-01 输出端 Vo 和地与试验台上的测量模块 CGQ-01 面板上的电压表输入端连接，
电压表模块上电，调节 CGQ-CD-01 模块上的调零旋钮，使电压表显示为 0（电压表的切换
开关打到 2 V 挡）。注意测量完毕后，将电压表挡位恢复至 20 V 挡。

（2）接线。首先将两组应变片按照图 5-42 接入电桥，R_c、R_d 为 CGQ-DB-01 实验模块
右上方的应变片，注意 R_c 应和 R_d 受力状态相反，即将传感器中两片受力相反（一片受拉、
一片受压）的电阻应变片作为电桥的相邻边。然后接入 CGQ-YD-04 模块的桥路电源
±6 V（从面板 CGQ-02 引入），检查接线无误后，合上电源开关。最后调节 CGQ-YD-04 实
验模块上电桥调零电位器 RW1 进行桥路调零。

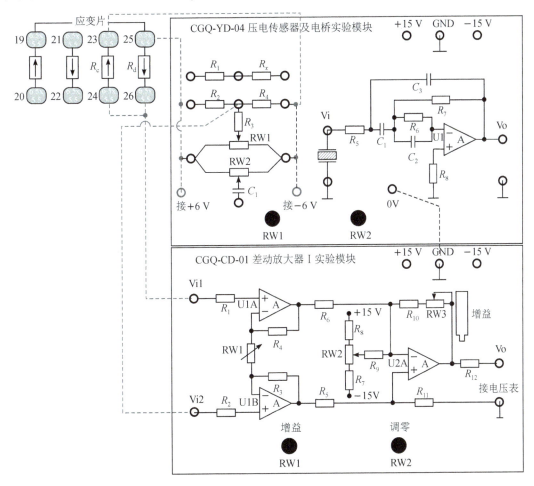

图 5-42　半桥实验接线图

（3）测量并记录实验数据。首先用手轻轻地按一下应变片传感器上的托盘，松开手后观察电压表示数是否为 0，如果不是，需要继续调节 RW1，使输出为 0。反复操作这个步骤 2～3 遍即可。然后将砝码逐个轻轻地放在应变式传感器的托盘上，注意放置砝码的时候不能碰到导线以及实验台的其他部位，每放一个砝码（$\Delta m = 20$ g）记下一个数据，依次增加砝码和读取相应的电压表数值，直到 200 g 砝码加完。接着记下实验结果并填入表 5-8，关闭电源。若实验时电压表无数值显示，则显示说明 R_c 与 R_d 为相同受力状态应变片，应更换其中一个应变片。最后根据表 5-8 记录的数据计算系统灵敏度 S，计算公式为 $S = \Delta u / \Delta W$（Δu 为输出电压变化量；ΔW 为重量变化量）。

表 5-8   半桥输出电压与加负载重量值（20 g/个）

重量/g	0	20	40	60	80	100	120	140	160	180	200
电压/mV											

3）金属箔式应变片的全桥性能实验

金属箔式应变片的全桥性能实验步骤如下：

（1）差动放大器调零。首先将差动放大器实验模块 CGQ-CD-01 上的增益调节旋钮，调节到大概中间位置；然后将差动放大器上＋15、－15、GND 分别与 CGQ-02 模块上的电源＋15、－15 和 GND 相连接；最后将差动放大器实验模块 CGQ-CD-01 中的输入端 Vi1 和 Vi2 与地短接，模块 CGQ-CD-01 输出端 Vo 和地与试验台上的测量模块 CGQ-01 面板上的电压表输入端连接，电压表模块上电，调节 CGQ-CD-01 模块上的调零旋钮，使电压表显示为 0（电压表的转换开关打到 2 V 挡）。

全桥性能实验

（2）接线。首先按图 5-43 所示将传感器中的四个电阻应变片作为桥臂接入电桥；然后接入 CGQ-YD-04 模块的桥路电源±6 V（从面板 CGQ-02 引入），检查接线无误后，合上电源开关；最后调节 CGQ-YD-04 实验模块上电桥调零电位器 RW1 进行桥路调零。

（3）测量并记录实验数据。首先用手轻轻地按一下应变片传感器上的托盘，松开手后观察电压表示数是否为 0，如果不是，需要继续调节 RW1，使输出为 0。反复操作这个步骤 2～3 遍即可。然后将砝码逐个轻轻地放在应变式传感器的托盘上，注意放置砝码的时候不能碰到导线以及实验台的其他部位，每放一个砝码（$\Delta m = 20$ g）记下一个数据，依次增加砝码和读取相应的电压表数值，直到 200 g 砝码加完。接着记下实验结果并填入表 5-9，关闭电源。最后根据表 5-5 记录的数据计算系统灵敏度 S，计算公式为 $S = \Delta u / \Delta W$（Δu 为输出电压变化量；ΔW 为重量变化量）。

表 5-9   全桥输出电压与加负载重量值

重量/g	0	20	40	60	80	100	120	140	160	180	200
电压/mV											

4）思考题

在完成上述全部实验后，思考以下两个问题：

（1）在全桥测量中，当两组对边（R_1、R_3 为对边）电阻值相同时，即 $R_1 = R_3$，$R_2 = R_4$，而 $R_1 \neq R_2$ 时，是否可以组成全桥？

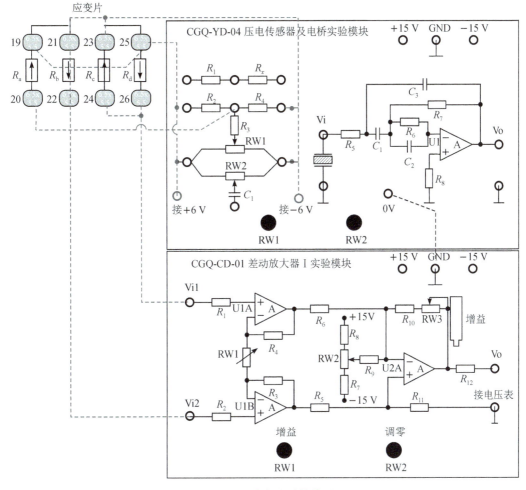

图 5 - 43　全桥实验接线图

（2）某工程技术人员在进行材料拉力测试时，在棒材上粘贴了两组应变片，如图 5 - 44 所示，如何利用这四片电阻应变片组成电桥，是否需要外加电阻？

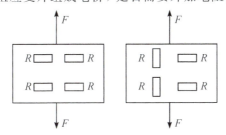

图 5 - 44　应变式传感器受拉时传感器圆周面展开图

在实验过程中可参照金属箔式应变片的电桥性能实验评分表（扫描二维码）判断以下实验操作是否符合标准。

金属箔式应变片的
电桥性能实验评分表

练 习 题

一、填空题

1. 压电式传感器的工作原理是某些物质在外界机械力作用下，其内部产生机械压力，从而引起极化现象，这种现象称为＿＿＿＿＿＿＿＿＿＿。相反，某些物质在外界磁场的作用下会产生机械变形，这种现象称为＿＿＿＿＿＿＿＿＿。

2. 金属丝在外力作用下发生机械形变时它的电阻值将发生变化，这种现象称为＿＿＿＿＿＿＿效应；半导体或固体受到作用力后＿＿＿＿＿＿要发生变化，这种现象称为＿＿＿＿＿＿效应。

3. 在电桥测量中，由于电桥接法不同，输出电压的灵敏度也不同，＿＿＿＿＿＿接法可以得到最大灵敏度输出。

4. 在电桥测量时，由于利用了电桥的不平衡输出反映被测量的变化情况，因此，测量前电桥的输出应调为＿＿＿＿＿＿。

5. 压电式传感器中的压电晶片既是传感器的＿＿＿＿＿＿元件，又是传感器的＿＿＿＿＿＿元件。

6. 应变式加速度传感器直接测得的物理量是敏感质量块在运动中所受到的＿＿＿＿＿＿＿＿。

7. 能够承受压力并转换为与压力成一定比例关系的电信号输出的传感称为＿＿＿＿＿＿＿＿。

8. 压力变送器分为＿＿＿＿＿、＿＿＿＿＿、＿＿＿＿＿和＿＿＿＿＿。

9. 扩散硅压力传感器的灵敏度温度漂移是由于＿＿＿＿＿＿随温度变化而引起的。

10. 压力变送器的标准电流输出为二线制时电流输出为＿＿＿＿＿ mA。

二、选择题

1. 全桥差动电路的电压灵敏度是单臂电桥的（　　　）。

A. 不变　　　　　　 B. 2 倍　　　　　　 C. 4 倍　　　　　　 D. 6 倍

2. 利用相邻双臂桥检测的应变式传感器，为使其灵敏度高、非线性误差小，（　　　）。

A. 两个桥臂都应当用大电阻值工作应变片

B. 两个桥臂都应当用两个工作应变片串联

C. 两个桥臂应当分别用应变量变化相反的工作应变片

D. 两个桥臂应当分别用应变量变化相同的工作应变片

3. 通常用应变式传感器测量（　　　）。

A. 温度　　　　　　 B. 密度　　　　　　 C. 加速度　　　　　 D. 电阻

4. 影响金属导电材料应变灵敏系数 K 的主要因素是（　　　）。

A. 导电材料电阻率的变化　　　　　　 B. 导电材料几何尺寸的变化

C. 导电材料物理性质的变化　　　　　　 D. 导电材料化学性质的变化

5. 金属丝应变片在测量试件的应变时，电阻的相对变化主要由（　　　）来决定的。

A. 贴片位置的温度变化   B. 电阻丝几何尺寸的变化

C. 电阻丝材料的电阻率变化   D. 外接导线的变化

6. 压力表的精度数字是表示其（   ）。

A. 允许压力误差   B. 允许误差百分比

C. 压力等级   D. 工作范围

7. 将超声波（机械振动波）转换成电信号是利用压电材料的（   ）。

A. 应变效应   B. 电涡流效应

C. 压电效应   D. 电磁效应

8. 压电式传感器输出信号非常微弱，实际应用时大多采用（   ）放大器作为前置放大器。

A. 电压   B. 电流

C. 电荷   D. 共射

9. 在以下几种传感器当中（   ）属于自发电型传感器。

A. 电容式   B. 电阻式

C. 电感式   D. 压电式

10. 标准转换电路的工业标准信号是（   ）。

A. 4～20 mA DC 或 1～5 V DC   B. 4～20 mA AC 或 1～5 V AC

C. 1～5 mA DC 或 1～5 V DC   D. 1～5 mA AC 或 1～5 V AC

三、判断题

1. （   ）半导体应变片比金属应变片灵敏度低。

2. （   ）压电式传感器适用于测量静态压力。

3. （   ）将超声波（机械振动波）转换成电信号是利用压电材料的压电效应。

4. （   ）蜂鸣器中发出"嘀……嘀……"声的压电片发声原理是利用压电材料的压电效应。

5. （   ）常用的压力单位有 Pa、kPa、MPa 以及 Bar。

6. （   ）压电材料基本上可分为压电晶体、压电陶瓷和新型压电材料三大类。

7. （   ）为了使压电陶瓷具有压电效应，必须做极化处理，即在一定温度下，在极化面上加高压电场。

8. （   ）居里点是压电材料开始丧失压电特性的温度。

9. （   ）扩散硅压力传感器具有体积小、结构比较简单、动态响应好、灵敏度高、长期稳定性好、频率响应高、便于生产和成本低的特点。但是，测量准确度受到非线性和温度的影响，可以不进行补偿。

10. （   ）压阻式传感器的灵敏度温度漂移是由于压阻系数随温度变化而引起的。温度升高时，压阻系数变大；温度降低时，压阻系数变小。

四、简答题

1. 为什么压电式传感器不能用于静态测量，只能用于动态测量中？

2. 说明电阻应变测试技术具有的独特优点。

3．说一说常见金属应变片的组成。

4．比较电阻应变片组成的单桥、半桥、全桥电路的特点。

5．指出图 5－45 中压力传感器的弹性元件和传感元件分别是什么？

6．指出图 5－46 中加速度传感器的弹性元件和传感元件分别是什么？

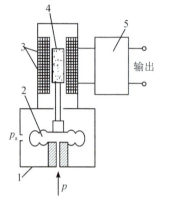

1—壳体；2—膜盒；3—电感线圈；4—磁芯；5—转换电路。

图 5－45　压力传感器结构图　　　　图 5－46　加速度传感器结构图

7．简述图 5－47 所示的应变式加速度传感器的工作原理。

8．简述图 5－48 压电式测力传感器的工作原理。

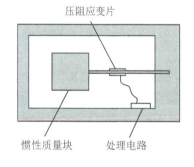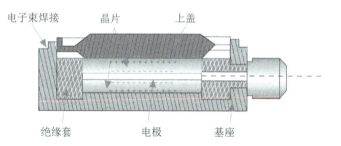

图 5－47　应变式加速度传感器结构图　　　　图 5－48　压电式测力传感器结构图

第6章 热电式传感器的原理及应用

在工业生产中，温度是需要测量和控制的重要参数。热电式传感器（以下称温度传感器）是指能感受温度变化并转换成可用输出信号的传感器。温度传感器是温度测量仪表的核心部分，品种繁多。本章主要介绍热电阻、热敏电阻和热电偶等接触式温度传感器的工作原理，以及温度传感器在一些领域的典型应用，并通过应用与实践环节，了解并掌握温度传感器温度特性检测的详细过程。通过本章学习具备根据具体需求选择不同类型温度传感器的能力。

知识目标

▷ 能够描述热电阻(铂热电阻、铜热电阻)的温度特性、测量电路(两线制、三线制、四线制)；

▷ 能够描述热电偶的测温原理、基本定律、热电偶的结构与种类、热电偶的冷端温度补偿方法、热电偶的测温电路；

▷ 能够说出热电偶、热电阻分度表的使用方法；

▷ 能够描述热敏电阻的温度特性；

▷ 能够列举几种温度传感器应用场景。

能力目标

☆ 能够对比与评价热电阻两线制、三线制和四线制测量电路；

☆ 能够分析热电偶的冷端温度补偿；

☆ 能够根据应用场景，综合考虑多种因素的影响，进行温度传感器选型；

☆ 能够根据温度传感器温度特性实验要求，搭建闭环温度控制系统，采集、分析、解释实验数据并得出结论。

6.1 温度测量概述

在人们的日常生活当中，对温度的测量和控制时时刻刻都存在着。冬天用热水器对自来水进行加热，水温的控制就需要温度传感器；夏天冰箱里的食物清凉可口而且不易变质，冰箱的温度控制也需要温度传感器；感冒发烧时测量体温用的体温计也需要温度传感器的帮忙；还有生活中其他的很多东西都需要温度传感器的帮助。下面介绍与温度有关的一些概念。

温度测量概述

1. 温度的定义

温度是表征物体冷热程度的物理量，微观上来讲是物体分子热运动的剧烈程度，温度越高，表示物体内部分子热运动越剧烈。温度是国际单位制中七个基本物理量之一，它与人类生活、工农业生产和科学研究有着密切关系。温度只能通过物体随温度变化的某些特性来间接测量。

2. 温标

为了定量地确定温度，需要对物体或系统温度给以具体的数量标志。温度数值的表示方法叫作"温标"。各种各样的温度计的数值都是由温标决定的。为量度物体或系统温度的高低对温度的零点和分度法所做的一种规定，称为温度的单位制。建立一种温标的过程为：首先选取某种物质的某一随温度变化的属性，并规定该属性随温度变化的关系；其次是选固定点，规定其温度数值；最后规定一种分度的方法。最常用的温标是摄氏温标、华氏温标和热力学温标，它们之间的换算关系如图 6-1 所示。

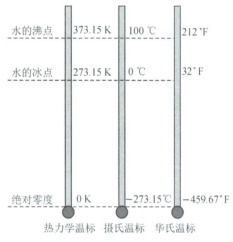

图 6-1　三大温标之间的换算关系

1）热力学温标

热力学温标亦称"开尔文温标""绝对温标"，其温度符号为 T。它是建立在热力学第二定律基础上的一种和测温物质无关的理想温标，完全不依赖测温物质的性质。1927 年第七届国际计量大会曾采用热力学温标为基本的温标。1960 年第十一届国际计量大会规定热力学温度以开尔文为单位，简称"开"，代号用 K 表示。根据定义，1 K 等于水的三相点的热力学温度的 1/273.16。由于水的三相点在摄氏温标上为 0.01 ℃，所以 0 ℃＝273.15 K。热力学温标的零点，即绝对零度，记为"0 K"。按照国际规定，热力学温标是最基本的温标。

2）摄氏温标

摄氏温标是经验温标之一，亦称"百分温标"，其温度符号为 t，单位是摄氏度，国际代号是"℃"。摄氏温标的含义是指在一大气压下，纯水的冰点定为 0 ℃，沸点定为 100 ℃，两个标准点之间分为 100 等份，每等份代表 1 ℃。在温度计上刻 100 ℃的基准点时，并不是把温度计的水银泡（或其他液体）插在沸腾的水里，而是将温度计悬在蒸汽里。实验表明只有纯净的水在正常情况下沸腾时，沸水的温度才同上面蒸汽温度一样。若水中有了杂质，溶解了别的物质，沸点就会升高，也就是说，要在比纯净水的沸点更高的温度下才会沸腾。如水中含有杂质，当水沸腾时，悬挂在蒸汽里的温度计上凝结的是纯净的水，因此此时温度计的水银柱的指示跟纯净水的沸点相同。为了统一摄氏温标和热力学温标，1960 年国际计量大会对摄氏温标予以新的定义，规定它应由热力学温标导出，即

$$t(\text{℃}) = T(\text{K}) - 273.15 \tag{6-1}$$

用摄氏度表示的温度差，也可用"开"表示。但应注意，由上式所定义的摄氏温标的零点与纯水的冰点并不严格相等，沸点也不严格等于 100 ℃。

3）华氏温标

华氏温标也是经验温标之一。在美国人的日常生活中，多采用这种温标。华氏温标规定在一大气压下水的冰点为 32 度，沸点为 212 度，两个标准点之间分为 180 等份，每等份代表 1 度。华氏温度单位用字母"℉"表示。它的冰点为 32 度，沸点是 212 度，摄氏温度 $C(℃)$ 与华氏温度 $F(℉)$ 之间的换算关系为

$$F(℉)=C\times 1.8(℃)+32 \tag{6-2}$$

3. 常用的温度测量方法

常用的温度测量方法有接触式测温和非接触式测温两大类。接触式测温时，温度敏感元件与被测对象接触，经过换热后两者温度相等。非接触式测温时，温度敏感元件不与被测对象接触，而是通过能量辐射进行热交换，由辐射能的大小来推算被测物体的温度。

1）接触式测温

接触式测温，顾名思义，就是测温的过程中温度计与被测对象接触。由于被测对象的热量传递给传感器，降低了被测对象温度，因此特别是在被测对象的热容量较小时，测量精度较低。因此采用这种方式要测得被测对象的真实温度的前提条件是被测对象的热容量要足够大。

目前常用的接触式测温仪表有：

（1）膨胀式温度计。一种是利用液体和气体的热膨胀及物质的蒸汽压变化来测量温度，如玻璃液体温度计和压力式温度计；另一种是利用两种金属的热膨胀差来测量温度，如双金属温度计。

（2）热电阻温度计。它利用固体材料的电阻随温度而变化的原理测量温度，如铂电阻、铜电阻和热敏电阻。

（3）热电偶温度计。它利用金属的热电效应测量温度。

（4）其他原理的温度计。例如，基于半导体温度效应的集成温度传感器、基于晶体的固有频率随温度而变化的石英晶体传感器等。

接触式测温的方法比较直观、可靠，测量仪表也比较简单。但是，由于温度敏感元件必须与被测对象接触，因此在接触过程中就可能破坏被测对象的温度场分布，从而造成测量误差。另外，有的测温元件不能和被测对象充分接触，不能达到充分的热平衡，使测温元件和被测对象温度不一致，也会带来误差。还有在接触过程中，有的介质有强烈的腐蚀性，特别在高温时对测温元件的影响更大，从而不能保证测温元件的可靠性和工作寿命。

2）非接触式测温

非接触式测温时温度敏感元件不与被测对象接触，其制造成本较高，测量精度却较低。其优点是：不从被测对象上吸收热量；不会干扰被测对象的温度场；连续测量不会产生消耗；反应快等。

目前常用的非接触式测温仪表有：

（1）辐射式温度计。其测量原理是基于普朗克定理，如光电高温计、辐射传感器、比色温度计。

（2）光纤式温度计。它是利用光纤的温度特性来实现温度的测量，或者仅仅是光纤作为传光的介质，如光红温度传感器、光纤辐射温度计。

（3）光学高温计。它是由人工操作来完成亮度平衡工作，从而完成温度测量的，其测量结果带有操作者的主观误差。它不能进行连续测量和记录，当被测对象温度低于 800 ℃时，光学高温计对亮度无法进行平衡。

6.2　金属热电阻

金属热电阻传感器（以下简称金属热电阻）作为一种测温元件，是利用导体的电阻值随温度变化而变化的特性制成的传感器。它主要用于对温度和与温度有关的参量进行检测。其测温范围主要在中、低温区域（−200～650 ℃）。随着科学技术的发展，金属热电阻的使用范围也不断扩展，低温方面已成功地应用于 1～3 K 的温度测量，而在高温方面，也出现了多种用于 1000～1300 ℃的电阻温度传感器。

热电阻温度传感器

6.2.1　金属热电阻的测温原理

金属热电阻作为一种感温元件，它是利用导体的电阻值随温度升高而增大的特性来实现对温度的测量。温度升高，金属内部原子晶格的震动加剧，从而使金属内部的自由电子通过金属导体时的阻力增大，宏观上表现出电阻值增加。

金属热电阻的阻值与温度的关系为

$$R_t = R_0(1 + K_1 t + K_2 t^2 + K_3 t^3 + K_4 t^4) \tag{6-3}$$

式中，R_0 为 0 ℃时的电阻值，R_t 为 t ℃时的电阻值，K_1、K_2、K_3、K_4 分别为温度系数。

工业用普通金属热电阻一般由电阻体、保护套管和接线盒等部件组成，如图 6-2(a)所示。金属热电阻丝是绕在骨架上的，骨架采用石英、云母、陶瓷或塑料等材料制成，可根据需要将骨架制成不同的外形。为了防止电阻体出现电感，金属热电阻丝通常采用双线并绕法，如图 6-2(b)所示。

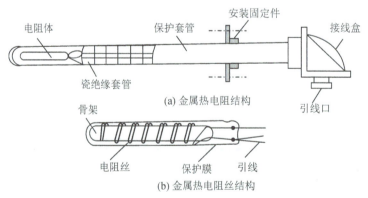

(a) 金属热电阻结构

(b) 金属热电阻丝结构

图 6-2　金属热电阻与金属热电阻丝结构图

6.2.2　常用金属热电阻

工业上广泛使用金属热电阻进行−200～+500 ℃范围的温度测量。在特殊情况下，其测量的低温端可达 3.4 K，其至低到 1 K 左右，而高温端则可测量到 1000℃。金属热电阻进行温度测量的特点是精度高，适于测量低温。工业金属热电阻最常用的材料是铂和铜。

1. 铂热电阻

铂是金属热电阻中最常用的材料之一。铂热电阻在氧化性介质中，其至在高温下，其物理、化学性能稳定，电阻率大，精确度高。因此，国际温标 IPTS-68 规定，在 $-259.34 \sim +630.74$℃温度域内，以铂热电阻温度计作为基准器。

铂热电阻值与温度的关系在 $0 \sim 850$℃ 范围内为

$$R_t = R_0(1 + At + Bt^2) \tag{6-4}$$

在 $-200 \sim 0$℃ 范围内为

$$R_t = R_0[1 + At + Bt^2 + C(t-100)t^3] \tag{6-5}$$

式中，R_t 为 t℃时的电阻值，R_0 为 0℃时的电阻值，温度系数 $A = 3.908 \times 10^{-3}$/℃，温度系数 $B = -5.802 \times 10^{-7}$/℃^{2}，温度系数 $C = -4.274 \times 10^{-12}$/℃^{4}。

从式(6-5)可以看出，铂热电阻在温度 t℃时的电阻值与 R_0(标称电阻)有关。目前，我国规定工业用铂热电阻有 $R_0 = 10\ \Omega$ 和 $R_0 = 100\ \Omega$ 两种，它们的分度号分别为 Pt10 和 Pt100，后者更为常用。实际测量中，只要测得铂热电阻的阻值，便可从铂热电阻分度表中查出对应的温度值。表 6-1 为 Pt100 铂热电阻分度表。

表 6-1　Pt100 铂热电阻分度表

温度/℃	0	1	2	3	4	5	6	7	8	9
−20	92.16	91.77	91.37	90.98	90.59	90.19	89.80	89.40	89.01	88.62
−10	96.09	95.69	95.30	94.91	94.52	94.12	93.75	93.34	92.95	92.55
−0	100.00	99.61	99.22	98.83	98.44	98.04	97.65	97.26	96.87	96.48
0	100.00	100.39	100.78	101.17	101.56	101.95	102.34	102.73	103.12	103.51
10	103.90	104.29	104.68	105.07	105.46	105.85	106.24	106.63	107.02	107.40
20	107.79	108.18	108.57	108.96	109.35	109.73	110.12	110.51	110.90	111.28
30	111.67	112.06	112.45	112.83	113.21	113.61	113.99	114.38	114.77	115.15
40	115.54	115.93	116.31	116.70	117.08	117.47	117.85	118.24	118.62	119.01
50	119.40	119.78	120.16	120.55	120.93	121.32	121.70	122.09	122.47	122.86
60	123.24	123.62	124.01	124.39	124.77	125.16	125.54	125.92	126.31	126.69
70	127.07	127.45	127.84	128.22	128.60	128.98	129.37	129.75	130.13	130.51
80	130.89	131.27	131.66	132.04	132.42	132.80	133.18	133.56	133.94	134.32
90	134.70	135.08	135.46	135.84	136.22	136.60	136.98	137.36	137.74	138.12
100	138.50	138.88	139.26	139.64	140.02	140.39	140.77	141.15	141.53	141.91
110	142.29	142.66	143.04	143.42	143.80	144.17	144.55	144.93	145.31	145.68
120	146.06	146.44	146.81	147.19	147.57	147.94	148.32	148.70	149.07	149.45
130	149.82	150.20	150.57	150.95	151.33	151.70	152.08	152.45	152.83	153.20
140	153.58	153.95	154.32	154.70	155.07	155.45	155.82	156.19	156.57	156.94

温度/℃	0	1	2	3	4	5	6	7	8	9
150	157.31	157.69	158.06	158.43	158.81	159.18	159.55	159.93	160.30	160.67
160	161.04	161.42	161.79	162.16	162.53	162.90	163.27	163.65	164.02	164.39
170	164.76	165.13	165.50	165.87	166.14	166.61	166.98	167.35	167.72	168.09
180	168.46	168.83	169.20	169.57	169.94	170.31	170.68	171.05	171.42	171.79
190	172.16	172.53	172.90	173.26	173.63	174.00	174.37	174.74	175.10	175.47
200	175.84	176.21	176.57	176.94	177.31	177.68	178.04	178.41	178.78	179.14
210	179.51	179.88	180.24	180.61	180.97	181.31	181.71	182.07	182.44	182.80
220	183.17	183.53	183.90	184.26	184.63	181.99	185.36	185.72	186.09	186.45
230	186.82	187.18	187.54	187.91	188.27	188.63	189.00	189.36	189.72	190.09
240	190.45	190.81	191.18	191.54	191.90	192.26	192.63	192.99	193.35	193.71
250	194.07	194.44	194.80	195.16	195.52	195.88	196.24	196.60	196.96	197.33
260	197.69	198.05	198.41	198.77	199.13	199.49	199.85	200.21	200.57	200.93
270	201.29	201.65	202.01	202.36	202.72	203.08	203.44	203.80	204.16	204.52
280	204.88	205.23	205.59	205.95	206.31	206.67	207.02	207.38	207.74	208.10
290	208.45	208.81	209.17	209.52	209.88	210.24	210.59	210.95	211.31	211.66
300	212.02	212.37	212.73	213.09	213.44	213.80	214.15	214.51	214.86	215.22
310	215.57	215.93	216.28	216.64	216.99	217.35	217.70	218.05	218.41	218.76
320	219.12	219.47	219.82	220.18	220.53	220.88	221.24	221.59	221.94	222.29
330	222.65	223.00	223.35	223.70	224.06	224.41	224.76	225.11	225.46	225.81
340	226.17	226.52	226.87	227.22	227.57	227.92	228.27	228.62	228.97	229.32
350	229.67	230.02	230.37	230.72	231.07	231.42	231.77	232.12	232.47	232.82
360	233.17	233.52	233.87	234.22	234.56	234.91	235.26	235.61	235.96	236.31
370	236.65	237.00	237.35	237.70	238.04	238.39	238.74	239.09	239.43	239.78
380	240.13	240.47	240.82	241.17	241.51	241.86	242.20	242.55	242.90	243.24
390	243.59	243.93	244.28	244.62	244.97	245.31	245.66	246.00	246.35	246.69

2. 铜热电阻

铂热电阻虽然优点多，但价格昂贵，在测量精度要求不高且温度较低的场合，铜热电阻得到广泛应用。在−50～+150℃的温度范围内，铜热电阻电阻值与温度近似呈线性关系，可用下式表示，即

$$R_t = R_0(1 + \alpha \cdot t) \tag{6-6}$$

式中，α 为 0℃时铜热电阻温度系数（$\alpha = 4.289 \times 10^{-3}/℃$）。

铜热电阻的优点为温度系数较大、线性好、价格便宜；缺点为电阻率较低、电阻体的体积较大、热惯性较大、稳定性较差，在 100℃以上时容易氧化，因此只能用于低温及没有浸

蚀性的介质中。

铜热电阻有两种分度号：Cu50($R_0 = 50\ \Omega$)和 Cu100($R_0 = 100\ \Omega$)。表 6 - 2 为 Cu50 分度表。

表 6 - 2　Cu50 铜热电阻分度表

温度/℃	0	1	2	3	4	5	6	7	8	9
0	50	49.786	49.571	49.356	49.142	48.927	43.713	48.498	48.284	48.069
−10	47.854	47.639	47.425	47.21	46.995	46.78	46.566	46.351	46.136	45.921
−20	45.706	45.491	45.276	45.061	44.846	44.631	44.416	44.2	43.985	43.77
−30	43.555	43.349	43.124	42.909	42.693	42.478	42.262	42.047	41.831	41.616
−40	41.4	41.184	40.969	40.753	40.537	40.322	40.106	39.89	39.674	39.458
−50	39.242	—	—	—	—	—	—	—	—	—
0	50	50.214	50.429	50.643	50.858	51.072	51.286	51.501	51.715	51.929
10	52.144	52.358	52.572	52.786	53	53.215	53.429	53.643	53.857	54.071
20	54.285	54.5	54.714	54.928	55.142	55.356	55.57	55.784	55.998	56.212
30	56.426	56.64	56.854	57.068	57.282	57.496	57.71	57.924	58.137	58.351
40	58.565	58.779	58.993	59.207	59.421	59.635	59.848	60.062	60.276	60.49
50	60.704	60.918	61.132	61.345	61.559	61.773	61.987	62.201	62.415	62.628
60	62.842	63.056	63.27	63.484	63.698	63.911	64.125	64.339	64.553	64.767
70	64.981	65.194	65.408	65.622	65.836	66.05	66.264	66.478	66.692	66.906
80	67.12	67.333	67.547	67.761	67.975	68.189	68.403	68.617	68.831	69.045
90	69.259	69.473	69.687	69.901	70.115	70.329	70.544	70.762	70.972	71.186
100	71.4	71.614	71.828	72.042	72.257	72.471	72.685	72.899	73.114	73.328
110	73.542	73.751	73.971	74.185	74.4	74.614	74.828	75.043	75.258	75.477
120	75.686	75.901	76.115	76.33	76.545	76.759	76.974	77.189	77.404	77.618
130	77.833	78.048	78.263	78.477	78.692	78.907	79.122	79.337	79.552	79.767
140	79.982	80.197	80.412	80.627	80.843	81.058	81.272	81.488	81.704	81.919
150	82.134	—	—	—	—	—	—	—	—	—

6.2.3　金属热电阻的测量电路

金属热电阻的阻值不高，经常使用电桥作为金属热电阻的测量电路，测量精度较高的是自动电桥。金属热电阻常用的连接方法有两线制、三线制和四线制三种。工业用金属热电阻安装在生产现场，离控制室较远，因此，金属热电阻的引线电阻对测量结果有较大的影响。为了消除由于连接导线电阻随环境温度变化而造成的测量误差，常采用三线制和四线制连接法。

1. 两线制连接法

金属热电阻两线制连接法常用于引线不长，精度较低的测温场合，其接线方式如图6-3所示。在金属热电阻感温体的两端各连一根导线，设每根导线的电阻值为r，则电桥的平衡条件为

$$R_2 R_3 = R_1 (R_t + 2r) \tag{6-7}$$

因此有

$$R_t = \frac{R_2 R_3}{R_1} - 2r \tag{6-8}$$

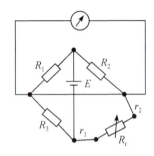

图6-3 金属热电阻两线制接法

很明显，如果在实际测量中不考虑导线电阻，即忽略式(6-7)中的$2r$项，则测量结果就将引入误差。

2. 三线制接法

为解决导线电阻的影响，工业用金属热电阻大多采用三线制电桥连接法，如图6-4所示。图中R_t为金属热电阻，其三根引出导线相同，其阻值均为r。

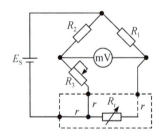

图6-4 金属热电阻电桥三线制接法

在三根引出导线中，其中一根与电桥电源相串联，它对电桥的平衡没有影响，另外两根分别与电桥的相邻两臂串联。当电桥平衡时，可得下列关系，即

$$(R_3 + r) R_1 = (R_t + r) R_2 \tag{6-9}$$

所以有

$$R_t = \frac{(R_3 + r) R_1 - r R_2}{R_2} \tag{6-10}$$

如果使$R_1 = R_2$，则式(6-10)就和$r = 0$时的电桥平衡公式完全相同，即说明此种接法

导线电阻 r 对金属热电阻的测量毫无影响。注意：以上结论只有在 $R_1 = R_2$，且只有在平衡状态下时才成立。为了消除从金属热电阻感温体到接线端子间的导线对测量结果的影响，一般要求从金属热电阻感温体的根部引出导线，且要求引出线一致，以保证它们的电阻值相等。三线制接法是工业测量中广泛采用的方法。

3. 四线制接法

在高精度测量的场合，可将金属热电阻的测量电路设计成四线制，如图 6-5 所示。图中 I 为恒流源，测量仪表 V 一般用直流电位差计，从金属热电阻上分别引出电阻值为 r_1、r_4、r_2、r_3 的四根导线，分别接在电流和电压回路。

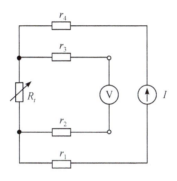

图 6-5　热电阻四线制接法

引出导线上 r_1、r_4 引起的电压降，不在测量范围内，而引出导线上 r_2、r_3 虽有电阻但无电流（认为电位差计内阻无穷大，测量时没有电流流过电位差计），所以四根导线的电阻对测量都没有影响。这种接法不仅可以消除金属热电阻与测量仪表之间连接导线电阻的影响，而且可以消除测量线路中寄生电势引起的测量误差，多用于标准计量或实验室中。为避免金属热电阻中流过电流的热效应，在设计电桥时，应使流过金属热电阻的电流尽量小，一般小于 10 mA。四线制接法在小负荷工作状态时一般要求电流为 4～5 mA。

6.2.4　金属热电阻的应用

近年来，温度检测和控制有向高精度、高可靠性发展的倾向，特别是各种工艺的信息化及运行效率的提高，对温度的检测提出了更高的要求。以往金属热电阻响应速度慢、容易破损、难于测定狭窄位置的温度等缺点，现已逐渐被大幅度改善，因而其应用领域进一步扩大。

燃油汽车在行驶过程中需要点火装置点火才能得到向前的冲量，因此，进气量的大小是汽车 ECU（电子控制单元）计算汽车点火装置喷油所需的时间、喷油量以及点火时间的重要依据。这就需要空气流量传感器（AFS）来检测汽车发动机进气量的大小，并将进气量信息转换成电信号输出，并传送到 ECU，这样就能更好地控制汽车进行加减速行驶。汽车上的空气流量传感器类型多样，有叶片式、卡门旋涡式、热线式和热膜式等。这里主要介绍以铂热电阻为测温元件的热线式空气流量传感器。

热线式空气流量传感器的工作原理如图 6-6 所示。在进气道上放置一铂金丝热线电阻 R_H，铂金丝热线电阻由控制电路提供的电流加热到 120 ℃左右，为解决进气温度变化使铂金丝热线电阻温度发生变化而影响测量精度的问题，在铂金丝热线电阻附近连接了一根温度补偿电阻 R_K。

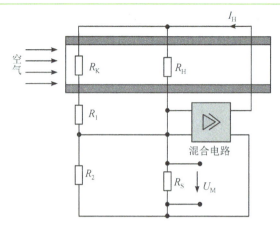

R_H—热线电阻；R_K—温度补偿电阻；R_S—精密电阻；R_2—电桥电阻。

图 6 - 6　热线式空气流量传感器工作原理

　　当空气流量增大时，由于空气带走的热量增多，为保持铂金丝热线电阻温度，控制电路应使热线电阻 R_H 通过的电流增大，反之则应减小。这样，通过热线电阻 R_H 的电流随空气质量流量的增大而增大，反之随空气质量流量的减小而减小。从图 6 - 6 中可以看出，当铂金丝热线电阻的电流变化时，电桥电路中精密电阻 R_S 上的电压降也会相应变化，即将空气流量的变化转化成了电压信号 U_M 的变化。热线式空气流量传感器还有自洁功能，当汽车发动机熄火时，电路会把铂金丝热线电阻自动加热至 1000 ℃ 以清洁自己。

6.3　半导体热敏电阻

　　半导体热敏电阻是利用半导体的电阻率随温度显著变化这一特性制成的一种热敏元件，主要由敏感元件、引线和壳体组成。根据使用要求，可制成珠状、片状、杆状、垫圈状等各种形状。几种常见半导体热敏电阻的外形如图 6 - 7 所示。

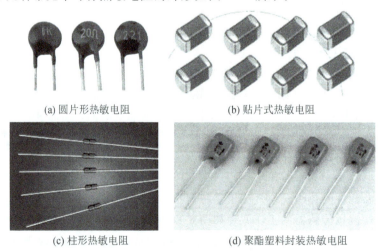

(a) 圆片形热敏电阻　　　　　　　　　　(b) 贴片式热敏电阻

(c) 柱形热敏电阻　　　　　　　　　　(d) 聚酯塑料封装热敏电阻

图 6 - 7　几种常见半导体热敏电阻的外形

6.3.1　半导体热敏电阻的特性

1. 半导体热敏电阻的测温特点

半导体热敏电阻与金属热电阻相比，具有电阻值和电阻温度系数大、灵敏度高（比金属热电阻大 1～2 个数量级）、体积小（最小直径可达 0.1～0.2 mm，可用来测量"点温"）、结构简单坚固（能承受较大的冲击、振动）、热惯性小、响应速度快（适用于快速变化的测量场合）、使用方便、寿命长、易于实现远距离测量（本身阻值一般较大，无须考虑引线电阻对测量结果的影响）等优点，得到了广泛的应用。目前它存在的主要缺点是：互换性较差，同一型号的产品特性参数有较大差别；稳定性较差；非线性严重，且不能在高温下使用。但随着技术的发展和工艺的成熟，热敏电阻的缺点将逐渐得到改进。

半导体热敏电阻的测温范围一般为 -50～$+350\,℃$，可用于液体、气体、固体、高空气象、深井等方面对温度测量精度要求不高的场合。半导体热敏电阻的符号如图 6-8 所示。

图 6-8　半导体热敏电阻的符号

2. 半导体热敏电阻的分类

半导体热敏电阻可分为负温度系数（NTC）热敏电阻和正温度系数（PTC）热敏电阻两大类。正温度系数（PTC）是指电阻的变化趋势与温度的变化趋势相同；负温度系数（NTC）是指当温度上升时，电阻值反而下降的变化特性。常用半导体热敏电阻的温度特性曲线如图 6-9 所示。

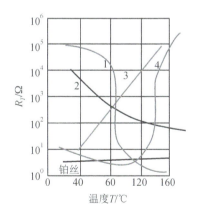

图 6-9　常用半导体热敏电阻的温度特性曲线

（1）负温度系数（NTC）热敏电阻。

负温度系数（NTC）热敏电阻研制的较早，也比较成熟。最常见的是由金属氧化物组成的，如由锰、钴、铁、镍、铜多种氧化物混合烧结而成。

根据不同的用途，负温度系数（NTC）热敏电阻又可分为两大类。第一类为负指数型热敏电阻，用于测量温度，它的温度特性曲线呈负指数形曲线，如图 6-9 中的曲线 2 所示，测温范围在－30～100℃，多用于空调、电热水器测温。第二类为突变型热敏电阻，又称临界温度型(CTR)热敏电阻。当温度上升到某临界点时，其电阻值突然下降，可用于各种电子电路中抑制浪涌电流，其温度特性曲线如图 6－9 中的曲线 1 所示。

（2）正温度系数(PTC)热敏电阻。

正温度系数(PTC)热敏电阻分为线性型正温度系数热敏电阻和突变型正温度系数热敏电阻两类：其中突变型热敏电阻的温度特性曲线呈非线性，如图 6－9 中的曲线 4 所示。它在电子线路中多起限流、保护的作用。当突变型正温度系数热敏电阻感受到的温度超过一定限度时，其电阻值会突然增大。线性型正温度系数热敏电阻的温度特性曲线呈线性，其线性度和互换性均较好，如图 6－9 中的曲线 3 所示。

正温度系数(PTC)热敏电阻的阻值随温度升高而增大，且有斜率最大的区域，当温度超过某一数值时，其电阻值朝正的方向快速变化。其用途主要是彩电消磁器、各种电器设备的过热保护等。

各种半导体热敏电阻的阻值在常温下很大，通常都在数千欧姆以上，所以连接导线的阻值(最多不过 10 Ω)几乎对测温没有影响，不必采用三线制或四线制接法，从而给使用带来方便。另外，半导体热敏电阻的阻值随温度改变显著，只要很小的电流流过半导体热敏电阻，就能产生明显的电压变化，而电流对半导体热敏电阻自身有加热作用，所以应注意不要使电流过大，防止带来测量误差。

6.3.2　半导体热敏电阻的应用

1. 半导体热敏电阻用于温度控制

半导体热敏电阻被广泛应用于各种温度控制领域。图 6－10 所示是利用半导体热敏电阻作为测温元件，用于电加热器温度控制的电路，图中电位器 R_P 用于调节不同的控温范围。测温用的半导体热敏电阻 R_T 作为偏置电阻接在 VT_1、VT_2 组成的差分放大器电路内，当温度变化时，半导体热敏电阻的阻值发生变化，引起 VT_1 集电极电流变化，进而引起二极管 VD 支路电流发生变化，从而使电容 C 充电电流发生变化，相应的充电速度也发生变化，则电容电压升到单结晶体管 VT_3 峰点电压的时刻发生变化，即单结晶体管的输出脉冲产生相移，改变了晶闸管 VT_4 的导通角，从而改变了加热丝的电源电压，达到自动控制温度的目的。

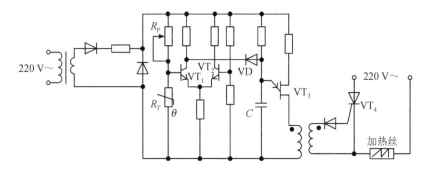

图 6－10　半导体热敏电阻用于温度控制电路

2. 半导体热敏电阻用于管道流体流量测量

半导体热敏电阻也可用于管道流体流量测量。图 6-11 中 R_{T_1} 和 R_{T_2} 是半导体热敏电阻，R_{T_1} 放在被测流量管道中，R_{T_2} 放在不受流体干扰的容器内，R_1 和 R_2 是普通电阻，这四个电阻组成电桥。

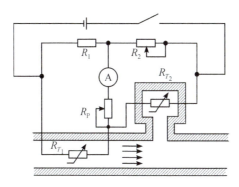

图 6-11　热敏电阻用于管道流量测量电路

当流体静止时，电桥处于平衡状态。当流体流动时，要带走热量，使半导体热敏电阻 R_{T_1} 和 R_{T_2} 散热情况不同，R_{T_1} 因温度变化引起阻值变化，电桥失去平衡，电流表有指示。因为 R_{T_1} 的散热条件取决于流量的大小，所以电流表的指示结果反映了管道流体流量的变化。

6.4　热电偶

热电偶是一种将温度变化转换为电势变化的传感器。在工业生产中，热电偶是应用最广泛的测温元件之一，其可以在 $-273.15 \sim 2800\ ℃$ 的范围内使用。热电偶与其他测温装置相比，具有精度高、测温范围宽、结构简单、使用方便和可远距离测量等优点。

热电偶温度传感器
工作原理及特性

6.4.1　热电偶测温的工作原理

热电偶的结构如图 6-12 所示，由两种不同材料的导体 A、B(称为热电极)的端点分别连接而构成一个闭合回路。热电偶能够进行温度测量是基于热电效应。

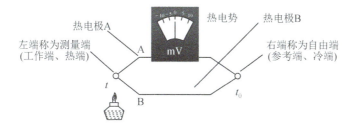

图 6-12　热电偶的结构

　　若两种不同材料的导体 A、B 构成的闭合回路的两个接点处温度不同，则回路中会产生电动势，从而形成电流，这个物理现象称为热电效应。热电效应是 1821 年由 Seebeck 发现的，故也称为塞贝克效应。在热电偶回路中，把 A、B 两种导体称为热电极，温度为 t 端的接点称为工作端或热端，温度为 t_0 端的接点称为自由端或冷端。

　　热电效应的本质是指热电偶本身吸收了外部的热能，当受热热电偶为中的电子随着温度梯度由高温区往低温区移动时，所产生的电流或电荷堆积的一种现象。实际上，热电偶的热电势由两部分组成，一部分是两种导体的接触电势，另一部分是单一导体的温差电势。两种电势原理图如图 6-13 所示。

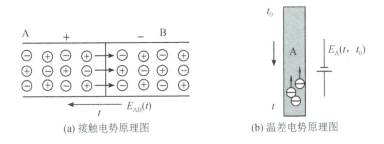

(a) 接触电势原理图　　　　　　(b) 温差电势原理图

图 6-13　热电偶的热电势原理图

1）接触电势

　　不同导体的自由电子密度是不同的。当两种不同的导体 A、B 连接在一起，由于两者内部单位体积的自由电子数目不同，因此，在 A、B 的连接处就会发生电子的扩散，且电子在两个方向上扩散的速率不相同。这种由于两种导体自由电子密度不同，而在其连接处形成的电动势称为接触电势。接触电势的大小与导体的材料、接点的温度有关，而与导体的直径、长度、几何形状等无关。两接点的接触电势用符号 $E_{AB}(t)$ 表示，即有

$$E_{AB}(t) = \frac{kt}{e} \ln \frac{n_A(t)}{n_B(t)} \tag{6-11}$$

式中，$E_{AB}(t)$ 为 A、B 两种材料在温度 t 时的接触电势，k 为玻尔兹曼常数（$k=1.38 \times 10^{-23}$ J/K，$n_A(t)$、$n_B(t)$ 为材料 A、B 分别在温度 t 下的自由电子密度，$e=1.6 \times 10^{-19}$ C，为单个电子的电荷量。

2）温差电势

　　对单一金属导体，如果将导体两端分别置于不同的温度场 t、t_0 中（$t > t_0$），在导体内部，热端的自由电子具有较大的动能，将更多地向冷端移动，导致热端失去电子带正电，冷端得到电子带负电，这样，导体两端将产生一个热端指向冷端的静电场。该电场阻止电子从热端继续向冷端转移，并使电子反方向移动，最终将达到动态平衡状态。这样，在导体两端产生电位差，这个电位差称为温差电势。温差电势的大小取决于导体材料和两端的温度，可表示为

$$E_A(t, t_0) = \frac{k}{e} \int_{t_0}^{t} \frac{1}{n_A(t)} d[n_A(t)t] \tag{6-12}$$

式中，$E_A(t, t_0)$ 为导体 A 在两端温度为 t、t_0 时形成的温差电势。

3）热电偶回路的总热电势

在由两种导体 A 和 B 组成的热电偶回路中，两接触点的温度分别为 t_0 和 t，且 $t>t_0$，则回路的总热电势由四部分组成：两个温差电势即 $E_A(t_0,t)$ 和 $E_B(t_0,t)$，两个接触电势的 $E_{AB}(t_0)$ 和 $E_{AB}(t)$。它们的方向和大小示意图如图 6-14 所示。

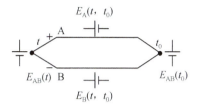

图 6-14　热电偶回路总热电势的方向和大小示意图

实践证明，热电偶回路中所产生的热电势主要是由接触电势引起的，温差电势所占比例极小，可以忽略不计。因为 $E_{AB}(t)$ 和 $E_{AB}(t_0)$ 的极性相反，假设导体 A 的电子密度大于导体 B 的电子密度，且 A 为正极、B 为负极，因此按顺时针方向热电偶回路的总热电势为

$$E_{AB}(t,t_0)=E_{AB}(t)-E_A(t,t_0)+E_B(t,t_0)-E_{AB}(t_0)$$
$$\approx E_{AB}(t)-E_{AB}(t_0)$$
$$=\frac{kt}{e}\ln\frac{n_A(t)}{n_B(t)}-\frac{kt_0}{e}\ln\frac{n_A(t_0)}{n_B(t_0)} \tag{6-13}$$

由此可见，热电偶回路的总热电势与两种材料的电子密度以及两接点的温度有关，因此可得出以下结论：

（1）如果热电偶两电极相同，即 $n_A(t)=n_B(t)$、$n_A(t_0)=n_B(t_0)$，则无论两接点温度如何，回路中总热电势始终为 0。

（2）如果热电偶两接点温度相同（$t=t_0$），尽管 A、B 材料不同，回路中总热电势依然为 0。

（3）热电偶产生的总热电势大小与材料（n_A，n_B）和接点温度（t，t_0）有关，与其尺寸、形状等无关。

（4）热电偶热电极电子密度取决于热电偶材料的特性和温度，当热电极 A、B 选定后，总热电势 $E_{AB}(t,t_0)$ 就是两接点温度 t 和 t_0 的函数差，即

$$E_{AB}(t,t_0)=f(t)-f(t_0) \tag{6-14}$$

如果自由端的温度保持不变，即 $f(t_0)=C$（常数），此时，$E_{AB}(t,t_0)$ 就成为 t 的单一函数，即

$$E_{AB}(t,t_0)=f(t)-f(t_0)=f(t)-C=\phi(t) \tag{6-15}$$

式（6-15）在实际测温中得到了广泛应用。当保持热电偶自由端温度 t_0 不变时，只要用仪表测出总热电势，就可以求得工作端温度 t，这就是热电偶测温的基本原理。在实用中，常把自由端温度保持在 0℃ 或室温。

4）热电偶分度表的使用

为了使用方便，标准化热电偶的热端温度与总热电势之间的对应关系都有函数表可查。通常令 $t_0=0$℃，然后在不同的温差（$t-t_0$）情况下，精确地测定出回路总热电势，并将

所测得的结果列成表格(称为热电偶分度表),供使用时查阅。表6-3~表6-6是几种常见热电偶的分度表。应注意 t_0 不等于 $0 ℃$ 时,不能使用分度表由 t 直接查热电势值,也不能由热电势值直接查 t。

表6-3　S型(铂铑$_{10}$-铂)热电偶分度表

测量端温度/℃	0	10	20	30	40	50	60	70	80	90
	总热电势/mV									
0	0.000	0.055	0.113	0.173	0.235	0.299	0.365	0.432	0.502	0.573
100	0.645	0.719	0.795	0.872	0.950	1.029	1.109	1.190	1.273	1.356
200	1.440	1.525	1.611	1.698	1.785	1.873	1.962	2.051	2.141	2.232
300	2.232	2.414	2.506	2.599	2.692	2.786	2.880	2.974	3.069	3.164
400	3.260	3.356	3.452	3.549	3.645	3.743	3.840	3.938	4.036	4.135
500	4.234	4.333	4.432	4.532	4.632	4.732	4.832	4.933	5.034	5.136
600	5.237	5.339	5.442	5.544	5.648	5.751	5.855	5.960	6.064	6.169
700	6.274	6.380	6.486	6.592	6.699	6.805	6.913	7.020	7.128	7.236
800	7.354	7.454	7.563	7.672	7.782	7.892	8.003	8.114	8.225	8.336
900	8.448	80560	8.673	8.786	8.899	9.012	9.126	9.240	9.355	9.470
1000	9.585	9.700	9.816	9.932	10.048	10.165	10.282	10.400	10.517	10.635
1100	10.754	10.872	10.991	11.110	11.229	11.348	11.467	11.587	11.701	11.827
1200	11.947	12.067	12.188	12.308	12.429	12.550	12.671	12.792	12.913	13.034
1300	13.155	13.276	13.397	13.519	13.640	13.761	13.883	14.004	14.125	14.247
1400	14.368	14.489	14.610	14.731	14.852	14.973	15.094	15.215	15.336	15.456
1500	15.576	15.697	15.817	15.937	16.057	16.176	16.296	16.415	16.534	16.653
1600	16.771	16.890	17.008	17.125	17.245	17.360	17.477	17.594	17.711	17.826

表6-4　B型(铂铑$_{30}$-铂铑$_6$)热电偶分度表

测量端温度/℃	0	10	20	30	40	50	60	70	80	90
	总热电势/mV									
0	-0.000	-0.002	-0.003	-0.002	0.000	0.002	0.006	0.011	0.017	0.025
100	0.033	0.043	0.053	0.065	0.078	0.092	0.107	0.123	0.140	0.159
200	0.178	0.199	0.220	0.243	0.266	0.291	0.317	0.344	0.372	0.401
300	0.431	0.462	0.494	0.527	0.561	0.596	0.632	0.669	0.707	0.746
400	0.786	0.827	0.870	0.913	0.957	1.002	1.048	1.095	1.143	1.192
500	1.241	1.292	1.344	1.397	1.450	1.505	1.560	1.617	1.674	1.732
600	1.791	1.851	1.912	1.974	2.036	2.100	2.164	2.230	2.296	2.363
700	2.430	2.499	2.569	2.639	2.710	2.782	2.855	2.928	3.003	3.078

续表

测量端温度/℃	0	10	20	30	40	50	60	70	80	90
	总热电势/mV									
800	3.154	3.231	3.308	3.387	3.466	3.546	3.626	3.708	3.790	3.873
900	3.957	4.041	4.126	4.212	4.298	4.368	4.474	4.562	4.652	4.742
1000	4.833	4.924	5.016	5.109	5.202	5.297	5.391	5.487	5.583	5.680
1100	5.777	5.875	5.973	6.073	6.172	6.273	6.374	6.475	6.577	6.680
1200	6.783	6.887	6.991	7.096	7.202	7.308	7.414	7.521	7.628	7.736
1300	7.845	7.953	8.063	8.172	8.283	8.393	8.504	8.616	8.727	8.839
1400	8.952	9.065	9.178	9.291	9.405	9.519	9.634	9.748	9.863	9.979
1500	10.094	10.210	10.325	10.441	10.558	10.674	10.790	10.907	11.024	11.141
1600	11.257	11.374	11.491	11.608	11.725	11.842	11.959	12.076	12.193	12.310
1700	12.426	12.543	12.659	12.776	12.892	13.008	13.124	13.239	13.354	13.470
1800	13.585	—	—	—	—	—	—	—	—	—

表6-5 K型(镍铬-镍硅)热电偶分度表

测量端温度/℃	0	10	20	30	40	50	60	70	80	90
	总热电势/mV									
−0	−0.000	−0.392	−0.777	−1.156	−1.527	−1.889	−2.243	−2.586	−2.920	−3.242
+0	0.000	0.397	0.798	1.203	1.611	2.022	2.436	2.850	3.266	3.681
100	4.095	4.508	4.919	5.327	5.733	6.137	6.539	6.939	7.338	7.373
200	8.137	8.537	8.938	9.341	9.745	10.151	10.560	10.969	11.381	11.793
300	12.207	12.623	13.039	13.456	13.874	14.292	14.712	15.132	15.552	15.974
400	16.395	16.818	17.241	17.664	18.088	18.513	18.938	19.363	19.788	20.214
500	20.640	21.066	21.493	21.919	22.346	22.772	23.198	23.624	24.050	24.476
600	24.092	25.327	25.751	26.176	26.599	27.022	27.445	27.867	28.288	28.709
700	29.128	29.547	29.965	30.383	30.799	31.214	31.629	32.042	32.455	32.866
800	33.277	33.686	34.095	34.502	34.909	35.314	35.718	36.121	36.524	36.952
900	37.325	37.724	38.122	38.519	38.915	39.310	39.703	40.096	40.488	40.897
1000	41.296	41.657	42.045	42.432	42.817	43.202	43.585	43.968	44.349	44.729
1100	45.108	45.486	45.863	46.238	46.612	46.985	47.365	47.726	48.095	48.462
1200	48.828	49.192	49.555	49.916	50.276	50.633	50.990	51.344	51.697	52.094
1300	52.398	—	—	—	—	—	—	—	—	—

表 6 - 6　E 型(镍铬-铜镍)热电偶分度表

测量端 温度/℃	0	10	20	30	40	50	60	70	80	90
	总热电势/mV									
−0	−0.000	−0.581	−1.151	−1.709	−2.254	−2.787	−3.306	−3.811	−4.301	−4.777
+0	0.000	0.591	1.192	1.801	2.419	3.047	3.683	4.329	4.983	5.646
100	6.319	6.996	7.633	8.377	9.078	9.787	10.501	11.222	11.949	12.681
200	13.419	14.161	14.909	15.661	16.417	17.178	17.942	18.710	19.481	20.256
300	21.033	21.814	22.597	23.383	24.171	24.961	25.754	26.549	27.345	28.143
400	28.943	19.744	30.546	31.305	32.155	32.960	33.767	34.574	35.382	36.190
500	36.999	37.808	38.617	39.426	40.236	41.045	41.853	42.662	43.470	44.278
600	45.085	45.891	46.697	47.502	48.306	19.109	49.911	50.713	51.513	52.312
700	53.110	53.907	54.703	55.498	56.291	57.083	57.873	58.663	59.451	60.273
800	61.022	—	—	—	—	—	—	—	—	—

6.4.2　热电偶的基本定律

　　利用热电偶在实际测温时,热电偶回路中必然要引入测量热电势的显示仪表和连接导线。因此,掌握了热电偶的测温原理之后,还要进一步掌握热电偶的一些基本定律,并在实际测温中灵活并熟练地应用。

1. 均质导体定律

　　如果组成热电偶的两个热电极的材料相同,无论两接点的温度是否相同,热电偶回路中的总热电势均为 0,这就是均质导体定律。均质导体定律有助于检验两个热电极材料成分是否相同及热电极材料的均匀性。

2. 中间导体定律

　　在由不同材料组成的闭合回路中,若各种材料接触点的温度都相同,则回路中热电势的总和等于零,这就是中间导体定律。由此定律可以得到如下结论:在热电偶回路中,接入第三、第四种或者更多种均质导体,只要接入的导体两端温度相等,如图 6 - 15 所示,则它们对回路中的热电势没有影响。即

$$E_{ABC}(t, t_0) = E_{AB}(t, t_0) \tag{6-16}$$

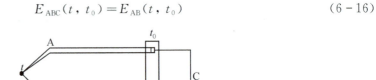

图 6 - 15　第三种导体接入热电偶回路示意图

从实用观点看，这个定律很重要，正是由于这个性质的存在，才可以在回路中引入各种仪表、连接导线等，而不必担心会对热电势产生影响，而且也允许采用任意的焊接方法来焊制热电偶。同时应用这一定律可以采用开路热电偶对液态金属和金属壁面进行温度测量，如图 6 - 16 所示，只要保证两热电极 A、B 插入地方的温度一致，则对整个回路的总热电势将不产生影响。

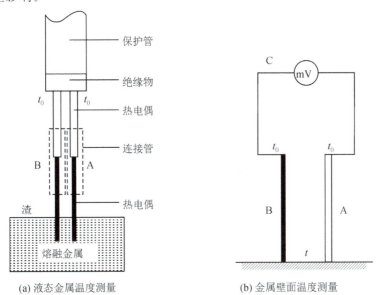

(a) 液态金属温度测量　　　　　(b) 金属壁面温度测量

图 6 - 16　开路热电偶的使用

3. 中间温度定律

中间温度定律是指两种不同材料组成的热电偶回路，其接点温度为 t、t_0 的热电势，等于该热电偶在接点温度分别为 t、t_n 和 t_n、t_0 时的热电势的代数和（其中 t_n 为中间温度），如图 6 - 17 所示，即有

$$E_{AB}(t, t_0) = E_{AB}(t, t_n) + E_{AB}(t_n, t_0) \qquad (6 - 17)$$

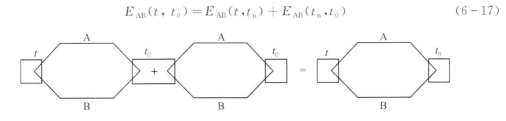

图 6 - 17　中间温度定律

由此定律可以得到如下结论：

（1）已知热电偶在某一给定冷端温度下进行的分度，只要引入适当的修正，就可在另外的冷端温度下使用。这就为制定和使用热电偶分度表奠定了理论基础。

（2）在实际的热电偶测温应用中，测量仪表（如动圈式毫伏表、电子电位差计等）和连接导线可以作为第三种导体对待。

4. 标准电极定律

标准电极定律是指当热电偶工作端和自由端温度为 t 和 t_0 时，用导体 A、B 组成热电偶的热电势等于 AC 热电偶和 CB 热电偶的热电动之代数和，即

$$E_{AB}(t, t_0) = E_{AC}(t, t_0) + E_{CB}(t, t_0) \qquad (6-18)$$

或

$$E_{AB}(t, t_0) = E_{AC}(t, t_n) - E_{BC}(t, t_0) \qquad (6-19)$$

利用标准电极定律可以方便地根据几个热电极与标准电极组成热电偶时所产生的热电势，求出这些热电极彼此任意组合时的热电势，而不需要逐个进行测定。由于纯铂丝的物理、化学性能稳定，熔点较高，易提纯，因此目前常用纯铂丝作为标准电极。

 ## 6.4.3　热电偶冷端温度的补偿

由热电偶测温原理可知，只有当热电偶的冷端温度保持不变时，热电势才是被测温度的单值函数。在实际应用时，由于热电偶的热端与冷端离得很近，冷端又暴露在某一空间中，容易受到周围环境温度波动的影响，因而冷端温度难以保持恒定。为消除冷端温度变化对测量的影响，可采用下述几种冷端温度补偿方法。

热电偶冷端
处理及补偿

1. 恒温法

恒温法是指人为制成一个恒温装置，把热电偶的冷端置于其中，保证冷端温度恒定。常用的恒温装置有冰点槽和电热式恒温箱两种。

冰点槽的原理结构图如图 6-18 所示，把热电偶的两个冷端放在充满冰水混合物的容器内，使冷端温度始终保持为 0℃。为了防止短路和改善传热条件，两支热电极的冷端分别插在盛有变压器油的试管中。这种方法测量准确度高，但操作麻烦，只适用于实验室中。在工业现场，常使用电加热式恒温箱。这种恒温箱通过接点控制或其他控制方式维持箱内温度恒定（常为 50℃）。

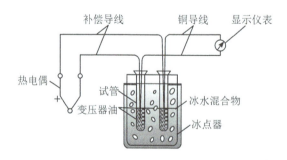

图 6-18　冰点槽的原理结构图

2. 公式修正法

热电偶的冷端温度偏离 0℃ 时产生的测温误差也可以利用公式来修正。热电偶测温时，如果冷端温度为 t_0，则热电偶产生的热电势为 $E_{AB}(t, t_0)$。根据中间温度定律可知 $E_{AB}(t, 0) = E_{AB}(t, t_0) + E_{AB}(t_0, 0)$，因此可在热电偶测温的同时，用其他温度表（如玻璃

管水银温度表等)测量出热电偶冷端处的温度 t_0，从而得到修正热电势 $E_{AB}(t_0, 0)$。将 $E_{AB}(t_0, 0)$ 和热电势 $E_{AB}(t, t_0)$ 相加，计算出 $E_{AB}(t_0, 0)$，然后再查相应的热电偶分度表，就可以求得被测温度 t。

3. 显示仪表的机械零点调整法

显示仪表的机械零点是指仪表在没有外电源的情况下，即仪表输入端开路时，指针停留的刻度点，一般为仪表的刻度起始点。若预知热电偶的冷端温度为 t_0，在测温回路开路情况下，将仪表的刻度起始点调到 t_0 位置，此时相当于人为给仪表输入热电势 $E_{AB}(t_0, 0)$，在接通测温回路后，虽然热电偶产生的热电势即显示仪表的输入热电势为 $E_{AB}(t, t_0)$，但由于机械零点已调到 t_0 处，相当于已预加了一个电势 $E_{AB}(t_0, 0)$，因此综合起来，显示仪表的输入电势相当于 $E_{AB}(t, t_0) + E_{AB}(t_0, 0) = E_{AB}(t, 0)$，则显示仪表的示值将正好为被测温度 t，消除了 $t_0 \neq 0$ 引起的示值误差。本方法简单方便，适用于冷端温度比较稳定的场所。但要注意冷端温度变化后，必须及时重新调整机械零点。在冷端温度经常变化的情况下，不宜采用这种方法。

4. 补偿导线法

热电偶特别是贵金属热电偶，一般都做得比较短，其冷端距离被测对象很近，这就使冷端温度不但较高且波动也大。为了减小冷端温度变化对热电势的影响，通常要用与热电偶的热电特性相近的廉价金属导线将热电偶冷端移到远离被测对象且温度比较稳定的地方(如仪表控制室内)。这种廉价金属导线就称为热电偶的补偿导线，其外形如图 6-19 所示。

图 6-19　补偿导线外形

在图 6-19 所示的热电偶补偿导线中，A′和 B′分别为测温热电偶热电极 A、B 的补偿导线。在使用补偿导线 A′、B′时应满足的条件为：

(1) 补偿导线 A′、B′和热电极 A、B 的两个接点温度相同，并且都不高于 100℃。

(2) 在 0~100℃ 的范围内，由 A′、B′组成的热电偶和由 A、B 组成的热电偶具有相同的热电特性，即 $E_{AB}(t'_0, t_0) = E_{A'B'}(t'_0, t_0)$。

根据热电偶的中间温度定律可以证明，用补偿导线把热电偶冷端移至温度 t_0 处和把热电偶本身延长到温度 t_0 处是等效的。

补偿导线虽然能将热电偶延长，起到移动热电偶冷端位置的作用，但本身并不能消除冷端温度变化的影响。为了进一步消除冷端温度变化对热电势的影响，通常还要在补偿导线冷端再采取其他补偿措施。

在使用热电偶补偿导线时必须注意型号相配，极性不能接错，补偿导线与热电偶连接端的温度不能超过 100℃ 且必须相等。常用热电偶的补偿导线如表 6-7 所列。

表 6 - 7　常用热电偶的补偿导线

配用热电偶分度号	补偿导线型号	补偿导线正极		补偿导线负极		补偿导线在100℃时的热电势允许误差/mV	
		材料	颜色	材料	颜色	A(精密级)	B(精密级)
S	SC	铜	红	铜镍	绿	0.645 ± 0.023	0.645 ± 0.037
K	KC	铜	红	铜镍	蓝	4.095 ± 0.063	4.095 ± 0.105
K	KX	镍铬	红	镍硅	黑	4.095 ± 0.063	4.095 ± 0.105
E	EX	镍铬	红	铜镍	棕	6.317 ± 0.102	6.317 ± 0.170
J	JX	铁	红	铜镍	紫	5.268 ± 0.081	5.268 ± 0.135
T	TX	铜	红	铜镍	白	4.277 ± 0.023	4.277 ± 0.047

注：补偿导线型号第一个字母与热电偶分度号相对应；第二个字母字为 X 时表示延伸型补偿导线，字母为 C 时表示补偿型补偿导线。

5. 补偿装置法

当热电偶的热端温度不变，而冷端温度从初始平衡温度 t_0 升高到某一温度 t_x 时，热电偶的热电势将减小，其变化量为 $\Delta E = E_{AB}(t, t_0) - E_{AB}(t, t_x) = E_{AB}(t_x, t_0)$。如果能在热电偶的测量回路中串接一个直流电压 U_{ab}（见图 6 - 20），且 U_{ab} 能随冷端温度升高而增加，其大小与热电势的变化量相等，即 $U_{ab} = E_{AB}(t_x, t_0)$，则 $E_{AB}(t, t_x) + U_{ab} = E_{AB}(t, t_0)$，也就是送到显示仪表的热电势 $E_{AB}(t, t_0)$ 不会随冷端温度变化而变化，那么热电偶由于冷端温度变化而产生的误差即可消除。

怎样产生一个随温度而变化的直流电压 U_{ab} 呢？以前用冷端温度补偿器（由一个直流不平衡电桥构成）来产生一个随冷端温度变化的 U_{ab}，而现在一般都在相应的温度显示仪表或温度变送器中设置热电偶冷端温度补偿电路来产生 U_{ab}，从而实现热电偶冷端温度自动补偿。具有冷端温度补偿电路的热电偶测量电路如图 6 - 20 所示。

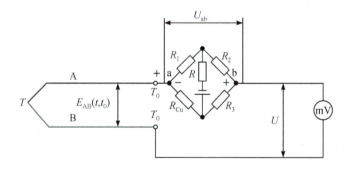

图 6 - 20　具有冷端温度补偿装置的热电偶测量电路

正确使用冷端温度补偿电路应注意以下几点。

(1) 热电偶冷端温度必须与冷端温度补偿电路工作温度一致，否则达不到补偿效果。为此热电偶必须用补偿导线与冷端温度补偿电路相连接。

(2) 要注意冷端温度补偿电路在测温系统中连接时的极性。

（3）冷端温度补偿电路必须与相应型号的热电偶配套使用。

以上几种热电偶冷端温度补偿法常用于热电偶和动圈显示仪表配套的测温系统中。由于自动电子电位差计和温度变送器等温度测量仪表的测量电路中已设置了冷端补偿电路，因此，热电偶与它们配套使用时不用再考虑补偿方法，但补偿导线仍然需要。

6.4.4　热电偶的种类及结构形式

1. 热电偶的种类

热电偶一般分为标准化热电偶和非标准化热电偶两大类。

1）标准化热电偶。

标准化热电偶的工艺比较成熟，应用广泛，性能优良、稳定，能成批生产。同一型号标准化热电偶可以互相调换和统一分度，并有配套显示仪表。国产标准化热电偶有铂铑$_{10}$-铂、铂铑$_{30}$-铂铑$_{6}$等标准化热电偶。表 6-8 列出了几种常用标准化热电偶的测温范围及特点。

表 6-8　常用标准化热电偶的测温范围及特点

名称	型号	分度号	测温范围/℃	100℃时热电势/mV	特　点
铂铑$_{30}$-铂铑$_{6}$	WRR	B(LL-2)	0~1800	0.033	使用温度高，范围广，性能稳定，精度高，适宜在氧化和中性介质中使用，但价格贵，热电势小，灵敏度低
铂铑$_{10}$-铂	WRP	S(LB-3)	0~1600	0.645	使用温度范围广，性能稳定，精度高，复现性好，但热电势较小，高温下铑易升华，污染铂极，价格贵，一般用于较精密的测温中
镍铬-镍硅	WRN	K(EU-2)	-200~1300	4.095	热电势大，线性好，价廉，但材质较脆，焊接性能及抗辐射性能较差
镍铬-考铜	WRK	E(EA-20)	0~300	6.95	热电势大，线性好，价廉，测温范围小，考铜易受氧化而变质

注：括号内为我国旧的分度号。

2）非标准化热电偶

非标准化热电偶有钨-铼丝热电偶、铱-铑丝热电偶、铁-康铜丝热电偶等。非标准化热电偶在高温、低温、超低温、真空和核辐射等特殊环境中使用，具有特别良好的性能。它们在节约贵重稀有金属方面具有重要意义。这类热电偶无统一分度表。

2．热电偶的结构形式

为了保证热电偶可靠、稳定地工作，对它的结构要求包括：构成热电偶的两个热电极必须焊接牢固；两个热电极彼此之间应很好地绝缘，以防短路；补偿导线与热电偶自由端的连接要方便、可靠；保护套管应能保证热电极与有害介质充分隔离。由于热电偶的用途和安装位置不同，因此其外形也各不相同。热电偶的结构形式常分为以下几种。

1）普通型热电偶

普通型热电偶是工程实际中最常用的一种类型，其大多由热电极、绝缘套管、保护套管和接线盒等部分组成，如图 6 - 21(a)所示。

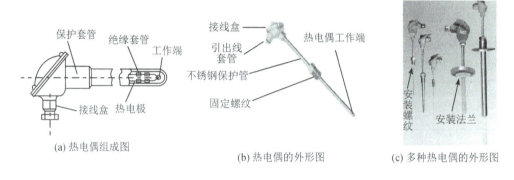

(a) 热电偶组成图　　　(b) 热电偶的外形图　　　(c) 多种热电偶的外形图

图 6 - 21　普通热电偶组成图及外形图

（1）热电极。热电偶常以热电极材料种类来命名，例如铂铑-铂热电偶、镍铬-镍硅热电偶等。热电极直径大小由材料价格、机械强度、导电率以及热电偶的用途和测量范围等因素决定，其长度由使用情况、安装条件，特别是由热电偶工作端在被测介质中的插入深度来决定。

（2）绝缘套管。绝缘套管又称绝缘子，用来防止两根热电极短路，其材料的选用视热电偶使用的温度范围和对绝缘性能的要求而定。绝缘套管一般制成圆形，中间有孔，长度为20 mm，根据热电偶长度可多个串起来使用，常用的材料是氧化铝和耐火陶瓷等。

（3）保护套管。保护套管的作用是使热电偶的热电极与测温介质隔离，使之免受化学侵蚀或机械损伤。热电极是在套上绝缘套管后再装入保护套管内的，对保护套管的基本要求是经久耐用和传热良好。常用的保护套管材料有金属和非金属两类，应根据热电偶类型、测温范围和使用条件等因素来选择套管的材料。

（4）接线盒。接线盒供连接热电偶和测量仪表之用。接线盒固定在热电偶的保护套管上，一般用铝合金制成，分普通式和密封式两类。为防止灰尘、水分及有害气体侵入保护套管内，接线盒出线孔和盖子均用垫片及垫圈加以密封。接线端子上应注明热电极的正、负极性。图 6 - 21(b)、(c)所示为普通热电偶的外形图。

普通型热电偶主要用于测量气体、蒸汽和液体介质的温度。根据测温范围和测温环境的不同，可选择合适的热电偶和保护套。热电偶按其安装时的连接形式，可分为螺纹连接和法兰连接两种；按其使用状态的要求，又可分为密封式和高压固定螺纹式。

2）铠装热电偶

铠装热电偶的外形像电缆，也称缆式热电偶，是由金属套管、绝缘材料和热电偶丝三者组合成一体的一种特殊结构的热电偶。铠装热电偶的套管外径最细能达 0.25 mm，长度可达 100 m 以上，具有体积小、精度高、响应速度快、可靠性好、耐振动、抗冲击、可挠性好和便于安装等优点，因此特别适用于结构复杂（如狭小弯曲管道内）场合的温度测量。使用铠装热电偶时，可以根据需要截取一定长度，将一端护套剥去，露出热电极，焊成结点，即成热电偶。

　　铠装热电偶内部的热电偶丝与外界空气隔绝，有着良好的抗高温氧化、抗低温水蒸气冷凝、抗机械外力冲击的特性。铠装热电偶外形及结构如图 6-22 所示。

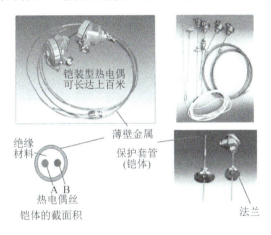

图 6-22　铠装热电偶外形及结构

3）隔爆型热电偶

　　隔爆型热电偶的接线盒在设计时采用防爆的特殊结构，是经过压铸而成的，采用螺纹隔爆接合面，并采用密封圈进行密封，有一定的厚度和隔爆空间，机构强度较高，因此，接线盒内一旦放弧，不会与外界环境的危险气体传爆，能达到预期的防爆、隔爆效果。隔爆热电偶外形如图 6-23 所示。

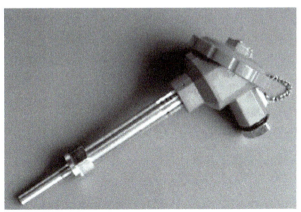

图 6-23　隔爆热电偶外形

　　工业用的隔爆型热电偶多用于化学工业自控系统中（由于在化工生产厂、生产现场常伴有各种易燃、易爆等化学气体或蒸汽，如果用普通热电偶则非常不安全、很容易引起环境气体爆炸）。

4）其他类型热电偶

除以上热电偶外，还有为快速测量各种表面温度的薄膜型热电偶、为测量各种固体表面温度的表面热电偶、为测量钢水和其他熔融金属温度而设计的消耗式热电偶、利用石墨和难熔化合物为高温热电偶材料的非金属热电偶等。其中薄膜型热电偶的结构如图 6-24 所示，主要由热电极、热接点、绝缘基板、引出线组成。

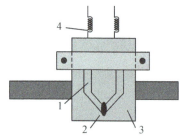

1—热电极；2—热接点；3—绝缘基板；4—引出线。

图 6-24　薄膜型热电偶结构

 6.4.5　热电偶的常用测温电路

1. 单点温度测量典型电路

利用热电偶测量单点温度时，可以直接将其与显示仪表（如电子电位差计、数字表等）配套使用，也可以与温度变送器配套使用，将温度转换成标准电流信号。图 6-25 为热电偶单点温度测量典型电路。

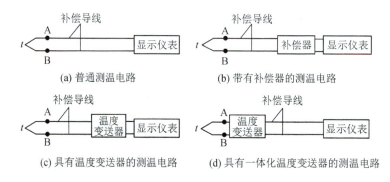

(a) 普通测温电路　　　　　　　　(b) 带有补偿器的测温电路

(c) 具有温度变送器的测温电路　　(d) 具有一体化温度变送器的测温电路

图 6-25　单点温度测量典型电路

2. 两点间温差测量电路

图 6-26 所示是用两个热电偶和一个仪表配合测量两点之间温差的电路。图中用了两个型号相同的热电偶并配用相同的补偿导线。工作时，两个热电偶产生的热电势方向相反，故输入仪表的热电势是其差值，这一差值就反映了两个热电偶热端的温差。为了减少测量误差，提高测量精度，要尽可能选用热电特性一致的热电偶，同时要保证两个热电偶的冷端温度相同。

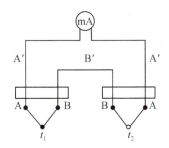

图 6 - 26　两点温差的测量电路(两个热电偶反向串联)

图 6 - 26　两点温差的测量电路(两个热电偶反向串联)

3. 多点平均温度测量电路

有些大型设备,需测量多点的平均温度,可以通过热电偶并联的测量电路来实现,如图 6 - 27 所示。将 n 个同型号热电偶的正极和负极分别连接在一起的电路称并联测量电路。如果 n 个热电偶的电阻均相等,则并联测量电路的总热电势等于 n 个热电偶热电势的平均值,即

$$E_{并} = \frac{E_1 + E_2 + \cdots + E_n}{n} \qquad (6 - 20)$$

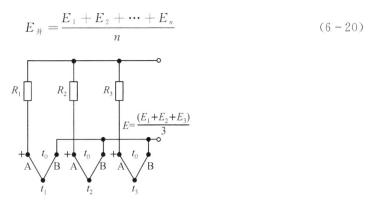

$$E = \frac{(E_1 + E_2 + E_3)}{3}$$

图 6 - 27　多点平均温度测量电路(热电偶并联)

在热电偶并联线路中,当其中一个热电偶断路时,不会中断整个测温系统的工作。

4. 多点温度之和测量电路

将 n 个同型号热电偶依次按正负极相连接的电路称为串联测量电路,如图 6 - 28 所示。串联测量电路的热电势等于 n 个热电偶热电势之和,即

$$E_{串} = E_1 + E_2 + \cdots + E_n = nE \qquad (6 - 21)$$

$$E = E_1 + E_2 + E_3$$

图 6 - 28　多点温度之和测量电路(热电偶串联)

串联线路的主要优点是热电势大，仪表的灵敏度大为增加；缺点是只要有一个热电偶断路，整个测量系统便无法工作。

6.4.6　热电偶的安装

热电偶的安装要注意有利于测温准确、安全可靠及维修方便，而且不影响设备运行和生产操作。为了满足这些需求，需要考虑很多的问题，在此只列举安装热电偶时经常遇到的一些主要问题。

1. 安装部位及插入深度

为了使热电偶的热端与被测介质之间有充分的热交换，应合理选择测点位置，不能在阀门、弯头及管道和设备的死角附近装设热电偶。带有保护套管的热电偶有传热和散热损失，会引起测量误差。为了减少这种误差，热电偶插入被测介质时应具有足够的深度。对于测量管道中流体温度的热电偶(包括热电阻和膨胀式压力表式温度计)，一般都应将其测量端插入管道中心，即装设在被测流体最高流速处。热电偶的安装方式如图6-29(a)、(b)、(c)所示。

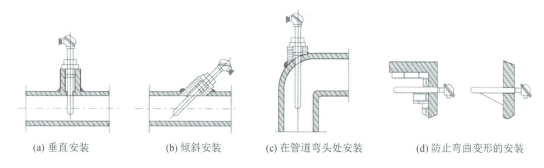

(a) 垂直安装　　　　(b) 倾斜安装　　　　(c) 在管道弯头处安装　　　　(d) 防止弯曲变形的安装

图 6-29　热电偶的安装方式

对于高温、高压和高速流体的温度测量(例如轮船的主蒸汽管道的蒸汽温度)，为了减小保护套管对流体的阻力和防止保护套管在流体作用下发生断裂，可采取保护套管浅插方式或采用热套式热电偶装设结构。浅插方式的热电偶保护套管插入主蒸汽管道的深度应不小于75 mm；热套式热电偶的标准插入深度为100 mm。当热电偶插入深度超过1 m时，应尽可能垂直安装，否则就要有防止保护套管弯曲的措施，例如加装支撑架(如图6-29(d)所示)或加装保护套管。

在负压管道或设备上安装热电偶时，应保证其密封性。热电偶安装好后应进行补充保温，以防因散热而影响测温的准确性。在含有尘粒、粉物的介质中安装热电偶时，应加装保护屏(如煤粉管道)，防止介质磨损保护套管。

热电偶的接线盒不可与被测介质管道的管壁相接触，且保证接线盒内的温度不超过100℃。接线盒的出线孔应朝下安装，以防因密封不良，水汽、灰尘与脏物等沉积造成接线端子短路。

2. 金属壁表面测温热电偶的安装

金属壁表面测温热电偶的安装方式有以下两种。

（1）焊接安装。如图 6 - 30 所示，焊接安装有球形焊、交叉焊和平行焊三种方式。球型焊是先焊好热电偶，然后将热电偶的热电极焊到金属壁面上；交叉焊是将两根热电极丝交叉重叠放在金属壁面上，然后用压接焊或其他方法将热电极丝与金属面焊在一起；平行焊是将两根热电极丝分别焊在金属面上，通过该金属构成测温热电偶。

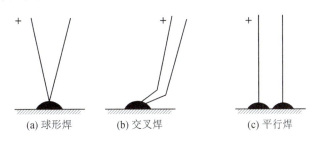

(a) 球形焊　　　(b) 交叉焊　　　(c) 平行焊

图 6 - 30　金属壁表面热电偶焊接方式

（2）压接安装。压接安装分为挤压安装和紧固安装两种。挤压安装是将热电偶测量端置入一个比它尺寸略大的钻孔内，然后用捶击挤压工具挤压孔的四周，使金属壁与测量端牢固接触。紧固安装是将热电偶的测量端置入一个带有螺纹扣的槽内，垫上铜片，然后用螺栓压向垫片，使测量端与金属壁牢固接触。

对于不允许钻孔或开槽金属壁，可采用导热性良好的金属块预先钻孔或开槽，用以固定测量端，然后将金属块焊在被测物体上进行测温。

6.4.7　热电偶的校验

热电偶在测温过程中，由于测量端受氧化、腐蚀和污染等影响，使用一段时间后，它的热电特性会发生变化，增大测量误差。为了保证测温准确，热电偶不仅在使用前要进行检测，在使用一段时间后也要进行周期性的校验。

1. 影响热电偶校验周期的因素

影响热电偶校验周期的因素如下：

（1）热电偶使用的环境条件。环境条件恶劣的热电偶的校验周期应短些；环境条件较好的热电偶的校验周期可长些。

（2）热电偶使用的频繁程度。连续使用的热电偶的校验周期应短些；反之，校验周期可长些。

（3）热电偶本身的性能。稳定性好的热电偶的校验周期应长些；稳定性差的热电偶的校验周期应短些。

2. 热电偶的校验项目

工业用热电偶的校验项目主要有外观检查和允许误差校验两项。

1）外观检查

热电偶的外观检查通过目测进行，电极是否存在短路、断路可使用万用表检查，同时应满足以下要求：

① 测量端焊接应光滑、牢固、无气孔和夹灰等缺陷，无残留助焊剂等污物。

②　各部分装配正确，连接可靠，零件无损、缺。

③　保护套管外层无显著的锈蚀、凹痕和划痕。

④　电极无短路、断路，极性标志正确。

2）允许误差校验

允许误差校验一般采用比较法，即将被检热电偶与比它精确度等级高一等的标准热电偶同置于校验用的恒温装置中，在校验点温度下进行热电势比较。这种方法的校验准确度取决于标准热电偶的准确度等级、测量仪器仪表的误差、恒温装置的温度均匀性和稳定程度。比较法的优点是设备简单、操作方便，一次能校验多个热电偶，工作效率高。

3. 校验的主要设备和仪器

（1）管式电炉，最高工作温度为 1300 ℃，加热管内径为 50～60 mm，长度为 600～1000 mm，用自耦变压器(0～250 V，5 kVA)调炉温，炉温能稳定到 5 min 内温度变化不大于 2 ℃。

（2）二等标准铂铑-铂热电偶。

（3）直流电位差计（UJ31、UJ33A 或 UJ36）。

（4）冰点槽，恒温误差不大于 0.1 ℃。

（5）精密级热电偶及补偿导线。

（6）标准水银温度计，最小分度为 0.1 ℃。

（7）铜导线及切换开关。

（8）被校热电偶。

4. 校验方法

热电偶在 300 ℃以上温度的校验在管式电炉中与标准热电偶比对，300 ℃以下温度的校验在油浴恒温器中与标准水银温度计比对（无特别需要时，300 ℃以下温度可以不校验）。热电偶校验系统接线如图 6-31 所示。

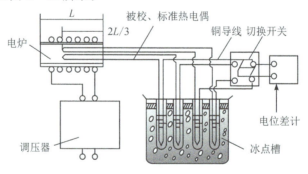

图 6-31　热电偶校验线路图

热电偶校验方法如下：

（1）确定校验点数。校验点包括常用温度点在内，应不少于 5 个点，上限温度点应高于最高常用温度 50 ℃。

（2）将被校验热电偶和标准热电偶的测量端置于管式电炉内的多孔或单孔镍块（或不锈钢块）孔内，以使它们处于相同的温度场中。

（3）将热电偶冷端置于充有变压器油的试管内，然后将试管放入盛有适量冰水混合物的冰点槽中，冰点槽中的温度用具有 $0.1℃$ 分度值的水银温度计测量。

（4）当电炉温升至第一个校验点且炉温在 5 min 内变化不大于 $2℃$ 时即可读数。

注意事验：校验前应检查电位差计的工作电流；读数时由标准热电偶开始依次读数，读至最后一个被校热电偶，再从该热电偶反方向依次读数，取每个热电偶的两次读数的平均值，作为被校验热电偶的读数结果 E_n 和 E_x；分别由分度表查出对应的温度 t_n 和 t_x，计算误差 $\Delta t = t_x - t_n$，误差 Δt 值应符合允许误差的要求，大于允许误差者，则认为不合格。

若标准热电偶出厂检定证书的分度值与统一分度表值不同，则应将标准热电偶测量值加上校正值后作为热电偶的标准值。

6.5　学习拓展：空调室内环境温度传感器的选型

空调的温度传感器是空调 CPU 的"侦察兵"，时刻监视着空调各部件的温度变化，它将检测到的信息经 CPU 处理后，控制空调的运行。空调的温度传感器损坏会造成空调非正常运行。可是温度传感器有很多种，这些传感器安装在空调的什么位置？它们是怎样工作的呢？下面介绍空调中用到的温度传感器的基本知识和如何对空调室内环境温度传感器进行选型。

1. 空调中用到的温度传感器

空调控制部分共设有三个温度传感器，即室内环境温度传感器、室内管温传感器和室外化霜温度传感器。室内环境温度传感器主要用于检测室内温度，控制内外机的运行。例如：当室温在 $20℃$ 以下时，空调自动运行在制热状态；当室温在 $21\sim23℃$ 之间时，空调自动运行在除湿状态；当室温在 $24℃$ 以上时，则空调自动运行在制冷状态。室内管温传感器安装在室内蒸发器的管道上，直接与管道相接触，主要检测室内蒸发器的盘管温度（简称管温），所测温度接近制冷系统的蒸发温度。室外化霜温度传感器主要用于检测室外冷凝器盘管温度，当室外冷凝器盘管温度低于 $-6℃$ 连续 2 min 时，室内机转为化霜状态，而当室外冷凝器盘管传感器阻值偏大时，室内机不能正常工作。

2. 室内环境温度传感器选型

通过上面的介绍了解了空调室内环境温度传感器、室内管温传感器和室外化霜温度传感器的主要作用，从而明确了空调对传感器的具体需求。下面以空调室内环境温度传感器为例介绍如何对空调传感器进行选型。空调制造厂商需要空调室内环境温度传感器的温度检测范围为 $15\sim30℃$，所选用的温度传感器的阻值随温度变化明显，且传感器的热敏电阻精度、重复性、可靠性均要求较高，还要适于检测小于 $1℃$ 的温度变化，同时要求线性度好，输出信号能够直接用于 A/D 转换。

根据上述的具体需求，通过分组的方式，结合前面介绍的内容，完成空调环境温度传感器的选型工作，并完成表 6-9。

表 6－9　空调室内环境温度传感器选型表

小组成员名单		班级		成绩	
自我评价		组间互评情况		教师评价	
任务名称	空调室内环境温度传感器选型				
能力目标	利用所学习温度传感器相关知识，选择适宜的空调室内环境温度传感器				
信息获取	课本、网上查询，小组讨论以及请教老师				
选型过程	1. 总结各种温度传感器特点 （1）热电阻传感器的特点： （2）热敏电阻传感器的特点： （3）热电偶传感器的特点： （4）其他温度传感器特点： 2. 搜寻不同类型传感器各自可以满足空调温度测量的哪些要求，将搜寻到的信息填入表中（可以自行补充） 选型表 3. 最终结论				
选型过程中遇到的问题					
小组成员在选型中承担的任务					

选型过程中"2."部分表格：

传感器类型	测温范围	精度	重复性	可靠性	能否直接A/D转换	使用成本	能够检测的最小温度	线性度	其他

6.6　应用与实践：温度传感器的测温特性实验

　　热电阻和热电偶等温度传感器在测温过程中，由于测量端受氧化、腐蚀和污染等影响，使用一段时间后，它们的热电特性会发生变化，增大测量误差。为了保证测量准确，在使用一段时间后要对这些传感器进行周期性的校验。为了熟练掌握温度传感器特性参数，尤其是非线性误差的校验方法，设计了该实验。

1. 实验设备

（1）XMT708 温控仪（见图 6 - 32）。温控仪是调控一体化智能温度控制仪表，采用了全数字化集成设计，具有温度曲线可编程或定点恒温控制、多重 PID 调节、输出功率限幅曲线可编程、手动/自动切换、软启动、报警开关量输出、实时数据查询、可与计算机通信等功能。它将数显温度仪表和 ZK 晶闸管电压调整器合二为一，集温度测量、调节、驱动于一体，直接输出晶闸管触发信号，可驱动各类晶闸管负载。

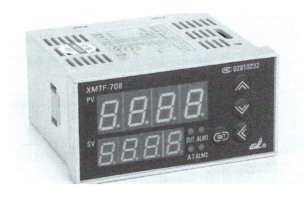

图 6 - 32　XMT708 温控仪

（2）温度传感器实验模块。

（3）标准 E 型热电偶。

（4）直流电位差计。

（5）温度源。

（6）铜导线。

（7）被校热电偶。

2. 实验目的

温度传感器的测温特性实验目的为：熟练掌握热电阻和热电偶温度传感器的结构及分度表使用方法；熟练使用温度控制仪和数字电位差计；应用比较法求得被校验传感器的输出-温度关系曲线；将实际输出曲线与拟合直线相比较，确定在一定测量范围内，温度传感器的非线性误差。

3. 实验准备

温度传感器的外观可通过目测进行检查，电极是否存在短路、断路可使用万用表检查。温度传感器外观应满足以下要求：

（1）测量端焊接应光滑、牢固、无气孔和夹灰等缺陷，无残留助焊剂等污物。

（2）各部分装配正确，连接可靠，零件无损、缺。

（3）保护套管外层无显著的锈蚀、凹痕和划痕。

（4）电极无短路、断路，极性标志正确。

（5）检查各实验设备状态。

4. 实验内容和步骤

本实验主要内容为：搭建温度传感器的基本测量电路，正确操作实验设备，分析处理实验数据并写出实验报告；解决实验过程中出现的非仪器故障，解释一般实验现象，独立完成实验过程中遇到的问题。实验主要包含 Pt100 热电阻测温特性实验和 K 型热电偶测温特性实验。

1）Pt100 热电阻测温特性实验

Pt100 热电阻测温特性实验（其接线图如图 6－33 所示）主要内容为：使用标准热电偶、温控仪、温度源和直流电源模块，搭建闭环温度控制系统。具体步骤如下：

（1）连接标准热电偶。将标准热电偶插入模块温度源的一个传感器安置孔中；并将标准热电偶两端的输出线分别对应接至控制仪面板的传感器（＋）和（－）端。

Pt100 热电阻
测温特性实验

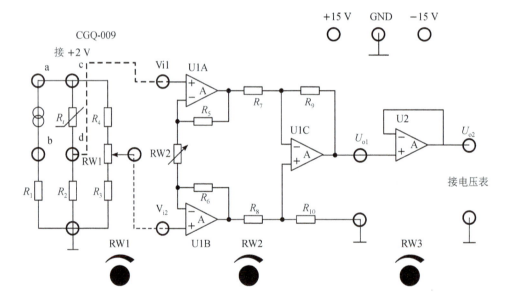

图 6－33　Pt100 热电阻测温特性实验接线图

（2）温控仪基本参数设定。标准热电偶为 E 型热电偶，因此对应温控仪中的参数 Sn 应设置为 4，具体设置方法为：按 SET 键切换不同的显示状态，待显示 Sn 界面时，按 SET 键并保持约 2 s，进入参数设置状态，通过数据减少键和数据增加键设置 Sn 的数值为 4，并将标准 E 型热电偶两端的输出线分别对应接至控制仪面板的传感器的（＋）和（－）端。

（3）连接温度源。首先将 CGQ-04 温度源模块上的 220 V 加热输入接线柱与主控箱面板温度控制系统中的加热输出接线柱连接；然后将温度源中的"风机电源"的正端（红色接线柱）与主控箱中"±15 V"电源的＋15 V 端连接；接着将主控箱中"±15V"电源的－15 V端（黑色接线柱）与 CGQ-03 温度控制板的信号输出的 ALM1 的红色接线端相连，最后将 ALM1 的黑色接线端与"风机电源"的负端相连，闭合温度源的开关。

（4）放大器调零。将放大器接入±15 V 电源，调节 RW2 在某一适当位置，将输入端 Vi1 和 Vi2 短接并接地，调节 RW3（注：图 6－33 中电路未画出）使输出端 U_{o2} 输出电压为零。

（5）接入 Pt100 铂电阻。将 Pt100 铂电阻 R_t 接入电桥的 c、d 端上，因为这里用的是三线热电阻，所以在接线前，先要用万用表欧姆挡测出 Pt100 铂电阻三根引线中要短接的两根线将其短接后接 d 端，另外一根接入 c 端。这样热电阻与 R_2、R_3、R_4、RW1 组成直流电桥，该电桥为单臂电桥工作形式。

（6）电桥平衡调节。在端点 c 与地之间加＋2 V 直流电源，闭合主控箱电源开关，调 RW1 使电桥平衡，即使桥路输出端 d 和中心活动点之间在室温下电势相同，电桥输出为零。

（7）将电桥输出端接入放大器。将 d 点接到 Vi1 端，RW1 中心点接到 Vi2 端。

（8）设定温度为 40℃。将 Pt100 热电阻探头插入温度源的另一个插孔中，开启电源，待温度控制在 40℃ 时记录下电压表读数值。然后重新设定温度值为 $40℃＋n \cdot \Delta t$，建议 $\Delta t＝5℃$，$n＝(1，2，\cdots，10)$。共设定 10 次温度值，并将电压表输出电压与温度值填入表 6－10。

表 6－10　Pt100 热电阻测温特性实验测量数据

$t/℃$	40	45	50	55	60	65	70	75	80	85	90
U/mV											

2）K 型热电偶测温特性实验

K 型热电偶测温特性实验（其接线图如图 6－34 所示）步骤如下：

（1）根据校验传感器型号，完成温控仪基本参数设定。

（2）放大器调零。首先将 ±15 V 直流稳压电源接入温度传感器实验模块中；然后将温度传感器实验模块的输出端 U_{o2} 接主控台直流电压表；接着将 CGQ-009 温度传感器实验模块上的 Vi1 和 Vi2 短接并接地；最后调节 RW3，使 U_{o2} 输出等于零。

K 型热电偶测温特性实验

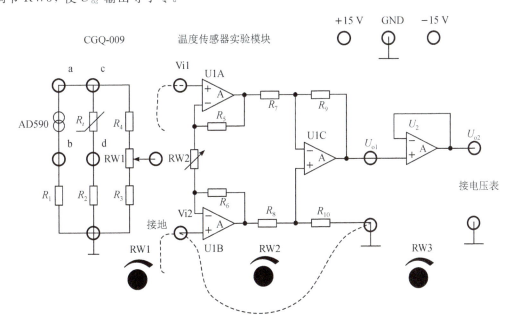

图 6－34　K 型热电偶测温特性实验接线图

（3）接入测量热电偶。拿掉 K 型热电偶的短路线，并将 K 型热电偶的热端（红色）接 Vi1 端，冷端（绿色）接 Vi2 端并接地。

（4）连接校验热电偶。K 型热电偶（对应温控仪中参数 Sn 设为 4）插在控制仪上方的测温孔中，另外 K 型热电偶两端的输出线分别对应接至控制仪面板的传感器的（＋）和（－）端。

（5）连接加热棒电源。将 CGQ-04 温度源模块上的 220 V 加热输入接线柱与主控箱面板温度控制系统中的加热输出接线柱连接。

（6）连接风机电源。首先将温度源中的"风机电源"的正端（红色接线柱）与主控箱中"±15 V"电源的＋15 V 输出端连接，然后将主控箱中"±15 V"电源的－15 V（黑色接线柱）与 CGQ-03 温度控制板的信号输出的 ALM1 的红色接线端相连，最后将 ALM1 的黑色接线端与"风机电源"的负端相连，闭合温度源的开关。

（7）记录实验结果。设定温度为 40 ℃，将 K 型热电偶探头插入温度源的另一个插孔中，开启电源，待温度控制在 40 ℃时记录下电压表的读数值。然后重新设定温度值为 $40 ℃＋n \cdot \Delta t$，建议 $\Delta t = 5 ℃$，$n = (1, 2, \cdots, 10)$。共设定 10 次温度值，并将电压表输出电压与温度值填入表 6-11。

表 6-11　K 型热电偶测温特性实验测量数据

$t/℃$	40	45	50	55	60	65	70	75	80	85	90
U/mV											

在实验过程中可参照温度传感器输出特性实验评分表（扫描二维码）判断以上实验操作是否符合标准。

温度传感器输出特性实验评分表

练 习 题

一、填空题

1. 热电偶所产生的热电势由＿＿＿＿＿＿电势和＿＿＿＿＿＿电势组成，其表达式为 $E(t, t_0) = $＿＿＿＿＿＿。热电偶温度补偿导线法（即冷端延长线法）是在＿＿＿＿＿＿和＿＿＿＿＿＿之间接入＿＿＿＿＿＿，它的作用＿＿＿＿＿＿＿＿＿＿＿。

2. 热电偶是将温度变化转换为＿＿＿＿＿＿的测温元件，热电阻和热敏电阻是将温度转换为＿＿＿＿＿＿变化的测温元件。

3. 热电阻最常用的材料是＿＿＿＿＿＿和＿＿＿＿＿＿，工业上被广泛用来测量中低温区的温度。在测量温度要求不高且温度较低的场合，＿＿＿＿＿＿热电阻得到了广泛应用。

4. 热电阻引线方式有三种，其中＿＿＿＿＿＿适用于工业测量和一般精度要求的场合；

二线制适用于引线不长、精度要求较低的场合；四线制适用于实验室测量的精度要求高的场合。

二、选择题

1. 铂热电阻 Pt100 在 0 ℃时的电阻值为(　　)Ω。

A. 0　　　　　　　　B. 138.51　　　　　　C. 100　　　　　　D. 1000

2. 测 CPU 散热片的温度传感器应选用(　　)型热电偶。

A. 普通热电偶　　　　　　　　　　　B. 铠装热电偶

C. 薄膜热电偶　　　　　　　　　　　D. 隔爆热电偶

3. 热电偶的工作原理是基于(　　)。

A. 电磁效应　　　　B. 压阻效应　　　　C. 热电效应　　　　D. 压电效应

4. 有关热电偶特性的说明错误的是(　　)。

A. 只有当热电偶两端温度不同以及热电偶的两种导体材料不同时才能有热电势产生

B. 导体材料确定后，热电势的大小只与热电偶两端的温度有关

C. 只有用不同性质的导体(或半导体)才能组合成热电偶

D. 热电偶回路热电势与组成热电偶的材料及两端温度有关，也与热电偶的长度、粗细有关

三、简答题

1. 简述热电偶与热电阻测量温度原理的异同。

2. 热电偶工作时产生的热电势可表示为 $E_{AB}(t, t_0)$，其 A、B、t、t_0 各代表什么意义？t_0 在实际应用时常应为多少？

3. 用热电偶测温时，为什么要进行冷端补偿？冷端补偿的方法有哪几种？

4. 热电偶在使用时为什么要连接补偿导线？

5. 什么叫作测温仪表的准确度等级？

6. 什么是热电偶？利用热电偶测温具有什么特点？

7. 为什么要进行热电偶周期校验？

8. 图 6-35 所示为热电偶测温回路，只将 B 一根丝插入冷桶中作为冷端，t 为待测温度，问：C 导线应采用哪种导线(是 A、B 还是铜线)？对 t_1 和 t_2 有什么要求？这种测温法基于哪种基本定律？为什么这样做？

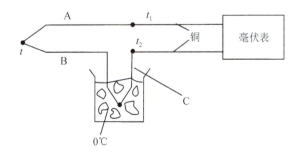

图 6-35　热电偶测温回路

四、计算题

1. 用 K 型热电偶测量温度，已知冷端温度为 40 ℃，用高精度毫伏表测得此时的热电

势为 29.186 mV，则被测的温度为多少？

2. 用 K 型热电偶测量某低温箱温度，把热电偶直接与电位差计相连接。在某时刻，从电位差计测得热电势为－1.19 mV，此时电位差计所处的环境温度为 15 ℃，则该时刻温箱的温度是多少度？

3. 如图 6－36 所示，R_t 是 Pt100 铂电阻，分析图中热电阻测量温度电路的工作原理，以及三线制测量电路的温度补偿作用。

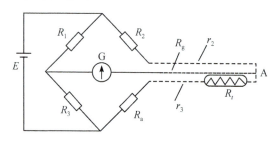

图 6－36

第7章　辐射与化学传感器的原理及应用

本章首先重点介绍气体传感器、湿度传感器和红外传感器的相关基础知识，以及以上各类型传感器的常见应用，然后在学习拓展环节将按照医院候诊大厅空气质量控制要求，完成空气质量控制系统的设计，最后在应用与实践环节将以智能农业温湿度管理系统为载体，重点介绍其温湿度传感器安装调试的方法。

知识目标

▷ 能够描述半导体气体传感器、湿度传感器和热释电探测器的工作原理；
▷ 能够说出气体传感器安装、使用注意事项；
▷ 能够分别列举气体传感器、湿度传感器和红外传感器应用场景。

能力目标

☆ 能够分析红外线气体分析仪的工作过程；
☆ 能够根据应用场景，综合考虑多种因素的影响，进行气体传感器、湿度传感器和红外传感器选型；
☆ 能够根据智能农业管理系统要求，搭建温湿度控制系统，采集、分析、解释实验数据，并给出结论。

7.1　气体传感器

通过气体传感器可以实时地监测环境中各种气体的浓度，为科学研究、环境保护、工业生产、医疗诊断等提供支持。随着科学技术的发展，气体传感器的种类和功能也在不断得到改进和创新，例如新型的传感器结构和材料的应用使得气体传感器在响应速度、灵敏度、稳定性等方面更加优越。

气体传感器

7.1.1　气体传感器的基础知识

气体传感器是指能够感知环境中气体成分及其浓度的一种敏感器件。它将气体种类及与浓度有关的信息转换成电信号，根据这些电信号的强弱便可获得与待测气体在环境中存在情况有关的信息，从而可以进行检测、监控、报警，还可以通过接口电路与计算机组成自动检测、控制和报警系统。

气体传感器从工作原理、特性分析到测量技术，从所用材料到制造工艺，从检测对象到应用领域，都可以构成独立的分类标准，衍生出一个个纷繁庞杂的分类体系，尤其在分类标准的问题上目前还没有统一，要对其进行严格的系统分类难度颇大。另外由于被测气体的种类繁多，性质各不相同，因此不可能用一种传感器来检测所有的气体。气体传感器主要有以下 5 种分类方式：

(1) 气体传感器按检测原理分为半导体式气体传感器(简称半导体气体传感器)、接触燃烧式气体传感器、化学反应式气体传感器、光干涉式气体传感器、热传导式气体传感器和红外线吸收散射式气体传感器等。气体传感器按检测原理分类及其特点如表 7-1 所示。

表 7-1　气体传感器按检测原理分类及其特点

类　型	原　理	检测对象	特　点
半导体式	若气体接触到加热的金属氧化物(SnO_2、Fe_2O_3、ZnO_2 等)，电阻值会增大或减小	还原性气体、城市排放气体、丙烷气等	灵敏度高，构造与电路简单，但输出与气体浓度不成比例
接触燃烧式	可燃性气体接触到氧气就会燃烧，使得作为气敏材料的铂丝温度升高，电阻值相应增大	可燃烧性气体	输出与气体浓度成比例，但灵敏度较低
化学反应式	利用化学溶剂与气体反应产生电流、颜色、电导率的变化等	CO、H_2、CH_4、C_2H_5OH、SO_2 等	气体选择性好，但不能重复使用
光干涉式	利用与空气的折射率不同而产生的干涉现象	与空气折射率不同的气体，如 CO_2 等	寿命长，但选择性差
热传导式	根据热传导率差而散热的发热元件的温度降低进行检测	与空气热传导率不同的气体，如 H_2 等	构造简单，但灵敏度低，选择性差
红外线吸收散射式	根据红外线照射气体分子引起谐振而吸收或散射的能量进行检测	CO、CO_2 等	能定性测量，但体积大，价格高

(2) 气体传感器按检测气体种类分为可燃气体传感器(常采用催化燃烧式、红外、热导、半导体式)、有毒气体传感器(一般采用电化学、金属半导体、光离子化、火焰离子化式)、有害气体传感器(常采用红外线、紫外线式等)、氧气气体传感器(常采用顺磁式、氧化锆式)等。

(3) 气体传感器按使用方法分为便携式气体传感器和固定式气体传感器。

(4) 气体传感器按获得气体样品的方式分为扩散式气体传感器(即传感器直接安装在被测对象环境中，实测气体通过自然扩散与传感器检测元件直接接触)、吸入式气体传感器(指通过使用吸气泵等手段，将待测气体引入传感器检测元件中进行检测；根据对被测气体是否稀释，又可细分为完全吸入式和稀释式)。

(5) 气体传感器按分析气体组成分为单一式气体传感器(仅对特定气体进行检测)和复

合式气体传感器(对多种气体成分进行同时检测)。

下面重点介绍使用较为广泛的半导体气体传感器。

1. 半导体气体传感器

半导体气体传感器是利用半导体气敏元件(主要是金属氧化物)同待测气体接触时,通过测量半导体的电导率等物理量的变化来实现检测特定气体的成分或者浓度的。半导体气体传感器应用领域非常广泛,在气体传感器中约占 60%。

1) 半导体气体传感器的分类

半导体气体传感器根据其机理可分为电导型和非电导型。

(1) 电导型半导体气体传感器。电导型半导体气体传感器又分为表面敏感型和容积控制型。

① 表面敏感型半导体传感器。表面敏感型半导体气体传感器材料为 $SnO_2 + Pd$、$ZnO + Pt$、AgO、$V205$、$Pt-SnO_2$,可检测气体为各种可燃性气体(如 CO、NO_2、氟利昂),其中传感材料为 $Pt-SnO_2$ 的气体传感器还可检测可燃性气体 CO、H_2、CH_4。

② 容积控制型半导体气体传感器。容积控制型半导体气体传感器材料为 Fe_2O_8、$La1-SSrxCoO_8$ 和 TiO_2、$CoO-MgO-SnO_2$,可检测气体为各种可燃性气体,如 CO、NO_2、氟利昂,其中传感材料为 $Pt-SnO_2$ 的容积控制型半导体气体传感器还可检测液化石油气、酒精、空燃比、燃烧炉尾气。

(2) 非电导型半导体气体传感器。非电导型半导体气体传感器又分为热线性和 FET 场效应晶体管半导体气体传感器。

① 非电导型热线性半导体气体传感器。非电导型热线性半导体气体传感器是利用热导率变化进行测量的半导体气体传感器,是在 Pt 丝线圈上涂敷 SnO_2 层,Pt 丝除了起加热作用外,还有检测温度变化的功能。给该传感器施加电压时半导体变热,表面吸氧,使自由电子浓度下降,当有可燃性气体燃烧时,由于燃烧需消耗氧,因此半导体自由电子浓度增大,导热率随自由电子浓度增加而增大,散热率相应增高,使 Pt 丝温度下降,阻值减小,由此可知,Pt 丝阻值变化与气体浓度为线性关系。这种传感器体积小,性能稳定,抗毒能力强,可检测低浓度气体,在可燃性气体检测中有重要作用。

② 非电导型 FET 场效应晶体管半导体气体传感器。非电导型 FET 场效应晶体管半导体气体传感器是基于 FET 的敏感特性,通过检测气体分子与传感器表面的相互作用来改变 FET 的电学特性,进而测量气体的浓度或种类的。非电导型 FET 场效应晶体管半导体气体传感器体积小,便于集成化,多功能,是具有发展前途的气体传感器。

2) 半导体气体传感器的结构

半导体气体传感器一般由敏感元件(电极)、加热器和外壳等部分组成。按其制造工艺可分为烧结型、薄膜型和厚膜型三类,它们的典型结构如图 7-1 所示。半导体气体传感器工作时通常都有加热器,它的作用是将附在敏感元件表面上的尘埃、油雾等烧掉,加速气体的吸附,从而提高传感器的灵敏度和响应速度。在加热到稳定状态的情况下,当有气体吸附时,吸附分子在传感器表面自由扩散,其中一部分分子蒸发,另一部分分子固定在吸附处。

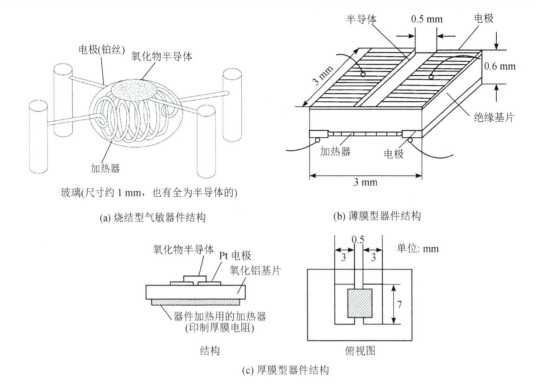

(a) 烧结型气敏器件结构

(b) 薄膜型器件结构

(c) 厚膜型器件结构

图 7-1 半导体气体传感器的器件结构

3）半导体气体传感器的工作原理

下面着重介绍应用比较广泛的电导型半导体气体传感器的工作原理。

构成电导型半导体气体传感器的核心是半导体气敏元件，其构成材料一般都是金属氧化物，在合成材料时，按化学计量比的偏离和杂质缺陷合成。金属氧化物半导体分为 N 型半导体(如氧化锡、氧化锌、氧化铁等)和 P 型半导体(如氧化钼、氧化铬、氧化钴、氧化铅、氧化铜、氧化镍、石墨烯等)。为了提高半导体气敏元件对某些气体成分的选择性和灵敏度，在合成材料时还可添加其他一些金属元素催化剂，如钯、铂、银等。

半导体气敏元件被加热到稳定状态下，当其表面被吸附时吸附分子首先在其表面上自由扩散(物理吸附)，失去其运动能量，其中一部分分子蒸发，残留部分分子则产生热分解而固定在吸附处(化学吸附)。这时，如果气敏元件的功函数小于吸附分子的电子亲和力，则吸附分子将从气敏元件夺取电子而变成负离子吸附。具有这种倾向的气体有 O_2 和 NO_2 等，称为氧化型或电子接收型气体。如果气敏元件的功函数大于吸附分子的离解能，则吸附分子将向器件释放出电子，而成为正离子吸附。具有这种倾向的气体有 H_2、CO、碳氢化合物、醇类等，称为还原型或电子供给型气体。N 型半导体气敏元件吸附不同类型气体时其阻值变化如图 7-2 所示。

由半导体表面态理论可知，当氧化型气体吸附到 N 型半导体(如 SnO_2、ZnO、F_2O_3)上或还原型气体吸附到 P 型半导体(如 MoO_2、CrO_3)上时，将使多数载流子(价带空穴)减少，电阻增大。相反，当还原型气体吸附到 N 型半导体上或氧化型气体吸附到 P 型半导体上时，将使多数载流子(导带电子)增多，电阻下降。气体接触到 N 型半导体时 N 型半导体所

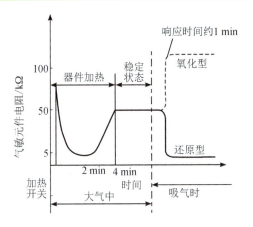

图 7-2　N 型半导体气敏元件吸附气体时其阻值变化图

发生的阻值变化规则如图 7-3 所示,根据这一特性,可以从阻值变化的情况得知吸附气体的种类和浓度。

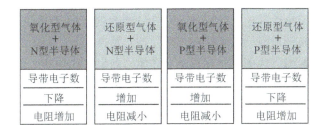

图 7-3　气体接触到 N 型半导体时 N 型半导体所发生的阻值变化规则

2. 非半导体气体传感器

非半导体气体传感器主要有固体电解质气体传感器、接触燃烧式气体传感器、电化学气体传感器和光学气体传感器等。

1) 固体电解质气体传感器

固体电解质气体传感器由传导离子(分为阳离子传导和阴离子传导)的固体电解质隔膜和电化学池组成,是一种选择性强的传感器。现在研究较多达到实用化的是氧化锆固体电解质传感器,其机理是隔膜两侧两个电池之间的电位差等于浓差电池的电势,已成功地应用于钢水中氧的测定和发动机空燃比成分测量等。

为弥补固体电解质导电的不足,目前的解决方案是在固态电解质上镀一层气敏膜,把周围环境中存在的气体分子数量和介质中可移动的粒子数量联系起来。

2) 接触燃烧式气体传感器

接触燃烧式传感器适用于可燃性气体 H_2、CO、CH_4 的检测,主要分为直接接触和催化接触两种。其通电时可燃性气体氧化燃烧,电阻发生变化,由此达到检测气体浓度的目的。这类传感器的优点是应用面广、体积小、结构简单、稳定性好,缺点是选择性差。

3) 电化学气体传感器

电化学气体传感器常用的有恒电位电解式传感器和原电池式气体传感器两种。恒电位电解式传感器是将被测气体在特定电场下电离，由流经的电解电流测出气体浓度。其灵敏度高，通过改变参考电位可选择需要被检测的气体，适用于毒性气体的检测。原电池式气体传感器是在 KOH 电解质溶液中，利用 Pt-Pb 或 Ag-Pb 电极构成电池，从而实现气体检测，已成功用于检测 O_2。其优点是灵敏度高，缺点是容易透水吸潮，电极易中毒。

4）光学气体传感器

光学气体传感器又分为以下 3 种传感器。

（1）直接吸收式气体传感器。红外线气体传感器是典型的直接吸收式光学气体传感器，是根据气体分别具有各自固有的光谱吸收谱检测气体成分。红外线气体传感器检测气体成分有多种方法，其中非分散红外吸收光谱法对 SO_2、CO、CO_2、NO 等气体具有较高的灵敏度，另外紫外线吸收、非分散紫外线吸收、相关分光、二次导数、自调制光吸收法对 NO、NO_2、SO_2、烃类（CH_4）等气体具有较高的灵敏度。

（2）光反应气体传感器。光反应气体传感器是利用气体反应产生色变引起光强度变化等光学特性改变进行气体检测的，其敏感元件的设计旨在最大化这种光学变化的敏感度，但是其气体光感变化受到限制，传感器的自由度小。

（3）利用气体光学特性的新型传感器。光导纤维温度传感器为一种利用气体光学特性的新型传感器，在其光纤顶端涂敷触媒与气体反应、发热，从而使温度改变，导致光纤温度改变。目前利用光纤测温已达到实用化程度，气体检测也有成功的案例。

此外，利用其他物理量变化测量气体成分的传感器也在不断开发，如声表面波传感器，利用其检测 SO_2、NO_2、H_2S、NH_3、H_2 等气体也有较高的灵敏度。

7.1.2 气体传感器的主要特性、选型及安装

本节将详细介绍气体传感器的主要特性，并在此基础上介绍气体传感器的选型和安装注意事项。

1. 气体传感器的主要特性

气体传感器是化学传感器的一大门类，其主要特性如下：

（1）稳定性。稳定性是指气体传感器在整个工作时间内基本响应的稳定性，取决于零点漂移和区间漂移。零点漂移是指在没有目标气体时，在整个工作时间内气体传感器输出响应的变化。区间漂移是指气体传感器连续置于目标气体中的输出响应变化，具体表现为气体传感器输出信号在工作时间内的变化。理想情况下，一个气体传感器在连续工作条件下，每年零点漂移应小于 10%。

（2）灵敏度。灵敏度是指气体传感器输出变化量与被测输入变化量之比，主要依赖于气体传感器结构所使用的技术。大多数气体传感器的设计原理都是基于生物化学、电化学、物理和光学原理。选择设计原理时首先要考虑的是选择一种敏感技术，即气体传感器对目标气体的阈限值或最低爆炸限百分比的检测要有足够的灵敏性。

（3）选择性。选择性也被称为交叉灵敏度，可以通过测量由某一种浓度的干扰气体所产生的气体传感器响应来确定。这个响应等价于一定浓度的目标气体所产生的气体传感器响应。这种特性在追踪多种气体的应用中是非常重要的，因为交叉灵敏度会降低测量的重复性和可靠性，理想气体传感器应具有高灵敏度和高选择性。

　　(4)抗腐蚀性。抗腐蚀性是指气体传感器暴露于高体积分数目标气体中的能力。当气体大量泄漏时，气体传感器的探头应能够承受目标气体体积分数的 10~20 倍，在正常工作条件下时其零点漂移和零点校正值应尽可能小。

　　气体传感器的基本特征，即灵敏度、选择性以及稳定性等，主要通过材料的选择来确定。选择适当的材料和开发新材料，可使气体传感器的敏感特性达到最优。

2. 气体传感器的选型

　　在选择气体传感器时，可以根据以下几个原则进行。

　　(1)根据测量对象与测量环境选择气体传感器。

　　利用气体传感器进行一个具体的测量工作，首先要考虑采用何种原理的气体传感器，这需要分析多方面的因素之后才能确定。因为，即使是测量同一物理量，也有多种原理的传感器可供选用。哪一种原理的传感器更为合适，则需要根据被测量的特点和传感器的使用条件确定。进行气体传感器选型时应考虑以下一些具体问题：

　　① 量程的大小。

　　② 被测位置对传感器体积的要求。

　　③ 测量方式为接触式还是非接触式。

　　④ 信号的引出方法，有线或是非接触测量。

　　⑤ 传感器的来源，国产还是进口，或自行研制，价格能否承受。

　　在考虑上述问题之后就能确定选用何种类型的气体传感器，然后再考虑气体传感器的具体性能指标。

　　(2)选择灵敏度合适的气体传感器。

　　通常，在传感器的线性范围内，希望传感器的灵敏度越高越好。因为只有灵敏度高时，与被测量变化对应的输出信号的值才比较大，有利于信号处理。但要注意的是，传感器的灵敏度高，与被测量无关的外界噪声也容易混入，也会被放大系统放大，影响测量精度。因此，要求传感器本身应具有较高的信噪比，尽量减少从外界引入的干扰信号。传感器的灵敏度是有方向性的。当被测量是单向量，而且对其方向性要求较高时，则应选择其他方向灵敏度小的传感器；如果被测量是多维向量，则要求传感器的交叉灵敏度越小越好。进行气体传感器选型时也应注意以上问题。

　　(3)根据频率响应特性（反应时间）选择气体传感器。

　　传感器的频率响应特性决定着被测量的频率范围，因此传感器必须在允许的频率范围内进行不失真的测量工作，实际上传感器的频率响应总有一定的延迟，一般希望延迟时间越短越好。传感器的频率响应高，可测的信号频率范围就宽，但由于受到结构特性的影响，其机械系统的惯性也就较大，因而频率低的传感器可测信号的频率就较低。在动态测量中，应根据测量信号的特点(稳态、瞬态、随机等响应特性)进行，以免产生过大的误差。同样，进行气体传感器选型时也应考虑其频率响应特性。

　　(4)气体传感器选型时应注意其线性范围。

　　传感器的线性范围是指输出与输入成正比的范围。从理论上讲，传感器在此范围内其灵敏度应保持定值。传感器的线性范围越宽，则其量程越大，并且能保证一定的测量精度。

在选择传感器时，当传感器的种类确定以后首先要看其量程是否满足要求。但实际上，任何传感器都不能保证绝对的线性，其线性度也是相对的。当所要求测量精度比较低时，在一定的范围内，可将非线性误差较小的传感器近似看作线性的，这会给测量带来极大的方便。气体传感器选型时也可以对其线性范围做同样处理。

在实际应用中选择气体传感器时应根据实际需要进行，下面以检测有害气体的气体传感器为例进行讲解。有害气体的检测有两个目的，第一是测爆，第二是测毒。测爆是指检测危险场所可燃气体含量，若超标则报警，以避免爆炸事故的发生；测毒是指检测危险场所有毒气体含量，若超标则报警，以避免工作人员中毒。

有害气体有三种情况：第一，无毒或低毒可燃；第二，不燃有毒；第三，可燃有毒。针对这三种不同的情况，一般需要选择不同的气体传感器。例如测爆需选择可燃气体检测报警仪，测毒需选择有毒气体检测报警仪等。另外还需要选择气体传感器的类型。传感器类型一般有固定式和便携式，长期运行的生产或贮存设备的泄漏检测需选用固定式气体传感器，其他像检修检测、应急检测、进入检测和巡回检测等需选用便携式气体传感器。

气体传感器类型有成百上千种，针对不同的气体传感器可能有不同的选型技巧。在选择气体传感器的时候如果不知道该如何选择，可以咨询传感器厂家的技术人员，让他们帮助选择合适的气体传感器，或者请传感器技术人员上门勘察以便更好地选择气体传感器。

3. 气体传感器的安装注意事项

下面以可燃气体传感器为例介绍气体传感器的安装注意事项。具体注意事项如下：

(1) 首先弄清所要监测的场所或车间有哪些可能的泄漏点，并推算它们的泄露压力、单位时间的可能泄露量、泄露方向等，然后画出棋格形分布图，并推测其严重程度；最后分析有哪些气体泄漏。等都分析清楚了，就可以去购买合适的气体泄漏检测报警器。

(2) 检查要检测气体泄漏设备的周围是否存在一些产生大型电磁干扰的仪器，因为这些仪器的存在会影响报警器的检测精度和灵敏度，造成数据偏差。因此安装可燃气体传感器时要远离这些仪器，尽量避开。

(3) 根据可燃气体传感器所在场所的主导风向、空气可能的环流现象及空气流动上升趋势以及车间的空气自然流动的习惯通道等来综合推测当发生大量泄漏时，可燃气在平面上的自然扩散趋势风向图。

(4) 根据泄露气体的比重(大于空气比重或小于空气比重)并结合空气流动趋势，确定综合泄漏流的立体流动趋势图。若气体比空气重，则可燃气体传感器要安装在距地面 30～60 cm 的地方；若气体比空气轻，则要安装在距顶棚 30～60 cm 的地方。为便于操作控制器，控制器应安装在距离地面为 1.5 m 的地方，并安装在值班室等一直有人值守的地方。露天检测器探头的安装也应根据被测气体密度选择安装高度，并应安装在主导风向的下风侧。检测器探头安装调试完成后一定要安装透气防水罩，以免雨水进入损坏探头，且透气防水罩要定期清洗，确保被测气体正常进入检测器探头。

(5) 首先研究泄漏点的状况，即泄漏点是点泄漏(微漏)还是喷射状的泄漏，如果是微泄漏，则可燃气体传感器布设点的位置就要靠近泄露点一点；如果是喷射状，则稍远离泄漏点。然后综合这些状况，拟定最终设计方案。最后从最终的棋格形分布图中计算出需要购置的可燃气体传感器数量即可。

（6）对于一个大型有可燃气体泄漏的车间，有关规定建议每相距 5～10 m 设一个检测点。室外一般是每隔 15 m 安装一个可燃气体传感器，即保护半径是 7.5 m；封闭和半封闭的室内场所是每隔 7 m 安装一个可燃气体传感器，即保护半径是 3.5 m。

（7）对于无人值班的小型且不是连续运转的泵房，应注意发生可燃气体泄漏的可能性。特别是在北方地区，冬季门窗关闭，可燃气体泄漏将很快达到爆炸下限浓度，一般在主导风向下游位置安装可燃气体传感器。另外若厂房面积大于 200 m²，则宜增加监测点。

（8）对于喷漆涂敷作业场所、大型的印刷机附近，以及相关作业场所，都属于开放式可燃气体扩散溢出环境，如果缺乏良好的通风条件，也很容易使某个部位的空气中可燃气体含量接近或达到爆炸下限浓度值，这些地方都是不可忽视的安全监测点。

（9）当检测可燃气体比重小于空气的氢气、甲烷、沼气、乙烯时，应将可燃气体传感器安装在泄露点的上方，距天花板距离不得大于 30 cm。

（10）当检测可燃气体比重大于空气比重，诸如烷烃类气体（甲烷沼气、民用煤气除外）、烯烃类气体（乙烯除外）、液化石油气、汽油、煤油时，应将可燃气体传感器安装在低于泄漏点的下方平面上，距地面不得高于 30 cm。另外应注意检测场所周围的环境特点，例如室内通风不流畅部位、地槽地沟容易积聚可燃气体的地方、现场通往控制室的地下电缆沟、有密封盖板的污水沟槽等，都是经常性的或在生产不正常情况下容易积聚可燃气的场所，这些部位都是不可忽视的安全监测点。

4. 气体检测仪使用注意事项

气体传感器是气体检测仪的主要组成部分，当选择好一款适合需求的气体检测仪后，等于选型好了气体传感器。为更好地使用，需要提前了解气体检测仪在使用过程中的注意事项。气体检测仪使用注意事项如下：

1）气体检测仪的定期校验

气体检测仪同其他的分析检测仪器一样，都需要定期进行校验。一般仪器仪表校验周期为一年，但是因为气体检测仪用途比较特殊，建议每半个月检测一次。如果条件允许，可以送到当地有校验资质的部门进行检测。另外一种比较简易的校验气体感应器的方法是，将气体检测仪放置于已知浓度的检测气体中，然后比较其读数和已知气体浓度，这种方法也称为冲撞测试。

值得注意的是，市场上一部分的气体检测仪都可以通过更换不同的检测传感器来测试不同的气体。但是，这并不意味着一个气体检测仪可以随时配用不同的检测仪探头。在更换检测仪探头（传感器）后，需要经过一定传感器活化的时间，然后还必须对气体检测仪重新进行校准、校验。

2）气体检测仪及其探头（传感器）的使用寿命

各类气体检测仪及其探头（传感器）都是有一定使用年限的。在便携式仪器中，可燃气体传感器的寿命较长，一般可以使用三年左右；光离子化检测仪的寿命为四年或更长一些；电化学特定气体传感器的寿命相对短一些，一般为一到两年；氧气传感器的寿命最短，大概在一年左右。电化学传感器的寿命取决于其中电解液的干涸时间，所以如果长时间不用，

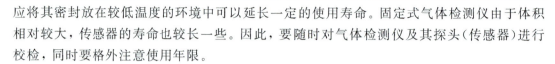

应将其密封放在较低温度的环境中可以延长一定的使用寿命。固定式气体检测仪由于体积相对较大，传感器的寿命也较长一些。因此，要随时对气体检测仪及其探头（传感器）进行校检，同时要格外注意使用年限。

3）其他气体对某一气体检测仪检测的干扰

每种气体检测仪都对应一种特定气体的检测，但任何一种气体检测仪不可能对该气体是绝对特效的。因此，在选择一种气体检测仪时，首先应该详细了解其他气体是否对该气体检测仪造成干扰，从而保证气体检测仪检测气体的真实性。

4）气体检测仪的浓度测量范围

不同气体检测仪都有标定的气体浓度检测范围，只有在标定的浓度检测范围内使用，才能保证检测仪测量结果真实可靠，而超出标定的浓度检测范围，将会对气体检测仪的探头（传感器）造成损伤使其失灵或烧毁探头等严重后果。比如，可燃气体检测仪如果不慎在100％可燃气体的环境中使用，就有可能彻底烧毁探头（传感器）。另外有毒气体检测仪长时间工作在较高浓度有毒气体中，也会造成探头（传感器）的损坏。所以，当固定式气体检测仪在使用时如果发出超限信号，要立即关闭电源开关，以保证气体检测仪的安全。

5）温度

气体检测仪的主要核心部件是气体传感器，属于气敏元器件。气体传感器在不同温度环境下，其内部的输出信号有很大不同。而且，温度过高，很容易造成传感器或其他元器件的损坏。总之，气体检测仪可以有效地进行灾前预警，使可能造成灾害的事故被预先控制，同时保护工业安全和作业人员的安全。因此使用气体检测仪时应注意其工作环境温度和本身的温度。

6）湿度

像温度一样，气体传感器本身在不同湿度环境下，其内部输出的信号也不同。虽然绝大部分气体检测仪做了相应的温湿度补偿，以保证产品在不同温湿度环境下的精度，然而，超出了湿度的允许范围，不仅无法保证其测量精度和准确性，还容易造成因湿度过高，形成水滴，进而使气体传感器损坏。

7）压力

气体检测仪是检测气体浓度的产品。当气体被压缩的时候，气体的相对浓度（％VOL）并不会增加，但是绝对浓度增加了。也就是说，在单位体积的空间中，所包含的被测气体分子数增加了。因此，在气体相对浓度不变的情况下，气体压力增加，气体传感器的读数也会相应增加，而且压力过大，还容易造成传感器的损坏。为了保证气体检测仪的精确度和稳定性，应在规定的压力范围内使用。

8）流速

对于气体检测仪来说，人们关心的并不是管路中总的流速，而是气体传感器进气口附近的流速。气体传感器进气口附近的空腔体积一般都不到10 mL，所以通常用 mL/min 单位来表示。因此，无论在气体检测仪的校验还是使用过程中，一般都应在规定的流速范围内使用，以确保其测量精确性最佳。

7.1.3　气体传感器的应用

随着社会的发展和科学技术的进步，气体传感器的开发和研究越来越引起人们的重视，气体传感器的各种应运而生。综合气体传感器的应用情况，主要有以下几种用途。

1. 有毒和可燃气体检测

气体传感器的应用

有毒和可燃气体检测是气敏传感器最大的市场，主要应用于石油、采矿、半导体工业等企业以及家庭中环境检测和控制。在石油、石化、采矿工业中，硫化氢、一氧化碳、氯气、甲烷和可燃的碳氢化合物是主要的需检测气体；在半导体工业中，磷、砷和硅烷是最主要需检测的气体；在家庭中，煤气和液化气是主要的需检测气体。

图 7-4 所示是矿灯瓦斯报警器原理图。瓦斯探头由 QM-N5 型气敏元件 R_Q 及 4 V 矿灯蓄电池等组成。R_P 为瓦斯报警设定电位器。当瓦斯超过某一设定值时，R_P 输出信号通过二极管 VD_1 加到 VT_2 基极上，VT_2 导通，VT_3、VT_4 开始工作。VT_3、VT_4 为互补式自激多谐振荡器，它们的工作可使继电器 K 吸合或释放，进而使信号灯闪光报警。工作时开关 S_1、S_2 合上。

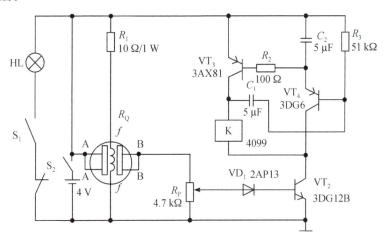

图 7-4　矿灯瓦斯报警器原理图

2. 汽车空燃比控制

汽车工业是气体传感器的又一重要应用市场，例如采用氧传感器检测和控制发动机的空燃比，可使燃烧过程最佳化。气体传感器还可以用来检测汽车或烟囱中排出的废气量。这些废气包括二氧化碳、二氧化硫和一氧化碳。另外在大型工业锅炉燃烧过程中采用气体传感器进行控制以提高燃烧效率，减少废气排出，节省能源。

这里以汽车发动机常用的二氧化钛（TiO_2）式氧传感器为例。二氧化钛（TiO_2）属 N 型半导体材料，其阻值大小取决于材料温度及周围环境中氧离子的浓度，因此可以用来检测汽车排放气体中的氧离子浓度。图 7-5 所示为二氧化钛式氧传感器的结构，主要由二氧化钛传感元件、钢质壳体、加热元件和电极引线等组成。钢质壳体上制有螺纹，便于传感器的安装。此外，在电极引线与护套之间设置了一个硅橡胶密封垫圈，可以防止水汽浸入传感器内部腐蚀电极。

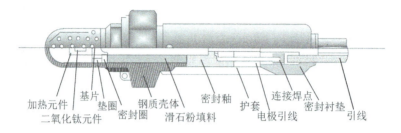

加热元件　基片　垫圈　钢质壳体　密封釉　连接焊点　密封衬垫　引线
二氧化钛元件　密封圈　滑石粉填料　护套　电极引线

图 7-5　二氧化钛式氧传感器结构

由于二氧化钛半导体材料的电阻具有随氧离子浓度的变化而变化的特性，因此氧化钛式氧传感器相当于一个可变电阻。当汽车发动机的可燃混合气体浓度高时，排放气体中氧含量少，氧化钛管外表氧气很少，二氧化钛呈现低电阻；当汽车发动机的可燃混合气体浓度低时，排放气体中氧含量多，氧化钛管外表氧气很多，二氧化钛呈现高电阻。利用适当的电路对二氧化钛电阻值的变化量进行处理，即可将其转换成电压信号输送给 ECU（电子控制单元，又称为"车载电脑"），用来确定汽车实际的空燃比。

由于二氧化钛的电阻随温度不同而变化，因此在氧化钛式氧传感器内部有一个电加热器，以保持氧化钛式氧传感器在汽车发动机工作过程中的温度恒定不变。

3. 医疗诊断

可用气体传感器进行病人状况诊断与测试，如口臭检测、血液中二氧化碳和氧浓度检测等。图 7-6 所示是选用 TGS-812 型气体传感器设计的酒精测试仪电路原理图。只要被测试者向传感器探头吹一口气，便可显示出被测试者吹出气体中的酒精浓度，以确定被测试者是否适宜驾驶车辆。

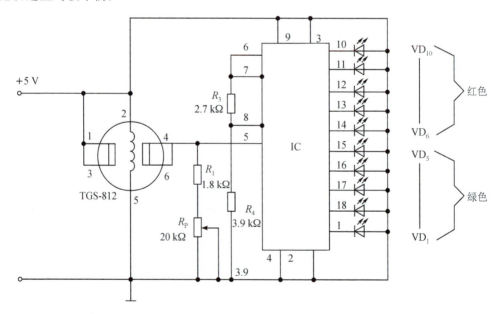

图 7-6　酒精测试仪电路原理图

当气体传感器探头探不到酒精气体时，IC 显示驱动集成电路 5 脚为低电平。当气体传感器探头检测到酒精气体时，其阻值降低。+5 V 工作电压通过气体传感器加到 IC 显示驱动集成电路的第 5 脚，第 5 脚电平升高。IC 显示驱动集成电路共有 10 个输出端，每个端口驱动 1 个发光二极管，其依此驱动点亮发光二极管。点亮的二极管的数量以第 5 脚输入电平的高低而定。酒精含量越高，气体传感器的阻值就降得越低，第 5 脚电平就越高，点亮二极管的数量就越多。5 个以上发光二极管为红色，表示酒精含量超过安全水平。5 个以下发光二极管为绿色，表示酒精含量处于安全水平。

该酒精测试仪使用时应注意以下几点：

（1）装配该酒精测试仪电路时，其 IC 可选用 NSC 公司的 LM3914 系列 LED 点线显示驱动集成电路，也可以选用 AEG 公司的 V237 系列产品，但应注意它们的引脚排列不相同。

（2）可通过改变电位器 R_P 的阻值调整其灵敏度。

（3）该酒精测试仪也可用于其他气体的检测。

（4）如果将 IC 的第 6 脚信号引出，经放大后接上蜂鸣器，当酒精含量超过安全值时，蜂鸣器会发出警报。

4. 室内空气质量检测

图 7-7 所示为利用 SnO_2 直热式气敏器件 TGS109 设计的用于空气净化的自动换气扇电路原理图。当室内空气污浊时，烟雾或其他污染气体使气敏器件阻值下降，晶体管 VT 导通，继电器动作接通风扇电源，可实现电扇自动启动，排放污浊气体，换进新鲜空气。当室内污浊气体浓度下降到希望的数值时，气敏器件阻值上升，VT 截止，继电器断开，风扇电源切断，风扇停止工作。

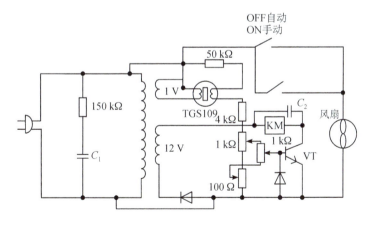

图 7-7　自动换气扇电路原理图

7.2　湿度传感器

随着现代工、农业技术的发展及人民生活水平的提高，湿度的检测与控制已经成为生产和生活不可少的手段。湿度传感器是能感受外界湿度的变化，并通过器件材料的物理或化学性质变化，将湿度转换成可用信号的器件或装置。湿度传感器广泛用于工业、农业、国防、科技、博物馆、生活等领域。

7.2.1 湿度的基础知识

1. 湿度的定义及表示方法

湿度是指大气中水蒸气的含量。湿度与生活存在着密切的关系，但用数量来进行表示较为困难。日常生活中最常用的表示湿度的物理量是空气的相对湿度，用％RH表示。在物理量的导出上相对湿度与温度有着密切的关系。一定体积的密闭气体，其温度越高，则相对湿度越低，其温度越低，则相对湿度越高，其中涉及复杂的热力工程学知识。湿度通常采用绝对湿度、相对湿度、饱和湿度和露点来表示。

（1）相对湿度：指气体中（通常为空气中）所含水蒸气量（水蒸气压）与相同情况下气体中饱和水蒸气量（饱和水蒸气压）的百分比。在计量法中，湿度定义为"物象状态的量"。日常生活中所指的湿度为相对湿度，用RH％表示。

（2）绝对湿度：指单位容积的空气里实际所含的水汽量，一般以克为单位。温度对绝对湿度有着直接的影响，一般情况下，温度越高，水蒸气含量越多，绝对湿度就越大；相反，绝对湿度就小。

（3）饱和湿度：指在一定温度下，单位容积空气中所能容纳的水蒸气量的最大限度。如果超过这个限度，多余的水蒸气就会凝结，变成水滴，此时的空气湿度变化称为饱和湿度。空气的饱和湿度不是固定不变的，它随着温度的变化而变化。温度越高，单位容积空气中能容纳的水蒸气就越多，饱和湿度就越大。

（4）露点：指含有一定量水蒸气（绝对湿度）的空气，当温度下降至水蒸气开始液化成水时的温度叫作"露点温度"，简称"露点"。如果温度继续下降到露点以下，空气中超饱和的水蒸气就会在物体表面上凝结成水滴，这种现象叫作凝露。此外，风与空气中的温湿度有密切关系，也是影响空气温湿度变化的重要因素之一。

2. 湿度的测量方法

湿度测量技术来由已久。随着电子技术的发展，现代湿度测量技术也有了飞速的发展。湿度测量方法从原理上划分有几十种之多。湿度测量始终是世界计量领域中著名的难题之一。一个看似简单的量值，深究起来，涉及相当复杂的物理、化学理论分析和计算，初涉者可能会忽略在湿度测量中必须注意的许多因素，因而影响湿度的测量。

常见的湿度测量方法有动态法（双压法、双温法、分流法）、静态法（饱和盐法、硫酸法）、露点法、干湿球法和形形色色的电子式传感器法。

（1）动态法。动态法中的双压法、双温法是基于热力学中 P-V-T 平衡原理来进行测量的，平衡时间较长；分流法是基于绝对湿气和绝对干空气的精确混合来进行测量的。由于采用了现代测控手段，因此采用这些方法的湿度测量设备可以做得相当精密，但因这种设备比较复杂，昂贵，运作费时费工，只能主要作为标准计量之用，其测量精度可达±2％～±1.5％RH。

（2）静态法。静态法中的饱和盐法是湿度测量中最常见的方法，简单易行，但对液、气两相的平衡要求很严，对环境温度的稳定性要求也较高，且需要很长时间去平衡，低湿点要求更长。特别在室内湿度和瓶内湿度差值较大时，采用饱和盐法每次都需要平衡6～8 h。

（3）露点法。露点法用于测量湿空气达到饱和时的温度，通过换算可测得相对湿度，是热力学的直接结果，准确度高，测量范围宽。计量用的精密露点仪准确度可达±0.2 ℃，甚至更高。用现代光-电原理制成的冷镜式露点仪价格昂贵，常和标准湿度发生器配套使用。

（4）干湿球法。干湿球法是 18 世纪就发明的测量湿度方法，历史悠久，使用最普遍。干湿球法是一种间接测量方法，它用干湿球方程换算出湿度值，且此方程是有条件的，即在湿球附近的风速必须达到 2.5 m/s 以上。普通用的干湿球温度计将此条件简化了，所以其准确度只有 5%～7%RH，明显低于电子湿度传感器。显然干湿球法不属于静态法，因此不要简单地认为只要提高了温度计的测量精度就等于提高了湿度计的测量精度。

测量湿度时需要注意以下事项：

第一，由于湿度是温度的函数，温度的变化决定性地影响着湿度的测量结果。无论哪种方法，精确地测量和控制温度是第一位的。因为即使是一个隔热良好的恒温恒湿箱，其工作室内的温度也存在一定的梯度，所以此空间内的湿度也难以完全均匀一致。

第二，由于原理和方法差异较大，各种测量方法之间难以直接校准和认定，大多只能用间接办法比对，因此在两种测量湿度方法之间相互校对全湿程（相对湿度 0～100%RH）的测量结果，或者要在所有温度范围内校准各点的测量结果，是十分困难的事。例如通风干湿球湿度计要求有规定风速的流动空气，而饱和盐法则要求严格密封，两者就无法比对。最好的办法是按国家对湿度计量器具检定系统（标准）规定的传递方式和检定规程去逐级认定。

7.2.2　湿度传感器的分类

湿度传感器种类繁多，分类方法也很多。湿度传感器按输出的电学量可分为电阻式、电容式等；按探测功能可分为绝对湿度型、相对湿度型和结露型等；按感湿材料可分为陶瓷式、高分子式、半导体式和电解质式等。

1. 电阻式湿度传感器

电阻式湿度传感器是利用其器件电阻值随湿度变化的基本原理来进行工作的，其感湿特征量为电阻值。根据使用感湿材料的不同，电阻式湿度传感器可分为电解质式、陶瓷式和高分子式三类。

1）电解质式电阻湿度传感器

（1）基本原理。

电解质式电阻湿度传感器的典型代表是氯化锂湿度电阻，它是利用吸湿性盐类"潮解"，离子导电率发生变化而制成的测湿元件，其结构如图 7-8 所示，由引线、基片、氯化锂感湿层和电极组成。氯化锂感湿层是在基片上涂敷按一定比例配制的氯化锂-聚乙烯醇混合溶液形成的。

氯化锂通常与聚乙烯醇组成混合体，在高浓度的氯化锂（LiCl）溶液中，Li^+ 和 Cl^- 分别以正负离子的形式存在，其溶液的离子导电能力与溶液浓度成正比。

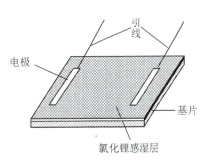

图 7-8　氯化锂湿度传感器结构

当溶液置于一定温度的环境中时，若环境相对湿度高，由于 Li^+ 对水分子的吸引力强，离子水合程度高，溶液将吸收水分，浓度降低，因此，溶液导电能力随之下降，电阻率增高；反之，当环境相对湿度变低时，溶液浓度升高，导电能力随之增强，电阻率下降。由此可见，氯化锂湿度电阻的阻值会随环境相对湿度的改变而变化，从而实现对湿度的测量。

（2）氯化锂湿度电阻的特点。

优点：滞后小；不受测试环境（如风速）影响；检测精度高达 $\pm 5\%$。

缺点：耐热性差；不能用于露点以下测量；器件重复性差，使用寿命短。

使用氯化锂电阻时应注意，必须使用交流电，以免出现极化。

2）陶瓷式电阻湿度传感器

陶瓷式电阻湿度传感器通常由两种以上金属氧化物混合烧结而成的多孔陶瓷构成，是根据感湿材料吸附水分后其电阻率会发生变化的原理来进行湿度检测的。陶瓷的化学稳定性好，耐高温，而且多孔陶瓷的表面积大，易于吸湿和脱湿，所以这种湿度传感器响应时间可以短至几秒。这种湿度传感器的感湿体外常罩一层加热丝，以对器件进行加热清洗，排除周围恶劣环境对器件的污染。

制作陶瓷式电阻湿度传感器的材料有 $ZnO\text{-}LiO_2\text{-}V_2O_5$ 系、$Si\text{-}Na_2O\text{-}V_2O_5$ 系、$TiO_2\text{-}MgO\text{-}Cr_2O_3$ 系和 Fe_3O_4 系等。前三种材料的电阻率随湿度的增加而下降，称为负特性湿度半导体陶瓷；后一种的电阻率随湿度的增加而增加，称为正特性湿度半导体陶瓷。

陶瓷式电阻湿度传感器的优点是：传感器表面与水蒸气的接触面积大，易于水蒸气的吸收与脱却；陶瓷烧结体能耐高温，物理、化学性质稳定，适合采用加热去污的方法恢复材料的湿度特性；可以通过调整烧结体表面晶粒、晶粒界和细微气孔的构造，改善传感器的湿度特性。

3）高分子式电阻湿度传感器

高分子式电阻湿度传感器是利用高分子电解质吸湿而导致电阻率发生变化的基本原理来进行测量的。通常将含有强极性基的高分子电解质及其盐类（如 $-NH_4^+Cl^-$、$-NH_2$、$-SO_3^-H^+$）等高分子材料制成感湿电阻膜。当水吸附在强极性基高分子上时，随着湿度的增加吸附量增大，吸附的水分子凝聚成液态。在低湿吸附量少的情况下，由于没有荷电离子产生，电阻值很高。当相对湿度增加时，凝聚化的吸附水就成为导电通道，高分子电解质的成对离子主要起载流子作用。此外，由吸附水自身离解出来的质子（H^+）及水和氢离子（H_3O^+）也能起电荷载流子作用，这就使得载流子数目急剧增加，传感器的电阻急剧下降。利用高分子电解质在不同湿度条件下电离产生的导电离子数量不等使阻值发生变化，就可以测定环境中的湿度。

高分子式电阻湿度传感器工作温度在 $0\sim 50\ ℃$，响应时间小于 $30\ s$，测量范围为 $0\sim 100\%RH$，误差在 $\pm 5\%RH$ 左右。

2. 电容式湿度传感器

电容式湿度传感器是有效利用湿度元件的电容量随湿度变化的特性来进行测量的，属于变介电常数型电容式传感器。其结构如图 7-9 所示，上、下

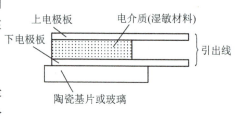

图 7-9 电容式湿度传感器结构图

两电极板间夹着由湿度材料构成的电介质,并将下电极板固定在玻璃或陶瓷基片上。当周围环境的湿度发生变化时,由湿度材料构成的电介质的介电常数将发生改变,相应的电容量也会随之发生变化,因此只要检测到电容的变化量就能检测周围湿度的大小。电容式湿度传感器按照电极板间电介质分为高分子和陶瓷材料两大类。

 ### 7.2.3　湿度传感器的封装形式

湿度传感器由于其工作原理的限制,必须采取非密封封装形式,即要求封装管壳留有和外界连通的接触孔或者接触窗,让湿度芯片感湿部分和空气中的湿气能够很好地接触。同时,为了防止湿度芯片被空气中的灰尘或杂质污染,需要采取一些保护措施。目前,主要手段是使用金属防尘罩或者聚合物多孔膜进行保护。下面介绍几种湿度传感器的不同封装形式。

1. 晶体管外壳(TO)封装

目前,用晶体管外壳(TO)封装技术封装湿度传感器是一种比较常见的方法。TO 封装技术有金属封装和塑料封装两种。金属封装是首先将湿度传感器芯片采用环氧树脂黏接固化法固定在外壳底座的中心;然后在湿度传感器芯片的焊区与接线柱处用热压焊机或者超声焊机将 Au 丝或其他金属丝连接起来;最后将管帽套在底座周围的凸缘上,并利用电阻熔焊法或环形平行焊法将管帽与底座边缘焊牢。金属管帽的顶端或者侧面开有小孔或小窗,以便湿度芯片感湿部分和空气能够接触。根据不同湿度传感器芯片和性能要求,可以考虑加一层金属防尘罩,以延长其使用寿命。

2. 单列直插封装(SIP)

单列直插封装(SIP)也常用来封装湿度传感器。湿度传感器芯片的输出引脚数一般只有数个,因而可以将基板上的 I/O 引脚引向一边,用镀 Ni、镀 Ag 或者镀 Pb-Sn 的"卡式"引线(基材多为 Kovar 合金)卡在基板的 I/O 焊区上,将卡式引线浸入熔化的 Pb-Sn 槽中进行再流焊,并将焊点焊牢。根据需要,卡式引线的节距有 2.54 mm 和 1.27 mm 两种,焊接前引线均连成带状,焊接后再剪成单个卡式引线。通常还要对组装好的元器件的基板进行涂覆保护,最简单的方法是浸渍一层环氧树脂,并进行固化。完成以上工艺后塑封保护,整修毛刺,完成封装。

单列直插封装的插座占基板面积小,插取自如,传感器工艺简便易行,适于多品种、小批量生产,且便于逐个引线的更换和返修。

3. 小外形封装(SOP)

小外形封装(SOP)法是另一种封装湿度传感器的方法。SOP 是从双列直插封装(DIP)变形发展而来的,它将 DIP 的直插引脚向外弯曲成 $90°$,变成了适于表面组装技术(SMT)的封装。SOP 基本全部是塑料封装,其封装工艺过程为:先将湿度传感器芯片用导电胶或环氧树脂黏接在引线框架上,并经树脂固化使湿度传感器芯片固定;再将湿度传感器芯片上的焊区与引线框架引脚的键合区用引线键合法连接;然后放入塑料模具中进行膜塑封装,出模后经切筋整修,去除塑封毛刺,将框架外引脚打弯成型。塑料外壳表面开有与空气接触的小窗,并贴有空气过滤薄膜,以阻挡灰尘等杂质,从而保护湿度传感器芯片。相较于 TO 封装和 SIP 两种封装形式,SOP 封装外形尺寸要小得多,重量比较轻,且 SOP 封装的湿度传感器长期稳定性很好，漂移小，成本低，容易使用，同时适合 SMT（表面组装技术），是一种比较优良的封装方法。

4. 其他封装形式

湿度传感器还可采用外部支撑框架进行封装。外部支撑框架是由高分子化合物形成，并用预先设计的模子浇铸而成的，其设计充分考虑了空间结构，保证湿度传感器芯片和空气能充分接触。采用外部支撑框架封装工艺过程为：首先将湿度传感器芯片沿着滑道直接插入外框架，并固定；然后从外框架另一端插入外引线，与湿度传感器芯片的焊区相接（也可以悬空），并用导电胶热固法将湿度传感器芯片和外引线连接起来；最后在外框架的正反两面都贴上空气过滤薄膜。过滤薄膜是由聚四氟乙烯制成的多孔膜，能够允许空气渗透进入传感器而阻挡灰尘和水滴。

这种湿度传感器的封装有别于传统的湿度传感器封装，它不采用传统的引线键合的方法连接外引线和湿度传感器芯片，而是直接将湿度传感器芯片外引线连接，从而避免了因为内引线的原因而导致的失效问题。同时，它的封装体积较小，传感器性能稳定，能够长时间工作。不过，它对外框架制作要求较高，工艺相对比较复杂。

5. 湿度传感器和其他传感器混合封装

很多时候，湿度传感器并不是单独封装的，而是和温度传感器、风速传感器或压力传感器等其他传感器以及后端处理电路集成混合封装，以满足相应的功能需求。其封装工艺过程为：先将湿度传感器芯片用导电胶或环氧树脂黏接在基板上，并经树脂固化使湿度传感器芯片固定；再将湿度传感器芯片上的焊区与基板键合区用引线键合法连接；最后封盖外壳（可选择水晶聚合物材料）。外壳的表面开有与空气接触的小窗，使湿度敏感元件与温度敏感元件和空气充分接触，而其他部分与空气隔离，密封保护。小窗贴有空气过滤薄膜，以防止杂质玷污。

 ### 7.2.4 湿度传感器的选型、安装及标定与使用

1. 湿度传感器的选型

1）湿度传感器选型指标

湿度传感器选型指标主要有湿度量程、感湿特征量-环境湿度特性曲线、灵敏度、湿度温度系数、响应时间、湿滞回线等。

（1）湿度量程。湿度量程指湿度传感器能够精确测量的环境湿度的最大范围。由于各种湿度传感器所使用的材料及依据的工作原理不同，其测量范围并不都能适用于 $0\sim100\%$ RH 的整个相对湿度范围。

（2）感湿特征量-环境湿度特性曲线。湿度传感器的输出变量称为其感湿特征量，如电阻、电容等。湿度传感器的感湿特征量随环境湿度的变化曲线，称为湿度传感器的感湿特征量-环境湿度特性曲线，简称为感湿特性曲线。性能良好的湿度传感器的感湿特性曲线应有较宽的线性范围和适中的灵敏度。

（3）灵敏度。湿度传感器的灵敏度即其感湿特性曲线的斜率。大多数湿度传感器的感

湿特性曲线是非线性的,因此它们尚无统一的表示方法。较普遍采用的方法是用湿度传感器在不同环境湿度下的感湿特征量之比来表示。

(4) 湿度温度系数。湿度温度系数定义为在湿度传感器的感湿特征量恒定的条件下,该感湿特征量值所表示的环境相对湿度随环境温度的变化率。

(5) 响应时间。响应时间表示当环境湿度发生变化时,湿度传感器完成吸湿或脱湿以及动态平衡过程所需时间的特性参数。响应时间用时间常数 τ 来定义,即感湿特征量由起始值变化到终止值的 63.2% 时所需的时间。可见,响应时间与环境相对湿度的起、止值密切相关。

(6) 湿滞回线。一个湿度传感器在吸湿和脱湿两种情况下的感湿特性曲线是不相重复的,一般可形成一条回线,这种回线称为湿滞回线,这种特性称为湿滞特性。

2) 湿度传感器选型注意事项

湿度传感器在选型过程中应注意以下事项:

(1) 选择测量范围。进行湿度传感器选型时首先要确定测量范围。除了气象、科研部门外,测量湿度一般不需要进行全湿程(0～100%RH)测量。

(2) 选择测量精度。测量精度是湿度传感器最重要的指标,其每提高一个百分点,对湿度传感器来说就是要再上一个台阶,甚至是上一个档次。因为不同精度的湿度传感器,其制造成本相差很大,售价也相差甚远,所以使用者一定要量体裁衣,不宜盲目追求“高、精、尖”。在不同温度下使用湿度传感器,其示值还要考虑温度漂移的影响。众所周知,相对湿度是温度的函数,温度严重地影响着指定空间内的相对湿度。温度每变化 0.1℃,将产生 0.5%RH 的湿度变化(误差)。使用场合如果难以做到恒温,则提出过高的湿度测量精度是不合适的。多数情况下,如果没有精确的控温手段,或者被测空间是非密封的,±5%RH 的精度就足够了。对于要求精确控制恒温、恒湿的局部空间,或者需要随时跟踪记录湿度变化的场合,可选用 ±3%RH 以上精度的湿度传感器。而如果要求精度高于 ±2%RH,那恐怕连校准传感器的标准湿度发生器也难以做到,更何况湿度传感器自身了。相对湿度测量仪表即使在 20～25℃ 以下温度,要达到 2%RH 的准确度仍是很困难的。通常产品资料中给出的测量精度是在常温(20±10)℃ 和洁净的气体中测量的。

3) 考虑老化和漂移量

在实际使用中,由于尘土、油污及有害气体的影响,使用时间一长,电子式湿度传感器会产生老化,精度下降。电子式湿度传感器年漂移量一般都在 ±2% 左右,甚至更高。一般情况下,生产厂商会标明 1 次标定的有效使用时间为 1 年或 2 年,到期需重新标定。

2. 湿度传感器的安装与标定

湿度传感器的安装方式主要有壁挂式、风道式和三通式安装三种形式,如图 7-10 所示。

在湿度传感器实际标定困难的情况下,可以通过一些简便的方法进行湿度传感器性能判断与检查。具体方法如下:

(1) 进行一致性判定。进行一致性判定时,同一类型,同一厂家的湿度传感器产品最好一次购买两支以上,越多越能说明问题。把这些湿度传感器放在一起,通电比较检测输出值,在相对稳定的条件下,可观察它们的一致性。若需进一步检测,可在 24 h 内每间隔一

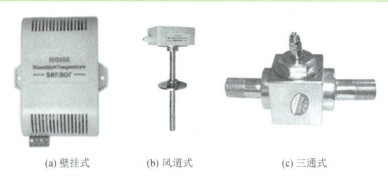

(a) 壁挂式　　　　　(b) 风道式　　　　　(c) 三通式

图 7 - 10　湿度传感器安装示意图

段时间进行一次记录,一天内一般都有高、中、低 3 种湿度和温度情况,这样可以较全面地观察它们的一致性和稳定性,包括温度补偿特性。

(2) 用嘴哈气或利用其他加湿手段对传感器加湿,可观察其灵敏度、重复性、升湿脱湿性能,以及分辨率、产品的最高量程等。

(3) 对产品进行开盒和关盒两种情况的测试,可比较是否一致,并可观察其热效应情况。

(4) 对产品在高温状态和低温状态(根据说明书标准)进行测试,并恢复到正常状态下,可考察产品的温度适应性,也可观察产品的一致性情况。

湿度传感器的性能最终要依据质检部门正规完备的检测手段进行标定。利用饱和盐溶液可以进行标定,也可使用名牌产品进行比对检测,还应在使用过程中进行长期标定,这样才能较全面地判断湿度传感器的质量。

3. 湿度传感器的使用注意事项

湿度传感器是非密封性的,为保护其测量的准确度和稳定性,应尽量避免在酸性、碱性及含有机溶剂的气氛中使用,也应避免在粉尘较大的环境中使用。为正确反映欲测空间的湿度,还应避免将湿度传感器安放在离墙壁太近或空气不流通的死角处。如果被测的房间太大,就应放置多个传感器。

有的湿度传感器对供电电源要求比较高,否则将影响测量精度。使用时应按照技术要求提供合适的、符合精度要求的供电电源。

湿度传感器需要进行远距离信号传输时,要注意信号的衰减问题。当传输距离超过 200 m 时,建议选用频率输出信号的湿度传感器。

由于湿度元件都存在一定的分散性,无论进口或国产的传感器都需逐个调试标定。大多数湿度传感器在更换湿度敏感元件后需要重新调试标定,这对于测量精度比较高的湿度传感器尤其重要。

湿度传感器能够很好地监控环境中的湿度,在食品保护、环境检测等方面有着重要的应用,因此在使用湿度传感器的时候应该充分了解其结构以及在使用过程中的一些注意事项。

湿度传感器的形式多样,但不管是什么样的湿度传感器,在使用过程中都要注意以上几个细节问题。为了更好地应用湿度传感器,在使用的时候应该首先阅读其使用说明书以及向厂家咨询相关的问题。

7.2.5 湿度传感器的应用

湿度传感器在航空航天、工业制造、气象学、日常生活和医疗保健等领域都有广泛的应用。下面介绍湿度传感器的几个应用案例。

1. 汽车后窗玻璃自动去湿装置

图 7-11 所示为汽车后窗玻璃自动去湿装置安装示意图及电路图。图中 R_H 为设置在后窗玻璃上的湿度传感器电阻，R_L 为嵌入玻璃的加热电阻丝（可在玻璃形成过程中将电阻丝烧结在玻璃内，或将电阻丝加在双层玻璃的夹层内），J 为继电器线圈，J_1 为其常开触点，半导体晶体管 VT_1 和 VT_2 接成施密特触发器电路，在 VT_1 管的基极上接有由电阻 R_1、R_2 及湿度传感器电阻 R_H 组成的偏置电路。在常温常湿情况下，因 R_H 阻值较大，使 VT_1 导通，VT_2 截止，继电器 J 不工作，其常开触点 J_1 断开，加热电阻 R_L 无电流流过。当汽车内外温差较大，且湿度过大时，将导致湿度电阻 R_H 的阻值减小，当其减小到某值时，R_H 与 R_2 的并联电阻阻值小到不足以维持 VT_1 导通，此时 VT_1 截止，VT_2 导通，使其负载继电器 J 通电，控制常开触点 J_1 闭合，加热电阻丝 R_L 开始加热，驱散后窗玻璃上的湿气，同时加热指示灯亮。当玻璃上湿度减小到一定程度时，随着 R_H 增大，施密特电路又开始翻转到初始状态，VT_1 导通，VT_2 截止，常开触点 J_1 断开，R_L 断电停止加热，从而实现了防湿自动控制。该装置也可广泛应用于汽车、仓库、车间等湿度的控制。

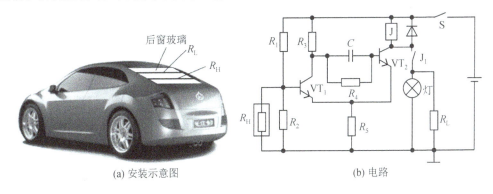

(a) 安装示意图　　　　　　　　　(b) 电路

图 7-11　汽车后窗玻璃自动去湿装置安装示意图及电路

2. 房间湿度控制器

房间湿度控制器采用 KSC-6V 集成相对湿度传感器，将湿度传感器的电容置于 RC 振荡电路中，直接将湿度敏感元件输出的电容信号转换成电压信号。其具体工作原理为：由双稳态触发器及 RC 组成双振荡器，其中一条支路由固定电阻和湿度电容组成（湿度支路），另一条支路由多圈电位器和固定电容组成；设定在湿度为 0%RH 时，湿度支路产生某一脉冲宽度的方波，调整多圈电位器使其所在支路产生方波并与湿度支路方波脉宽相同，则两信号差为 0；当湿度发生变化时，湿度支路产生的方波脉宽将发生变化，两信号差不再为 0，此信号差通过 RC 滤波后经标准化处理得到电压输出，输出电压随相对湿度的增加几乎成线性递增，其相对湿度 0~100%RH 对应的输出电压为 0~100 mV。

房间湿度控制器电路原理图如图 7-12 所示。湿度传感器输出的电压信号分成三路，分别接在电压比较器 A_1 的反相输入端、电压比较器 A_2 的同相输入端和显示器的正输入端，A_1

和 A_2 由可调电阻 R_{P1} 和 R_{P2} 根据设定值调到适当的状态。当房间内湿度下降时，湿度传感器的输出电压下降，当降到 A_1 设定数值时，A_1 同相输入端电压高于反相输入端电压，因此 A_1 输出高电平，使 VT_1 导通，LED_1 发出绿光，表示空气干燥，继电器 J_1 吸合接通加湿器。当房间内相对湿度上升时，湿度传感器输出电压升高，当升到一定数值即超过 A_1 设定值时，A_1 输出低电平，J_1 释放，加湿器停止工作。同理，当房间内湿度升高时，湿度传感器输出电压随之升高，当升到 A_2 设定数值时，A_2 输出高电平，使 VT_2 导通，LED_2 发出红光，表示空气太潮湿，继电器 J_2 吸合接通排气扇排除潮气，当相对湿度降到设定值时，J_2 释放，排气扇停止工作，这样就可以控制室内空气的湿度范围，达到所需求的空气湿度环境。

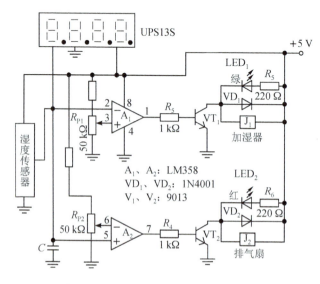

图 7 - 12　房间湿度控制器电路原理图

3. 在疫苗冷链存储运输中的应用

在疫苗存储、运输和配送流程中，冷链全程都要有温度监控记录并备案。疾控中心对每一批次疫苗查验货时，必须同时查验存储运输途中的温湿度记录，确认运输途中温湿度记录符合 GSP 相关规定后才可验收入库。疫苗运输车如图 7 - 13 所示。因此，温湿度传感器的参与必不可少。

图 7 - 13　疫苗运输车

温湿度传感器与电子标签技术相结合，为此类疫苗冷链存储运输应用中温湿度监控和测量提供了一条绝佳的解决途径。电子标签是一种采用了 RF 技术（一种射频无线电技术）进行近距离通信的信息载体芯片，体积小巧，安装和使用非常方便，非常适合对零散类物品进行信息标示和辨别。

通过将温湿度传感器集成到电子标签上，从而使得电子标签能够对被安装的物品或应用环境进行温度和湿度值的测量，并将测量值以射频的方式传输到读写器上，最后由读写器以无线/有线方式发送给应用后台系统。

采用温湿度传感器与电子标签技术相结合，疾控部门疫苗管理人员就可随时随地通过电脑或手机 APP，实时查看全区或本单位的冰箱和冷链运输车等冷链设备的温湿度传感器传来的温度和湿度数据，并可随时调取冷链设备的历史温湿度记录，准确掌握任意时间段内冷链设备的运行状况。如遇停电等突发状况，管理人员还会在第一时间收到报警短信，并进行及时处理，将疫苗因冷链温湿度影响造成的损耗降到最低。

4. 在纺织业定型机上的节能应用

在纺织业定型机排出的废气中既有水蒸气、烟气，又有热空气。提升水蒸气、烟气的含量，减少排放的热空气，可以达到减少能量的消耗。国家发改委颁布的《印染行业准入条件》中规定必须在"定型机及各种烘燥工艺中安装湿度在线监测装置"。图 7-14 所示为纺织业定型机的结构图。

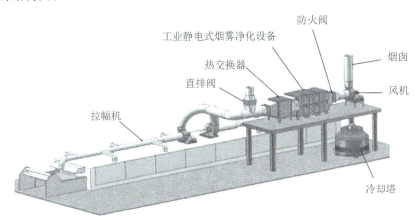

图 7-14　纺织业定型机的结构图

目前，大多数印染厂所采用的温湿度调节方式都是简单的手动调节方式。具体调节由设备顶部的排气风机控制，排气管道上装有手动的调节阀门。

在给定的烘干时间内，纺织业烘箱内水分蒸发量与织物的原料成分、面料密度、幅宽、烘干前后本身含水率以及烘干速度等参数有关。烘燥机在不同的排气湿度情况下，蒸发效率和能耗的变化是非线性的。定型机热利用效率不到 30%，其中最大的热损失是在排气过程中。经测定，定型机排气湿度为 5% 时，空气体积是水蒸气的 19 倍；而排气湿度为 20% 时，空气体积是水蒸气的 4 倍。因此体积为水蒸气体积 15 倍的热空气所携带的热量完全是被浪费的。定型机采用安装有温湿度传感器的高温湿度测控仪可自动控制定型机内的湿度，从而节省大量加热升温费用。

7.3 红外传感器

红外传感器是利用红外线的物理性质来进行测量的传感器。在测量时，红外传感器可以不与被测物体发生直接接触，因此不存在摩擦力等外接干扰因素，具有灵敏度高，响应快的优点。

7.3.1 红外检测的基础知识

1. 红外辐射

红外辐射是一种人眼不可见的光线，因为它是介于可见光中红色光和微波之间的光线，故又称红外线。红外线的波长范围大致在 $0.76 \sim 1000\ \mu m$，对应的频率大致在 $4 \times 10^{14} \sim 3 \times 10^{11}$ Hz 之间。工程上通常把红外线所占据的波段分成近红外（770 nm $\sim$ 3 μm）、中红外（3 $\sim$ 6 μm）、远红外（6 $\sim$ 15 μm）和极远红外（15 $\sim$ 1000 μm）四个部分。各种光的波长分布如图 7-15 所示。

红外传感器

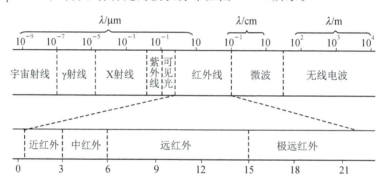

图 7-15　各种光波长分布图

红外辐射本质上是一种热辐射。任何物体的温度只要高于绝对零度（-273.15 ℃），就会向外部空间以红外线的方式辐射能量。物体的温度越高，辐射出来的红外线就越多，辐射的能量也就越强（辐射能正比于温度的 4 次方）。另一方面，红外线被物体吸收后将转化成热能。

红外线作为电磁波的一种形式，其和所有的电磁波一样，是以波的形式在空间直线传播的，具有电磁波的一般特性，如反射、折射、散射、干涉和吸收等。

2. 红外吸收

红外线在大气中传播时，由于大气中的气体分子、水蒸气，以及固体微粒、尘埃等物质的吸收和散射作用，使辐射能在传输过程中逐渐衰减。空气中对称的双原子分子，如 N_2、H_2、O_2 不吸收红外辐射，因而不会造成红外线在传输过程中衰减。图 7-16 所示为部分气体的红外线特征吸收峰图，由图可见：CO 气体对波长为 $4.65\ \mu m$ 左右的红外线有很强的吸收能力；CO_2 气体对波长为 $2.78\ \mu m$、$4.26\ \mu m$ 和波长大于 13 μm 的红外线有很强的吸收能力。

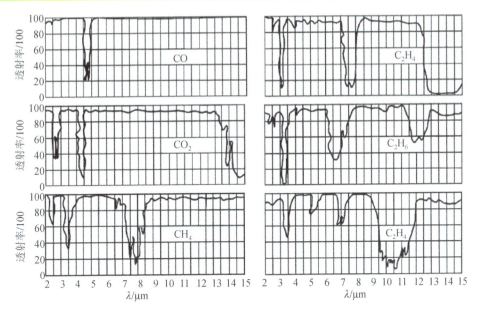

图 7 - 16　部分气体的红外线特征吸收峰图

3. 红外线的性质

红外辐射有如下性质：

（1）金属对红外线衰减非常大，一般金属基本不能透过红外线。

（2）气体对红外线也有不同程度的吸收。

（3）介质不均匀、晶体材料不纯洁、有杂质或悬浮小颗粒等都会引起对红外线的散射。

实践证明，温度越低的物体辐射的红外线波长越长，因此在应用中根据需要有选择地接收某一定范围的波长，就可以达到测量的目的。

7.3.2　红外传感器的工作原理

红外传感器是利用红外辐射实现相关物理量测量的一种传感器，一般由光学系统、红外探测器、信号调理电路及显示单元等组成。其中，红外探测器是红外传感器的核心器件。红外探测器种类很多，按探测机理的不同，通常可分为热探测器和光子探测器两大类。这里主要介绍热探测器。

红外线被物体吸收后将转变为热能。热探测器正是利用了红外线的这一热效应。当热探测器的敏感元件吸收红外辐射后将引起温度升高，使敏感元件的相关物理参数发生变化，通过对这些物理参数及其变化量的测量就可确定探测器所吸收的红外辐射。热探测器的主要优点是：响应波段宽，响应范围为整个红外区域，室温下工作，使用方便。

热探测器主要有四种类型，它们分别是热敏电阻型、热电阻型、高莱气动型和热释电型。在这四种类型的热探测器中，热释电探测器探测效率最高，频率响应最宽，所以这种热探测器发展得比较快，应用范围也最广。热释电红外探测器是一种检测物体辐射的红外能量的传感器，是根据热释电效应制成的。所谓热释电效应就是由于温度的变化而产生电荷的现象。热释电效应形成原理如图 7 - 17 所示。

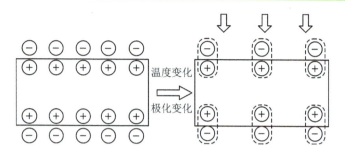

图 7－17　热释电效应形成原理

在外加电场的作用下，电介质中的带电粒子（电子、原子核等）将受到电场力的作用，正电荷趋向于阴极，负电荷趋向于阳极，其结果使电介质的一个表面带正电，而相对的另一表面带负电。把这种现象称为电介质的"电极化"。对于大多数电介质来说，当电压去除后，极化状态随即消失（如图 7－18(a)所示），但是有一类称为"铁电体"的电介质，在外加电压去除后仍保持着极化状态（如图 7－18(b)所示）。

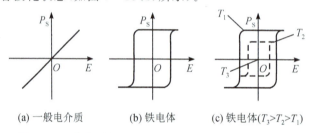

(a) 一般电介质　　　　(b) 铁电体　　　　(c) 铁电体(T_3>T_2>T_1)

图 7－18　电介质的极化矢量与所加电场和温度的关系

一般而言，铁电体的极化强度 P_S（单位面积上的电荷）与所加电场和温度有关，如图 7－18(c)所示。温度升高，极化强度降低，当温度升高到一定程度时，极化将突然消失，这个温度被称为居里温度或居里点。在居里点以下，极化强度 P_S 是温度的函数，因此把利用这一关系制成的热敏类探测器称为热释电红外探测器。

热释电红外探测器的构造是把敏感元件（铁电体）切成薄片，再研磨成 $5 \sim 50 \ \mu m$ 的极薄片后，把敏感元件的两个表面做成电极，类似于电容器的构造。为了保证铁电体对红外线的吸收，有时也采用黑化以后的铁电体或在透明电极表面涂上黑色膜。当红外线照射到已经极化了的铁电薄片上时，引起薄片温度升高，使其极化强度降低，表面的电荷减少，这相当于释放了一部分电荷。释放的电荷可以用放大器转变成输出电压。如果红外线继续照射，使铁电薄片的温度升高到新的平衡值，表面电荷也就达到新的平衡浓度，不再释放电荷，也就不再有输出信号。热释电型红外探测器的电压响应率正比于入射光辐射率变化的速率，而不管铁电体与辐射是否达到热平衡。

7.3.3　红外传感器的应用

红外传感器具有广泛的应用领域，可以实现非接触式测温、气体成分分析和无损检测等功能，为医学、军事、空间技术和环境工程等领域提供了重要的技术支持。

红外传感器
的应用

1. 红外热成像的应用

红外热成像仪是一种特殊的电子装置，它将物体表面的温度分布转换成人眼可见的图像，并以不同颜色显示物体表面温度分布。红外热成像仪的工作原理如图7-19所示，它是利用红外探测器、光学系统(光学成像物镜)和光机扫描系统接收被测物体的红外辐射能量分布图形，并反映到红外探测器的光敏元上；在光学系统和红外探测器之间，有一个光机扫描系统对被测物体的红外热像进行扫描，并聚焦在单元或分光探测器上；由红外探测器将红外辐射能转换成电信号，经放大处理后转换成标准视频信号通过电视屏或监测器显示红外热像图。

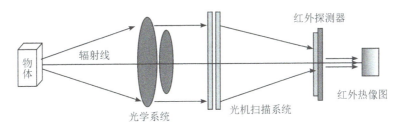

图 7-19　红外热成像仪的工作原理图

红外热成像仪是红外传感器的众多应用中非常重要的一种，从最初仅限于作为军用高科技产品，到现在已经越来越普遍地走进工业和民用市场，如建筑物的空鼓、缺陷检测，消防领域的火源查找等。红外热成像仪在电力领域的使用也非常广泛，如图7-20所示，被用于风电厂全站监测、输电线路绝缘子检查、光伏电池板检测和变压器智能检测等多个方面。红外热成像仪在电力领域的应用可以让工作人员在安全距离能及时发现电网存在的安全隐患和缺陷，减少事故的发生，保证电网安全、经济运行。

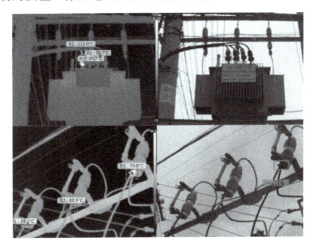

图 7-20　红外热成像仪在电力领域的应用

2. 红外线气体分析仪的应用

红外线气体分析仪是利用气体对红外线选择性吸收这一特性进行气体分析的。它有一个测量室和一个参比室。测量室中含有一定量的被分析气体，对红外线有较强的吸收能力，而参比室(即对照室)中的气体不吸收红外线，因此两个气室中的红外线的能量不同，将使吸收气室内压力不同，导致薄膜电容的两电极间距改变，引起电容量 C 变化，从而使电容量 C 的变化反映被分析气体中被测气体的浓度。

　　图7-21所示是工业用红外线气体分析仪的结构原理图。该分析仪由红外线辐射光源、滤波气室、红外探测器及测量电路等部分组成。光源由镍铬丝通电加热发出 $3\sim10\ \mu\mathrm{m}$ 的红外线，同步电动机带动切光片旋转，切光片将连续的红外线调制成脉冲状的红外线，以便于红外探测器检测。测量室中通入被分析气体，参比室中注入的是不吸收红外线的气体（如 N_2 等）。红外探测器是薄膜电容型，它有两个吸收气室，充以被测气体，当它吸收了红外辐射能量后，气体温度升高，导致吸收气室内压力增大。

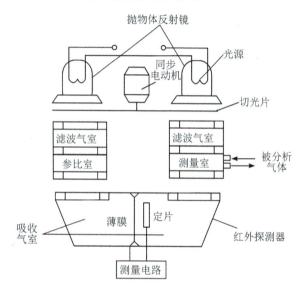

图7-21　红外线气体分析仪结构原理图

　　测量时（如分析CO气体的含量），两束红外线经反射、切光后射入测量室和参比室，由于测量室中含有一定量的CO气体，该气体对 $4.65\ \mu\mathrm{m}$ 的红外线有较强的吸收能力，而参比室中气体不吸收红外线，这样射入红外探测器的两个吸收气室的红外线造成能量差异，使两个吸收气室内压力不同，定片侧（测量边）的压力减小，于是薄膜偏向定片方向，改变了薄膜电容两极板间的距离，也就改变了电容量 C。被测气体的浓度愈大，两束光强的差值也愈大，则电容的变化量也愈大，因此电容变化量反映了被分析气体中被测气体的浓度大小，最后通过测量电路的输出电压或输出频率等来反映。图7-21中设置滤波气室的目的是为了消除干扰气体对测量结果的影响。

7.4　学习拓展：医院候诊大厅空气质量控制系统的设计

　　医院候诊大厅是医院的重要公共区域，其空气质量直接影响到患者和陪同人员的舒适度与健康。良好的空气质量控制系统能够有效减少空气污染物，提供清新的空气环境，提高候诊大厅的整体舒适度和健康水平。本拓展任务要求设计一个医院候诊大厅的空气质量控制系统，以实现高效、稳定的空气质量管理。

1. 功能要求

医院候诊大厅空气质量控制系统需能实时监测医院候诊大厅内的温度、湿度、PM2.5 浓度等关键空气质量参数，并具有阈值报警功能，即当监测到的参数超出预设的安全范围时，系统应能自动触发声光报警，提醒工作人员及时采取措施。另外还应能够实现空气质量自动调控，即根据监测结果，系统应能自动控制相关设备（如空调、新风系统、空气净化器等）的运行，以改善空气质量。

2. 传感器选型要求

医院候诊大厅空气质量控制系统的传感器选型要求为：需使用温湿度传感器，实时监测候诊大厅内的温度和湿度；选用适合室内环境的高精度 PM2.5 传感器，监测空气中的可吸入颗粒物浓度；可考虑增加二氧化碳浓度传感器等，以全面监测空气质量。

根据医院候诊大厅空气质量控制系统的设计要求、实际情况和设计目标，分组进行设计方案完善。设计方案模板如表 7-2 所示。

表 7-2　医院候诊大厅空气质量控制系统的设计方案

小组成员		成绩	
自我评价		组间互评情况	
任务	医院候诊大厅空气质量控制系统的设计		
信息获取	课本、网上查询，小组讨论以及请教老师		
小组分工			
设计过程	1. 明确医院候诊大厅空气质量控制系统对室内哪些环境信息需进行监测 2. 描述医院候诊大厅空气质量控制系统架构（用图结合文字描述） 3. 描述医院候诊大厅空气质量控制系统中所用到传感器的类型以及该类型传感器的工作原理（用图结合文字描述）		

7.5　应用与实践：智能农业管理系统温湿度传感器的调试

　　智能农业管理系统（Intelligent Agriculture Management System）是利用先进的科技手段，如传感器技术、数据分析、物联网（IoT）、人工智能（AI）等，对农业生产过程进行全面、智能化管理的系统。其目的是提高农业生产效率、优化资源使用、提高作物产量和质量，实现农业的可持续发展。在智能农业管理系统中，温湿度传感器扮演着关键角色，通过它们可以实时监测农业环境中的温度和湿度变化。

1. 实验目的

　　通过该实验了解并掌握温湿度传感器的使用方法及安装调试的过程，并掌握企业实际工作的分工及流程，进一步培养解决工业现场实际问题的能力。

2. 实验系统介绍

　　该实验将搭建温湿度监测系统，通过上位机实时检测室内、土壤温湿度，空气质量，并实现继电器、气阀、水阀的控制。温湿度监测系统通信方式采用 CAN 总线，每个装有不同功能模块的 STM32 主板（嵌入板）通过 CAN 向上位机发送数据，同时接收数据并做出动作。该温湿度监测系统控制结构示意图如图 7-22 所示。

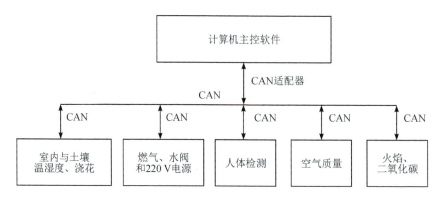

图 7-22　温湿度监测系统控制结构示意图

　　温湿度监测系统硬件连接示意图如图 7-23 所示。将插好各功能模块的 STM32 主板与 DC 5 V 电源连接，各功能小板通过转接线与功能模块连接好，并将所有 STM32 主板的 CANL1 连至 USB-CAN 适配器，通过方口 USB 线将 USB-CAN 适配器与计算机连接。

　　温湿度传感器模块由 1 个 1 位数码管、两个 3 位数码管、两个轻触按键、1 个温湿度传感器组成，并有 1 个浇花模块接口、两个温湿度传感器接口，可实现环境温度、湿度采集及显示，以及继电器模块的控制，其外观如图 7-24 所示。

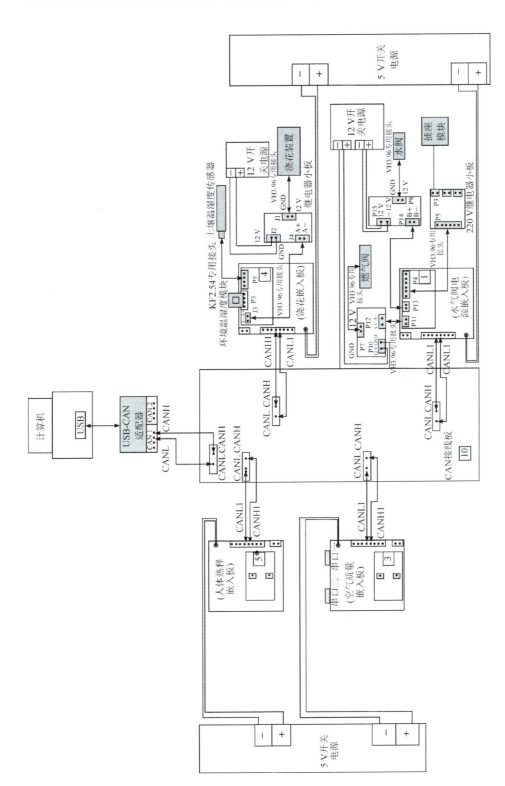

图7-23　温湿度监测系统硬件连接示意图

图 7 - 24   温湿度传感器模块外观图

    该模块所使用温湿度传感器为 SHT10 数字温湿度传感器，该传感器将传感元件和信号处理电路集成在一块微型电路板上，采用专利的 CMOSens⑧技术，确保产品具有极高的可靠性与卓越的长期稳定性，输出是完全标定的数字信号。SHT10 温湿度传感器的外观如图 7 - 25 所示。

图 7 - 25   SHT10 温湿度传感器外观图

    SHT10 温湿度传感器包括一个电容性聚合体测湿元件、一个用能隙材料制成的测温元件，并在同一芯片上与 14 位的 A/D 转换器以及串行接口电路实现无缝连接，采用两线制串行接口和内部基准电压，使系统集成变得简易快捷。SHT10 温湿度传感器接口定义如图 7 - 26 所示。

引脚	名称	描述
1	GND	地
2	DATA	串行数据，双向
3	SCK	串行时钟，输入口
4	VDD	电源
NC	NC	必须为空

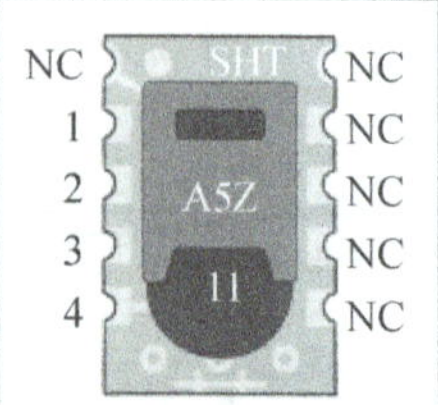

图 7 - 26   SHT10 温湿度传感器接口定义

SHT1x(包括 SHT10)传感器的串行接口在信号的读取及电源损耗方面都做了优化处理。该传感器一般不能按照 I^2C 协议编址，但是如果 I^2C 总线上没有挂接别的元件，则其可以连接到 I^2C 总线上，但单片机必须按照该传感器的协议工作。

SHT1x 温湿度传感器的典型应用电路如图 7-27 所示，包括上拉电阻 R_P 和 VDD 与 GND 之间的去耦电容。

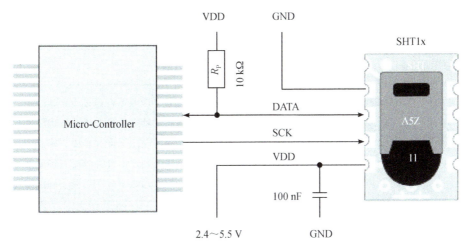

图 7-27　**SHT1x 传感器典型应用电路**

SCK 和 DATA 两个接口具体功能如下：

串行时钟输入(SCK)：SCK 用于微处理器与 SHT1x 之间的通信同步。由于 SCK 接口包含了完全静态逻辑，因而不存在最小 SCK 频率。

串行数据(DATA)：为三态结构，用于读取传感器数据。当微处理器向传感器发送命令时，DATA 在 SCK 上升沿有效且在 SCK 高电平时保持稳定。DATA 在 SCK 下降沿之后发生改变。为确保通信安全，DATA 的有效时间应在 SCK 上升沿之前和下降沿之后分别延长一段时间。当微处理器从传感器读取数据时，DATA 在 SCK 变低以后有效，且维持到下一个 SCK 的下降沿。为避免信号冲突，微处理器应驱动 DATA 使其处于低电平状态，这就需要一个外部的上拉电阻(例如：10 kΩ)将信号提拉至高电平。上拉电阻通常已包含在微处理器的 I/O 电路中。

注：该传感器的详细资料可参考 SHT10、SHT11 数字温湿度传感器手册。

3. 实验内容和步骤

1) 实验内容

温湿度监测系统应实现以下的控制功能：

(1) 温度传感器可以正常感受土壤或室内的温度，误差不得超过±1 ℃。

(2) 当土壤或室内温度上升，30 s 内温度传感器应能随之上升并感受正确温度。

(3) 当土壤或室内温度下降，30 s 内温度传感器应能随之下降并感受正确温度。

(4) 当土壤或室内湿度上升，30 s 内湿度传感器应能随之上升并感受正确湿度。

(5) 当土壤或室内湿度下降，30 s 内湿度传感器应能随之下降并感受正确湿度。

2）实验步骤

（1）分组：每个小组至少 4 人，分别扮演市场经理、客户、研发工程师和现场工程师的角色。

（2）市场经理与客户根据上述系统功能进行讨论，并编写系统安装调试指导手册（样例见表 7-3），由客户审核。

表 7-3　系统安装调试指导手册样例

主标签号	01
副标签号	01
功能描述	温湿度传感器可以正常感受土壤或室内的温度，误差不得超过±1 ℃； 当土壤或室内温度上升，30 s 内温度传感器应能随之上升并感受正确温度； 当土壤或室内温度下降，30 s 内温度传感器应能随之下降并感受正确温度； 当土壤或室内湿度上升，30 s 内湿度传感器应能随之上升并感受正确湿度； 当土壤或室内湿度下降，30 s 内湿度传感器应能随之下降并感受正确湿度
测试工具	亚龙 OMR—欧姆龙主机单元一台； 亚龙传感器测试单元一台； 专用接线若干； 计算机和编程器一台
测试人员	
测试日期	
初始状态	系统整体电源：断电； 所有的接线都已按照要求接好并检查确认无误； 传感器模块的卡槽处于初始位置
最终状态	系统整体电源：断电
通过标准	所有测试步骤均通过

（3）研发工程师利用实验设备提供技术方案。

（4）研发工程师根据系统功能进行编程，并进行内部调试。

（5）现场工程师根据研发工程师提供的技术方案进行系统安装，并进行上位机调试环境的安装（相关驱动，主控程序）。

（6）现场工程师将研发工程师提供的程序进行下载。

（7）现场工程师根据系统安装调试指导手册进行测试，并记录测试结果（测试结果样例见表 7-4）。

表 7 - 4　测试结果样例

测试步骤	实际输入	期望输出	结果	实际输出
1	系统整体上电，5 s 后进行观测	实训台电源指示灯亮；PLC 电源指示灯亮		
2	将土壤和室内温湿度传感器放置于室内，30 s 内通过服务器端程序和手机 APP 观测数值，并与放置室内的基准温度计进行比对	读取的土壤和室内温湿度传感器的数值和基准温度计相比，误差应小于±1℃		
3	将手放置于土壤和室内温湿度传感器上，30 s 内通过服务器端程序和手机 APP 观测数值	传感器数值应大于步骤 2 读取的数值		
4	将手离开土壤和室内温湿度传感器，30 s 内通过服务器端程序和手机 APP 观测数值	传感器数值应小于步骤 3 读取的数值		
5	将土壤和室内温湿度传感器放置于室内，30 s 内通过服务器端程序和手机 APP 观测数值，并与放置室内的基准湿度计进行比对	读取的土壤和室内温湿度传感器数值与基准湿度计相比，误差应小于±1%		
6	采用加湿器对土壤和室内温湿度传感器进行加湿，30 s 内通过服务器端程序和手机 APP 观测数值	传感器数值应大于步骤 5 读取的数值		
7	停止加湿，30 s 内通过服务器端程序和手机 APP 观测数值	传感器数值应小于步骤 6 读取的数值		
8	系统整体断电，5 s 后进行观测	所有指示灯应熄灭		

（8）现场工程师与客户审核测试结果，若客户无异议则签字，完成系统验收。

练　习　题

一、填空题

1. 气体传感器按照材料可分为＿＿＿＿＿和＿＿＿＿＿两大类。

2. 半导体气体传感器根据其机理分为＿＿＿＿＿和＿＿＿＿＿，电导型又分为＿＿＿＿＿和＿＿＿＿＿。

3. 电化学式气体传感器常用的有两种：＿＿＿＿＿和＿＿＿＿＿。

4. 半导体气体传感器一般由＿＿＿＿＿、＿＿＿＿＿和＿＿＿＿＿三部分组成。

5. 半导体气体传感器按其制造工艺来分有＿＿＿＿＿、＿＿＿＿＿和＿＿＿＿＿

三类。

　　6. 湿度传感器按探测功能可分为_____、_____和_____等。

　　7. 湿度传感器的安装方式主要有_____、_____和_____安装。

　　8. 热释电型红外线传感器是基于_____原理进行工作的。

　　9. 遥控器通常利用_____传感器进行工作。

二、选择题

　　1. 不属于电导型传感器元件表面敏感型传感材料的是（　　）。

　　A. SnO_2+Pd　　　　　B. $ZnO+Pt$　　　　　C. AgO　　　　　D. Fe_2O_8

　　2. 接触燃烧式传感器不适用于可燃气（　　）。

　　A. H_2　　　　　　　　B. N_2　　　　　　　C. CO　　　　　D. CH_4

　　3. 红外线气体传感器非分散红外吸收光谱对（　　）不具有较高的灵敏度。

　　A. CH_4　　　　　　　B. SO_2　　　　　　　C. CO　　　　　D. NO

　　4. （　　）是指在没有目标气体时，整个工作时间内传感器输出响应的变化。

　　A. 最小漂移　　　　　　　　　　　　　　B. 极限漂移

　　C. 零点漂移　　　　　　　　　　　　　　D. 区间漂移

　　5. 气体传感器的选择性也被称为（　　）。

　　A. 交叉灵敏度　　　　B. 稳定性　　　　　C. 抗腐蚀性　　　　D. 敏感度

　　6. 不属于湿度传感器按感湿材料分类的是（　　）。

　　A. 陶瓷式　　　　　　B. 高分子式　　　　C. 电阻式　　　　　D. 半导体式

　　7. 高分子式电阻湿度传感器测量误差在（　　）左右。

　　A. ±5％RH　　　　　B. ±6％RH　　　　C. ±7％RH　　　　D. ±8％RH

　　8. 红外辐射是由物体内部分子运动产生的，这类运动和物体的（　　）有关。

　　A. 密度　　　　　　　B. 温度　　　　　　C. 质量　　　　　　D. 体积

三、判断题

　　1. （　　）半导体气体传感器工作时通常都不需要加热。

　　2. （　　）H_2、CO 碳氢化合物和酒精类倾向于正离子吸附，称为氧化型气体。

　　3. （　　）当氧化型气体吸附到 N 型半导体上时，将使载流子减少，从而使材料的电阻率增大。

　　4. （　　）稳定性是指传感器在整个工作时间内基本响应的稳定性，取决于零点漂移和区间漂移。

　　5. （　　）灵敏度是指传感器输出变化量与被测输入变化量之比，主要依赖于传感器结构所使用的技术。

　　6. （　　）气体传感器的基本特征，即灵敏度、选择性以及稳定性等，主要通过结构的设计来确定。

　　7. （　　）日常生活中所指的湿度为相对湿度，用 RH％表示。

　　8. （　　）湿度传感器由于其工作原理的限制，必须采取密封封装形式。

四、简答题

1. 什么是气体传感器？气体传感器按材料来分可以分成哪几大类？

2. 半导体气体传感器的结构是由哪几部分组成？它的工作原理是什么？

3. 气体传感器的特性都有哪些？

4. 气体传感器的安装和使用都有哪些注意事项？

5. 什么是湿度？它用什么符号表示？

6. 湿度传感器的封装形式有哪些？

7. 根据感湿材料的不同，电阻式湿度传感器可分为哪几大类？

8. 湿度传感器的特性参数有哪些？

9. 什么是热释电效应？

参 考 文 献

[1] 曾华鹏，王莉，曹宝文. 传感器应用技术. 北京：清华大学出版社，2018.

[2] 胡向东. 传感器与检测技术. 4版. 北京：机械工业出版社，2021.

[3] 徐科军，马修水，李晓林，等. 传感器与检测技术. 5版. 北京：电子工业出版社，2021.

[4] 汤晓华. 传感器应用技术. 上海：上海交通大学出版社，2013.

[5] 吴建平. 传感器原理及应用. 北京：机械工业出版社，2017.

[6] 程德福，王君，凌振宝. 传感器原理及应用. 北京：机械工业出版社，2017.

[7] 周怀芬. 传感器应用技术. 北京：机械工业出版社，2017.

[8] 梁森，黄杭美，王明霄，等. 传感器与检测技术项目教程. 北京：机械工业出版社，2017.

[9] 李艳红，李海华，杨玉蓓. 传感器原理及实际应用设计. 北京：北京理工大学出版社，2016.

[10] 李永霞. 传感器检测技术与仪表. 北京：中国铁道出版社，2016.

[11] 王卫兵，张宏，郭文兰. 传感器技术及其应用实例. 2版. 北京：机械工业出版社，2016.

[12] 钱裕禄. 传感器技术及应用电路项目化教程. 北京：北京大学出版社，2016.

[13] 马林联. 传感器技术及应用教程. 2版. 北京：中国电力出版社，2016.

[14] 刘娇月，杨聚庆. 传感器技术及应用项目教程. 北京：机械工业出版社，2016.

[15] JUNICHI NAKAMURA. 数码相机中的图像传感器和信号处理. 徐江涛，高静，聂凯明，译. 北京：清华大学出版社，2015.

[16] 刘迎春，叶湘滨. 传感器原理、设计与应用. 北京：国防工业出版社，2015.

[17] 孟立凡，蓝金辉. 传感器原理与应用. 3版. 北京：电子工业出版社，2015.

[18] 任玉珍. 传感器技术及应用. 北京：中国电力出版社，2014.

[19] 尹福炎，王文瑞，闫晓强. 高温低温电阻应变片及其应用. 北京：国防工业出版社，2014.

[20] 梁长垠. 传感器应用技术. 北京：高等教育出版社，2018.

[21] 李志梅，张同苏. 自动化生产线安装与调试. 北京：机械工业出版社，2022.

[22] 陈文涛. 传感器技术及应用. 北京：机械工业出版社，2013.

[23] 金发庆. 传感器技术与应用. 北京：机械工业出版社，2012.

[24] 范茂军. 物联网与传感器技术. 北京：机械工业出版社，2012.

[25] 贾海瀛. 传感器技术与应用. 北京：清华大学出版社，2011.

[26] 刘起义. 传感器应用技术与实践. 北京：国防工业出版社，2011.

〔27〕 周杏鹏，孙永荣，仇国富. 传感器与检测技术. 北京：清华大学出版社，2010.

〔28〕 张洪润. 传感器技术大全(下册). 北京：北京航空航天大学出版社，2007.

〔29〕 王元庆. 新型传感器原理及应用. 北京：机械工业出版社，2011.

〔30〕 应俊. LECT-1302 实验教程. 北京：北京中科泛华测控技术有限公司，2011.